建筑工程应用技术丛书

钢结构设计与应用

DESIGN AND APPLICATION OF STEEL STRUCTURES

刘红波　朱　恒　主编
陈志华　马恩成　主审

中国建筑工业出版社

图书在版编目（CIP）数据

钢结构设计与应用＝DESIGN AND APPLICATION OF STEEL STRUCTURES/刘红波，朱恒主编．—北京：中国建筑工业出版社，2022.1
（建筑工程应用技术丛书）
ISBN 978-7-112-26974-7

Ⅰ.①钢…　Ⅱ.①刘…②朱…　Ⅲ.①钢结构-结构设计　Ⅳ.①TU391.04

中国版本图书馆 CIP 数据核字（2021）第 269120 号

本书按照现行《钢结构设计标准》GB 50017—2017 编写，可作为钢结构相关专业的辅导教材。内容涵盖了钢结构基本设计原理和方法，单层厂房钢结构、大跨度房屋钢结构、多高层房屋钢结构等多种结构体系的特点和设计方法，以及相关结构设计软件的应用和一个设计实例讲解。同时，本书配有精讲视频，包括钢结构设计理论讲解视频和 PKPM 软件介绍视频。本书可供从事土建工程教学、科研、设计、施工等方面的技术人员参考，也可作为相关软件新手入门的教材。

责任编辑：李笑然　刘瑞霞
责任校对：李美娜

建筑工程应用技术丛书
钢结构设计与应用
DESIGN AND APPLICATION OF STEEL STRUCTURES
刘红波　朱　恒　主编
陈志华　马恩成　主审
*
中国建筑工业出版社出版、发行（北京海淀三里河路 9 号）
各地新华书店、建筑书店经销
唐山龙达图文制作有限公司制版
北京圣夫亚美印刷有限公司印刷
*
开本：787 毫米×1092 毫米　1/16　印张：11¾　字数：290 千字
2022 年 2 月第一版　2022 年 2 月第一次印刷
定价：**58.00** 元
ISBN 978-7-112-26974-7
(38125)

编写委员会

主　　任：马恩成
副 主 任：高　寅
主　　编：刘红波　朱　恒
参编人员：（按姓氏笔画排序）

马会环　吕　辉　任晓丹　刘　用　刘占省
李　娟　陈水福　周　婷　单鲁阳　夏绪勇
阎慧群

顾　　问：（按姓氏笔画排序）

丁永军　王元丰　王培军　王静峰　王翠坤
许杰峰　纪颖波　李冬生　李彦苍　杨　波
陈　明　陈志华　武　岳　苗吉军　周学军
高喜峰　熊　峰

前　言

本书第1～4章以讲解理论知识为主，其中第1章为钢结构设计概论，系统地介绍了钢结构的特点和应用，以及基本设计原理和方法，同时穿插了部分计算方法的介绍，对第一次接触钢结构设计的学生以及设计师而言，需要具有一定结构专业的基础。第2章为单层厂房钢结构设计，针对钢结构最常用的应用——单层厂房，系统性地介绍了这个体系的布置特点和组成，并就其构件设计、连接设计以及吊车梁设计等方面做了详细讲解。这部分内容偏于实用，对刚接触钢结构设计的设计师有一定的指导意义。第3章为大跨度房屋钢结构设计，着重介绍了目前结构设计中对大跨度房屋钢结构设计的解决方案，其中包括常规的网架、网壳结构，以及悬索结构、索穹顶结构、张弦结构、膜结构。大跨钢结构一直是钢结构设计中的难点和热点，本章通过介绍不同的空间结构体系，使读者了解到这些体系的常见形式、力学特点、分析方法以及结构的适用范围。在之后的学习和工作中如果再接触到类似的体系，就能做到心中有数。第4章为多高层房屋钢结构设计，介绍了多高层房屋钢结构基本设计方法。多高层房屋钢结构是除钢结构厂房之外的另一种常见的钢结构形式，也是大部分钢结构设计人员关注的方面。本章结合规范的梳理，从分析方法切入，由浅入深地讲解构件设计，系统地剖析了这种结构形式。不仅有助于相关设计人员理解这类结构的设计流程和方法，对高校学生掌握其基本的钢结构设计方法都是大有裨益的。

本书第5、6章以实际应用为主，结合现在普遍采用的钢结构设计软件来进行讲解，并配以软件操作示意图。其中第5章为软件的功能介绍，主要展示了STS软件的功能和设计范围，让读者对当前钢结构计算机辅助设计有一个大概的印象。第6章则是以一个实际工程为例，详细讲解了其从建模到计算及最后输出施工图的全设计流程，并辅以工具箱完成补充设计。本章以实操流程为主，不仅限于操作步骤的拆解和教学，还穿插了部分常见问题的解析，让读者在学习过程中不是简单机械地重复，而是在学习的过程中辅以思考，这样就能更好地明白软件设计的意图和方法，也能对设计结果的合理性有更好的判断。

由于时间仓促，书中难免存在不足与疏漏之处，恳请广大读者批评指正，以便及时修改完善。

目　　录

第 1 章 钢结构设计概论

钢结构是早期工程结构中最先使用的结构类型之一。钢结构由于具有自重轻、强度高、抗震性能优、施工速度快等优点成为被广泛采用的一种结构。近年来，随着我国城市化的快速发展以及钢产量的大幅度增加，建筑钢结构不断拓展应用领域，在综合经济效益方面和抗震能力上的优点逐渐得到普遍的认识。由于钢结构抗风抗震，能减小结构占用面积、减少基础费用、缩短施工工期等，使发展钢结构建筑成为工程建设的一项基本政策，这给钢结构事业的发展带来了莫大的机遇，钢结构已成为工程结构中优先考虑使用的结构类型之一。

1.1 钢结构的特点和应用

“十三五”时期，我国建筑业发展取得了巨大成绩。设计、建造能力显著提高，科技创新和信息化建设成效明显，建筑节能减排取得新进展，行业人才队伍素质不断提高，国际市场开拓稳步增长，建筑业发展环境持续优化。我国经济发展进入新常态，增速放缓，结构优化升级，驱动力由投资驱动转向创新驱动，建筑业发展总体上仍处于重要战略机遇期，也面临着市场风险增多、发展速度放缓的严峻挑战。

建筑钢结构以房屋钢结构为主要对象。按传统的耗钢量来区分，可分为普通钢结构、重型钢结构和轻型钢结构。其中重型钢结构指采用大截面和厚板的结构，如高层钢结构、重型厂房和某些公共建筑等；轻型钢结构指采用轻型屋面和墙面的门式刚架房屋、多层钢结构等，网架、网壳等空间结构也属于轻型钢结构范畴。以上是钢结构主要类型，另外还有索结构、组合结构、复合结构等。

1.1.1 钢结构的特点

钢结构在工程中得到广泛应用和发展，是由于钢结构与其他结构相比有下列特点：

（1）钢材强度高，结构重量轻

钢与其他建筑材料如混凝土、木材相比，虽然密度较大，但强度更高，故其密度与强度的比值较小，承受同样荷载时，钢结构所需构件截面要小，因而比其他结构轻。在相同的荷载和约束条件下，采用钢结构时，结构的自重通常较小。以一般钢筋混凝土框架-筒体结构与相同条件下采用钢结构的高层建筑相比，自重比值约为 2：1，使地基和基础的造价大幅降低。由于重量较轻，便于运输和安装，因此钢结构特别适用于跨度大、高度高、荷载大的结构，也最适用于可移动、有装拆要求的结构。

（2）钢材的塑性和韧性好

钢材质地均匀，有良好的塑性和韧性。钢材的弹性模量很高，具有良好的延性，可简化为理想弹塑性体。钢材良好的塑性可保证结构在稳定状态下不会因超载而发生突然断裂，从而保证结构不至倒塌。钢材的韧性好，则使钢结构对动荷载的适应性较强。钢材的这些性能对钢结构的安全可靠性提供了充分的保证。

（3）钢材材质均匀，符合力学计算假定

与砖石和混凝土材料相比，钢材属于单一材料，由于生产过程质量控制严格，因此材质比较均匀，其各个方向的物理力学性能基本相同，接近各向同性，非常接近均质体。在使用应力阶段，钢材属于理想弹性工作，弹性模量高达206GPa，因而非线性效应较小。上述实际受力性能与工程力学计算假定较为符合，因此，钢结构计算准确、可靠性较高，适用于有特殊重要意义的建筑物。

（4）良好的加工性能和焊接性能

钢材具有良好的冷热加工性能和焊接性能，由于建筑用钢材的焊接性好，使钢结构的连接大为简化，可满足制造各种复杂结构形状的需要。构件按设计要求可在工厂轧制或焊接拼装，然后运至现场，进行工地组装，工业化程度高，施工周期短。

（5）钢结构制造简单，施工方便，具有良好的装配性

钢结构的制造虽然需要较复杂的机械设备和符合严格的工艺要求，但与其他建筑结构比较，钢结构工业化生产程度最高，能成批大量生产，制造精确度高。制成的构件可运到现场拼装，采用螺栓连接。采用工厂制造、工地安装的施工方法，可缩短周期、降低造价、提高经济效益。因钢结构较轻，故施工方便，建成的钢结构也易于拆卸、加固或改建。

（6）钢材的不渗漏性适用于密闭结构

钢材本身因组织非常致密，当采用焊接连接，甚至铆钉或螺栓连接时，都易做到紧密不渗漏，因此钢材是制造容器，特别是高压容器、大型油库、气柜、输油管道的良好材料。

（7）绿色环保

采用钢结构可大大减少砂石水泥的用量，减少对不可再生资源的使用。且钢结构在制造过程中能耗低，加工制造过程中产生的余料，以及废弃的钢结构或构件均可回炉重新冶炼成钢材重复使用。

（8）钢材易于锈蚀，应采取防护措施

钢材耐锈蚀的性能较差，因此必须对钢结构采取防护措施，导致它的维护费用较高。在没有侵蚀性介质的一般厂房中，钢构件经过彻底除锈并涂上油漆或镀锌加以保护后，腐蚀问题并不严重，有腐蚀性介质环境中的结构，可采用耐候钢或不锈钢提高其抗锈蚀性能。

（9）钢结构的耐热性好，但防火性差

钢材耐热而不防火，随着温度的升高，强度明显降低。温度在250℃以下时，钢材的性能变化很小；温度达到300℃以上时，强度逐渐下降；达到450～650℃时，强度几乎完全丧失。钢结构耐火性较差，在火灾中未加防护的钢结构一般只能维持20min左右。因此，钢结构的耐火性能较钢筋混凝土结构差。为了提高钢结构的耐火等级，通常采用包裹的方法。对需防火的钢结构采用的防火措施通常是在构建表面喷涂防火涂料，外包混凝土或其他防火材料等。

（10）钢结构存在低温冷脆倾向

钢材主要受材质缺陷和应力集中的影响较大，在寒冷环境下容易发生脆性断裂破坏，选材时应引起重视。

1.1.2　钢结构的应用

随着我国经济的快速发展和国家技术政策的调整，建筑钢结构由限制使用转变为积极推广应用，取得了令人瞩目的成就。钢结构因其质量提高、品种增加、应用技术全面提升，使钢结构的优势得到充分发挥，应用范围日益扩大，呈现出前所未有的兴旺景象。根据近年来的应用经验，目前钢结构应用范围大致体现在以下几个方面：

（1）单层厂房钢结构

吊车起重量较大或者其工作较繁重的车间的主要承重骨架多采用钢结构。结构形式多为由钢屋架和阶形柱组成的门式刚架或排架，也有采用网架作屋盖的结构形式。

大型冶金企业、重型机械制造厂、火力发电厂等一些车间，由于厂房跨度和柱距大、高度高，车间内设有工作繁忙和起重量较大的起重运输设备，一般采用钢屋架（或钢梁）、钢柱和钢吊车梁等组成的全钢结构。我国鞍钢、武钢、包钢和上海宝钢等冶金联合企业的许多车间都采用了各种规模的钢结构厂房，上海重型机器厂、上海江南造船厂中都建有高大的钢结构厂房（图 1-1）。

图 1-1　钢结构厂房

（2）大跨钢结构

20 世纪 60 年代以来，伴随着计算机技术飞速发展、钢材定位焊接技术日趋成熟以及高强钢材的出现，特别是高强度拉索以及膜材的产生和预应力技术的应用，空间网格结构和空间预应力结构得到了迅速发展，现代大跨度建筑基本都采用这两种结构体系。从此大跨度建筑结构无论是在结构跨度方面，还是结构形式方面都进入了一个崭新的阶段。

结构跨度越大，自重在荷载中所占的比例就越大，减轻结构的自重会带来明显的经济效应，钢结构强度高、重量轻的优势正好适用于大跨结构。因此，钢结构在大跨空间结构和大跨桥梁结构中得到了广泛的应用。大跨结构在民用建筑中主要用于体育场馆、会展中心、火车站房、机场航站楼、展览馆、影剧院等，其结构体系主要采用桁架结构、网架结构、网壳结构、悬索结构、索膜结构、开合结构、索穹顶结构、张弦结构等。将拉索与网架、网壳结构相结合，就形成了弦支网架、弦支穹顶结构。

近年来，张弦结构体系和索穹顶结构凭借其优美的外观和高效的承载性能，得到了快速发展，建造了一批代表性工程，如世界跨度最大的张弦桁架结构（跨度 148m）——黄河口模型试验大厅；世界跨度最大的圆形弦支穹顶结构（跨度 122m）——济南奥体中心体育馆；世界首个滚动式张拉索节点的大跨度弦支穹顶结构——山东茌平体育馆；国内第一个百米级新型复合式索穹顶结构——天津理工大学体育馆。最早的弦支穹顶结构的概念是在 1993 年由日本的川口卫教授提出的，最初代表性工程有 1994 年建成的光丘穹顶以及 1997 年建造的聚会穹顶。国内共建成的弦支穹顶结构 20 余座，其中比较典型的有 2001 年建成的我国第一个中大跨度弦支穹顶结构——天津保税中心大堂屋盖；2008 年北京奥运会羽毛球馆，弦支穹顶跨度 93m 左右；山东茌平体育馆弦支穹顶，弦支穹顶结构跨度 93m 左右（图 1-2）。

图 1-2　山东茌平体育馆弦支穹顶

（3）多层、高层钢结构

由于钢结构的综合效益指标优良，近年来在多、高层建筑中也取得了广泛的应用。其结构形式主要有框架——支撑结构、多层框架、悬挂、框筒、巨型框架等。

目前已建成的钢结构建筑，如巴黎埃菲尔铁塔、东京的东京塔、美国芝加哥的西尔斯大厦、纽约的帝国大厦，国内天津高银 117 大厦（高 621m，目前世界高度排名第六，如图 1-3 所示）、天津津湾广场 9 号楼、香港中银大厦等，它们既是大都市的标志性建筑，又是钢结构应用的代表性实例。

（4）高耸结构

高耸结构包括塔架和桅杆结构，如高压输电线路的塔架，广播、通信和电视发射用的

图 1-3　天津高银 117 大厦

塔架和桅杆，火箭（卫星）发射塔架等。

这些结构除了自重较轻、便于组装外，还因构件截面小，从而大大减小了风荷载，取得了较好的经济效益。

（5）板壳结构的密闭压力容器

冶金、石油、化工企业中大量采用钢板做成的容器结构，包括油罐、煤气罐、高炉、热风炉等。此外，经常使用的通廊栈桥、管道支架、锅炉支架等钢构筑物以及海上采油平台等也大都采用钢结构。

（6）桥梁结构

由于钢桥建造简便、迅速，易于修复，因此钢结构广泛用于中等跨度和大跨度桥梁。我国著名的杭州钱塘江大桥是最早自行设计的钢桥，此后，武汉长江大桥、南京长江大桥均为钢结构桥梁，其规模和难度都举世闻名，标志着我国桥梁事业已步入世界先进行列。

（7）移动结构

钢结构可用于装配式活动房屋、水工闸门、升船机、桥式吊车和各种塔式起重机、龙门起重机、缆索起重机等。这类结构随处可见，近几年随着高层建筑的发展，也促使塔式起重机像雨后春笋般地矗立在街头。我国已制定了各种起重机系列标准，促进了建筑机械的大发展。

需要搬迁或拆卸的结构，如流动式展览馆和活动房屋等，采用钢结构最适宜。不但重量轻，便于搬迁，而且由于采用螺栓连接，还便于装配和拆卸。

（8）轻钢结构

钢结构重量轻不仅对大跨结构有利，对屋面活荷载比较轻的小跨结构也有优越性。轻钢结构是由冷弯薄壁型钢、热轧轻型钢（工字钢、槽钢、H 型钢、L 型钢、T 型钢等）、焊接和高频焊接 H 型钢、薄壁圆管、薄壁矩形管、薄板焊接变截面梁和柱等构成承重结构；轻钢结构的适用范围主要包括工业与民用建筑屋盖、仓库或公共设施等。

在中小型房屋建筑中，弯曲薄壁型钢结构、圆钢结构及钢管结构多用在轻型屋盖中。此外还有用薄钢板做成折板结构，把屋面结构和屋盖主要承重结构结合起来，成为一体的轻钢屋盖结构体系。

（9）受动力荷载作用的结构

由于钢材具有良好的韧性，设有较大锻锤或产生动力作用的其他设备的结构，即使屋架跨度不大，也往往采用钢结构；还有对于抗震能力要求高的结构，也比较适宜采用钢结构。

（10）其他构筑物

运输通廊、栈桥、各种管道支架以及高炉和锅炉构架等也通常采用钢结构。如宁夏大武口电厂采用了长度为 60m 的预应力输煤钢栈桥，某些电厂的桥架也都采用了钢网架结构等。

1.2 钢结构的功能要求和设计原则

1.2.1 钢结构的功能要求

钢结构在运输、安装和使用过程中必须有足够的强度、刚度和稳定性，整个结构必须安全可靠，结构在规定的设计使用年限内应满足的功能有：

（1）能承受在施工和使用期间可能出现的各种作用；

（2）保持良好的使用性能；

（3）具有足够的耐久性能；

（4）当发生火灾时，在规定的时间内可保持足够的承载力；

（5）当发生爆炸、撞击、人为错误等偶然事件时，结构能保持必需的整体稳固性，不出现与起因不相称的破坏后果，防止出现结构的连续倒塌。

上述各种作用是指凡使结构产生内力或变形的各种原因，如施加在结构上的集中荷载或分布荷载，以及引起结构外加变形或约束的原因，例如地震、地基沉降、温度变化等。

1.2.2 钢结构的设计原则

房屋钢结构设计，除疲劳计算外，应采用以概率论为基础的极限状态设计方法，用分项系数设计表达式进行计算。

钢结构的极限状态可分为两类：承载能力极限状态和正常使用极限状态。承重结构应按这两类极限状态进行设计。

按承载能力极限状态设计钢结构时，应考虑荷载或荷载效应的基本组合，必要时尚应考虑荷载或荷载效应的偶然组合。

按正常使用极限状态设计钢结构时，应考虑荷载或荷载效应的标准组合，对型钢混凝土组合构件和钢筋混凝土板型钢组合梁等尚应考虑准永久组合。

钢结构的可靠度采用可靠指标度量，钢结构构件的承载能力极限状态的可靠指标应不小于表 1-1 的规定。

钢结构构件承载能力极限状态的可靠指标　　表 1-1

破坏类型	安全等级		
	一级	二级	三级
延性破坏	3.7	3.2	2.7
脆性破坏	4.2	3.7	3.2

当房屋建筑位于抗震设防烈度为 6 度及以上地区时，还应进行抗震设计。抗震设防目标是：

(1) 当遭受多遇地震，即 50 年超越概率约为 63%的地震烈度的地震时，结构一般不受损坏或不需修理可继续使用；

(2) 当遭受设防烈度，即 50 年超越概率约为 10%的地震烈度的地震时，结构可能损坏，经一般修理或不需修理仍可继续使用；

(3) 当遭受罕遇地震，即 50 年超越概率为 2%～ 3%的地震烈度的地震时，结构不致倒塌或发生危及生命的严重破坏。

房屋建筑应根据其使用功能的重要性分为以下四个抗震设防类别：

(1) 甲类建筑，属于重大建筑工程和地震时可能发生严重次生灾害的建筑；

(2) 乙类建筑，属于地震时使用功能不能中断或需要尽快恢复的建筑；

(3) 丙类建筑，属于除甲、乙、丁类以外的一般建筑；

(4) 丁类建筑，属于抗震次要建筑。

1.3　钢结构设计的计算方法

进行钢结构设计时，必须满足一般的设计准则，即在充分满足功能要求的基础上，做到安全可靠、技术先进、确保质量和经济合理。结构计算的目的是保证结构构件在使用荷载作用下能安全可靠地工作，既要满足使用要求，又要符合经济要求。结构计算是根据拟定的结构方案和构造，按所承受的荷载进行内力计算，确定各杆件的内力，再根据所用材料的特性，对整个结构和构件及其连接进行核算，看其是否符合经济、安全、适用等方面的要求。但从一些现场记录、调查数据和试验资料来看，计算中所采用的标准荷载和结构实际承受的荷载之间、钢材力学性能的取值和材料实际数值之间、计算截面和钢材实际尺寸之间、计算所得的应力值和实际应力数值之间，以及估计的施工质量与实际质量之间，都存在着一定的差异，所以计算的结果不一定很安全可靠。为了保证安全，结构设计时的计算结果必须留有余地，使之具有一定的安全度。建筑结构的安全度是保证房屋或构筑物在一定使用条件下，连续正常工作的安全储备。有了这个储备，才能保证结构在各种不利条件下的正常使用。

整个结构或结构的一部分超过某个特定状态就不能满足设计规定的某一功能要求时，称此特定状态为该功能的极限状态。极限状态实质上是结构可靠与不可靠的界限。对于结构的各种极限状态，均应规定明确的标志或限值。

承重结构应按下列两类极限状态进行设计：

(1) 承载能力极限状态。主要包括：构件和连接的强度破坏、疲劳破坏和因过度变形而不适于继续承载，结构和构件丧失稳定，结构转变为机动体系和结构倾覆。

（2）正常使用极限状态。主要包括：影响结构、构件和非结构构件正常使用或耐久性能的局部损坏（包括组合结构中的混凝土裂缝）。

承载能力极限状态与正常使用极限状态相比较，前者可能导致人身伤亡和大量财产损失，故其出现的概率应当很低；而后者对生命的危害较小，故允许出现的概率可高些，但仍应给予足够的重视，达此极限状态时，结构或构件虽仍保持承载能力，但在正常荷载作用下产生的变形使结构或构件已不能满足正常使用的要求（静力作用产生的过大变形和动力作用产生的剧烈振动等），或不能满足耐久性的要求，因此各种承重结构都应按照上述两种极限状态进行设计。

1.3.1　承载能力极限状态

1. 近似概率极限状态设计法

极限状态设计法将影响结构功能的诸因素作为随机变量，因而对所设计的结构的功能也只给出一定的概率保证。但是，只要失效概率小到人们可以接受的程度，便可以认为所设计的结构是安全的。基于这种认识，在结构的可靠性与经济性之间达到合理的设计方法即称为概率极限状态设计法。

结构或构件的承载力极限状态方程可表示为：

$$Z=g(x_1,x_2,\cdots,x_n)=0 \tag{1-1}$$

此函数称为功能函数。式中，x_1，x_2，…，x_n 是影响结构或构件可靠性的各物理量，都是相互独立的随机变量，例如材料抗力、几何参数和各种作用产生的效应（内力）。各种作用包括恒载、可变荷载、地震、温度变化和支座沉陷等。

将各因素概括为两个综合随机变量，即结构或构件的抗力 R 和荷载效应 S 两个基本随机变量来表达功能函数，则公式(1-1）可写成：

$$Z=(R,S)=R-S=0 \tag{1-2}$$

当 $Z<0$，即 $R<S$ 时，结构或者构件处于失效状态；

当 $Z>0$，即 $R>S$ 时，结构或构件处于可靠状态；

当 $Z=0$，即 $R=S$ 时，结构或构件处于极限状态。

$Z=R-S=0$ 称为结构的极限状态方程。

结构或构件的失效概率可表示为：

$$p_f=g(R-S<0) \tag{1-3}$$

结构或构件的可靠度可表示为：

$$p_s=g(R-S\geqslant 0) \tag{1-4}$$

由于事件（$Z<0$）和（$Z\geqslant 0$）是对立的，结构可靠度和结构的失效概率的关系可表示为：

$$p_f+p_s=1 \tag{1-5}$$

因此，结构可靠度的计算可以转换为结构失效概率的计算。钢结构设计应采用以概率理论为基础的极限状态设计方法（除疲劳计算和抗震设计外），用分项系数设计表达式进行计算。

2. 分项系数表达式

因结构或构件强度不足而破坏或过度变形时的承载能力极限状态设计，应符合下式要求：

$$\gamma_0 S_{\mathrm{d}} \leqslant R \tag{1-6}$$

式中：γ_0——结构重要性系数，把结构分成一、二、三 3 个安全等级，分别采用 1.1、1.0 和 0.9（表 1-2）；

S_{d}——承载能力极限状态下作用组合的效应设计值；

R——结构构件的抗力设计值。

建筑结构设计时，应考虑持久状况、短暂状况、偶然状况、地震状况等不同的结构设计状况。

对持久设计状况和短暂设计状况，应采用作用的基本组合，则：

$$S_{\mathrm{d}} = S\left(\gamma_{\mathrm{G}} C_{\mathrm{G}} G_{\mathrm{k}} + \gamma_{\mathrm{Q_1}} C_{\mathrm{Q}} Q_{1\mathrm{k}} + \sum_{i=2}^{n} \psi_{\mathrm{c}_i} \gamma_{\mathrm{Q}_i} C_{\mathrm{Q}} Q_{i\mathrm{k}}\right) \tag{1-7}$$

式中：S——作用组合的效应函数；

C——荷载效应系数，即单位荷载引起的结构构件截面或连接中的内力，按一般力学方法确定（其角标 G 指永久荷载，Q 指各可变荷载）；

G_{k} 和 $Q_{i\mathrm{k}}$——永久荷载和各可变荷载标准值，见《建筑结构荷载规范》GB 50009—2012；

ψ_{c_i}——第 i 个可变荷载的组合系数，取 0.6，只有一个可变荷载时取 1.0；

γ_{G}——永久荷载分项系数，一般采用 1.3，当永久荷载效应对结构构件的承载力有利时，宜采用 1.0；

$\gamma_{\mathrm{Q_1}}$ 和 γ_{Q_i}——第 1 个和第 i 个可变荷载分项系数，一般情况可采用 1.5；当可变荷载效应对结构有利时取 0；

$Q_{1\mathrm{k}}$——引起构件或连接最大荷载效应的可变荷载效应。

对于一般排架和框架结构，由于很难区分产生最大效应的可变荷载，可采用以下简化式计算：

$$S = \gamma_0 \left(\gamma_{\mathrm{G}} C_{\mathrm{G}} G_{\mathrm{k}} + \psi \sum_{i=1}^{n} \gamma_{\mathrm{Q}_i} C_{\mathrm{Q}_i} Q_{i\mathrm{k}}\right) \tag{1-8}$$

式中，荷载组合系数 ψ 取 0.85。

构件本身的承载能力（抗力）R 是材料性能和构件几何因素等的函数，即：

$$R = f_{\mathrm{k}} \cdot A / \gamma_{\mathrm{R}} = f_{\mathrm{d}} A \tag{1-9}$$

式中：γ_{R}——抗力分项系数，Q235 钢取 1.087，Q390 钢和 Q345 钢取 1.111；

f_{k}——材料强度的标准值，Q235 钢第一组为 235MPa，Q345 钢第一组为 345MPa，Q390 钢第一组为 390MPa；

f_{d}——结构所用材料和连接的设计强度；

A——构件或连接的几何因素（如截面面积和截面抵抗矩等）。

结构重要性系数 表 1-2

序号	安全等级	破坏后果	重要性系数(γ_0)
1	一级	支护结构破坏、土体失稳或过大变形对环境及地下结构的影响严重	1.1
2	二级	支护结构破坏、土体失稳或过大变形对环境及地下结构的影响一般	1.0
3	三级	支护结构破坏，土体失稳或过大变形对环境及地下结构的影响轻微	0.9

由式(1-6) 可得：

$$\gamma_0(\gamma_G C_G G_k + \gamma_{Q_1} C_Q Q_{1k} + \sum_{i=2}^{n} \psi_{c_i} \gamma_{Q_i} C_Q Q_{ik}) \leqslant f_d A \tag{1-10}$$

及

$$\gamma_0(\gamma_G C_G G_k + \psi \sum_{i=1}^{n} \gamma_{Q_i} C_{Q_i} Q_{ik}) \leqslant f_d A \tag{1-11}$$

当考虑地震作用的偶然荷载组合时，应按《建筑抗震设计规范》GB 50011—2010 的规定进行。

对于结构构件或连接的疲劳强度计算，由于疲劳极限状态的概念还不够确切，只能暂时沿用容许应力设计法，还不能采用上述的极限状态设计法。

1.3.2 正常使用极限状态

结构构件的第二种极限状态是正常使用极限状态。钢结构设计主要控制变形和挠度，仅考虑短期效应组合，不考虑荷载分项系数。

$$v = v_{G_k} + v_{Q_1 k} + \sum_{i=2}^{n} \psi_{c_i} v_{Q_i k} \leqslant [v] \tag{1-12}$$

式中：v_{G_k}——永久荷载标准值在结构或构件中产生的变形值；

$v_{Q_1 k}$——第 1 个可变荷载的标准值在结构或构件中产生的变形值（该值大于其他任意第 i 个可变荷载标准值产生的变形值）；

ψ_{c_i}——第 i 个可变荷载 Q_i 的组合系数；

$v_{Q_i k}$——第 i 个可变荷载标准值在结构或构件中产生的变形值；

$[v]$——结构或构件的容许变形值，按规范规定采用。

有时只需要保证结构和构件在可变荷载作用下产生的变形能够满足正常使用的要求，这时式(1-12) 中的 v_{G_k} 可不计入。

1.4 钢结构设计的发展方向

我国钢产量已连续 18 年位居世界第一，且还在不断增加，钢结构的应用将会有更大的发展。为了适应这一新的形势，钢结构的建造技术也会得到迅速提高。通过对国内外钢结构的现状分析可知，钢结构未来发展方向有以下几点：

（1）高强钢和高性能钢材的研究和应用

我国在高强钢和高性能钢材的应用条件方面正不断完善，500MPa、550MPa、

620MPa、690MPa等级别的高强度低合金钢，390MPa高强度冷弯型钢，500MPa、550MPa级高强度耐候钢等已写入相应的国家标准。

（2）分析理论与分析方法的发展

现在广泛应用新的计算技术和测试技术对结构和构件进行深入的计算和测试，为了解结构和构件的实际性能提供了有利条件。但目前建筑钢结构多采用弹性设计，对结构的稳定设计也多采用二阶段设计方法，即结构整体稳定设计和杆件局部稳定设计，未来需要进一步研究同时考虑结构整体稳定和杆件局部稳定的高等分析方法，并逐步研究建筑钢结构的塑性设计理论，从而提高结构设计效率和结构合理性，降低建造成本。

（3）空间钢结构体系研究与应用

近年来，钢管混凝土组合结构、型钢混凝土组合结构、张弦结构等新型结构形式得到快速发展，这些结构适用于高层建筑和高耸结构、轻型大跨屋盖结构等，对减少耗钢量有重要意义。

未来需要进一步研发适用于工业建筑、民用建筑、城市桥梁等基础设施领域的高性能钢结构体系；研究高性能钢结构高效连接和装配化安装技术；研究高性能钢结构体系的受力机理、精细化计算理论、全寿命期设计理论与设计方法；研发高性能钢结构体系防灾减灾、检测评价等关键技术。

（4）既有建筑钢结构诊治与性能提升技术

我国大量既有工业与民用建筑钢结构随着使用年限的增加出现了结构性能退化、安全性和耐久性降低的问题，工业建筑钢结构的腐蚀和疲劳损伤问题尤其突出，建筑钢结构受地震、火灾和暴风雪等自然和人为灾害的作用，也造成了既有建筑钢结构不同程度的破损，部分建筑年久失修，存在安全隐患，且使用功能不完善，房屋舒适性低，亟待更新改造和功能提升。我国的建筑钢结构已进入改造和新建并重阶段，提出了发展对既有建筑钢结构安全性检测评定与加固改造新技术的战略需求。

因此，未来需要进一步研究复杂环境下基于性能的既有建筑鉴定评估方法，建立既有工业建筑结构可靠性评价指标及全寿命评价关键技术；研究基于远程监控和大数据技术的既有工业建筑结构诊治数据平台；研究工业建筑结构加固改造、减隔振和寿命提升技术；研究工业建筑绿色高效围护结构体系及节能评价技术；研究存量工业建筑非工业化改造技术，并开展工程示范。

（5）建筑钢结构工程设计与施工应用技术水平全面提升

目前，我国基本上掌握了各类超高层钢结构、大跨度空间钢结构、预应力钢结构、新型工业厂房钢结构和组合结构的设计、施工建造、监理与检测的配套技术。先后编制了钢结构专业有关的设计、施工方面国家与行业标准、规范近百项，总体上达到了国际先进水平。

（6）新型结构形式的研究与应用

结构体系的发展和变革是近30年来结构方面最为活跃的领域。大跨度空间结构体系表现尤为突出，其结构形式经历了由传统的梁格体系、拱结构体系、桁架体系到现代的网格结构体系、悬索结构体系、索膜结构体系、可开合结构体系、组合结构体系及张拉整体结构体系等的发展过程。悬索、斜拉等结构已将钢桥的跨度增大到近 2000m，这是传统简支梁桥无法达到的跨度。每种新型结构的研制成功，都会带来钢结构的一场变革。每一种新结构体系的出现都会推动既有分析方法和设计理念向更高层次发展。

第 2 章　单层厂房钢结构设计

2.1　单层厂房钢结构体系

2.1.1　单层厂房钢结构的组成和设计程序

1. 单层厂房钢结构的组成

单层厂房钢结构必须具有足够的强度、刚度和稳定性，以抵抗来自屋面、墙面、吊车设备等各种竖向及水平荷载的作用。单层厂房钢结构一般是由屋架、托架、柱、吊车梁、制动梁（或桁架）、各种支撑以及墙架等构件组成的空间骨架（图 2-1）。

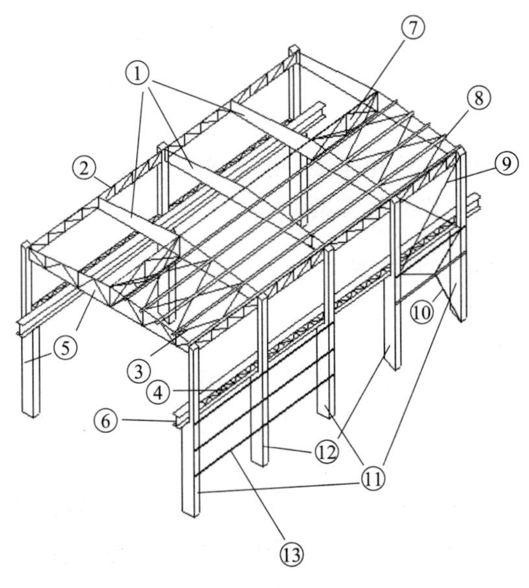

图 2-1　单层钢结构厂房

①—屋架；②—托架；③—上弦横向支撑；④—制动桁架；⑤—横向平面框架；⑥—吊车梁；⑦—屋架竖向支撑；⑧—檩条；⑨、⑩—柱间支撑；⑪—框架柱；⑫—中间柱；⑬—墙架梁

图 2-1 中这些构件按其作用，可归并成下列体系：

（1）横向平面框架：是厂房的基本承重结构，由框架柱和横梁（或屋架）构成，承受作用在厂房的横向水平荷载和竖向荷载并传递到基础。

（2）纵向平面框架：由柱、托架、吊车梁及柱间支撑等构成。其作用是保证厂房骨架的纵向不可变性和刚度，承受纵向水平荷载（吊车的纵向制动力、纵向风力等）并传递到基础。

（3）屋盖结构：由天窗架、屋架、托架、屋盖支撑及檩条等构成。

（4）吊车梁及制动梁：主要承受吊车的竖向荷载及水平荷载，并传到横向框架和纵向框架。

(5) 支撑：包括屋盖支撑、柱间支撑及其他附加支撑。其作用是将单独的平面框架连成空间体系，以保证结构具有必要的刚度和稳定性，同时也有承受风力及吊车制动力的作用。

(6) 墙架：承受墙体的重量和风力。

此外，还有一些次要的构件，如梯子、门窗等。在某些厂房中，由于工艺操作上的要求，还设有工作平台。

厂房按单位面积计算的用钢量，是评定设计是否经济合理的一项重要指标。

2. 单层厂房钢结构的设计程序

单层厂房钢结构设计一般分为 3 个阶段：

(1) 结构选型及整体布置

主要包括：柱网布置；确定横向框架形式及主要尺寸；布置屋盖结构、吊车梁系统及墙架、支撑体系；选择各部分结构采用的钢材标号。

(2) 技术设计

根据已确定的结构方案进行荷载计算、结构内力分析；计算（或验算）各构件所需要的截面尺寸及设计各构件间的连接。

(3) 绘制结构施工图

根据技术设计确定的构件尺寸和连接，绘制施工图纸。但应了解钢材供应情况和钢结构制造厂的生产技术条件和安装设备等条件。

2.1.2 单层厂房钢结构的布置

1. 柱网

横向框架和纵向框架的柱形成一个柱网，柱网的布置不仅要考虑上部结构，还应考虑下部结构，诸如基础和设备（地下管道、烟道、地坑等设施）等。柱网布置主要是根据工艺、结构与经济的要求布置，具体如下：

(1) 从工艺要求方面考虑，柱的位置应和车间的地上设备、机械及起重运输设备等取得协调。柱下基础应和地下设备（如设备基础、地坑、地下管道、烟道等）相配合。此外，柱网布置还要适当考虑生产过程的可能变动。

(2) 从结构要求方面考虑，以所有柱列的柱间距均相等的布置方式最为合理［图 2-2(a)］。这种布置方式的优点为厂房横向刚度最大，屋盖和支撑系统布置最为简单合理，全部吊车梁的跨度均相同。因此，在这种情况下，厂房构件的重复性较大，从而可使结构构件达到最大限度的定型化和标准化。

结构的理想状态有时得不到满足。例如，一个双跨钢结构制造车间，其生产流程是零件加工—中间仓库—拼焊连接，顺着厂房纵向进行，但横向需要联系，在中部要有横向通道，因此中列柱中部柱距较大［图 2-2(b)］。

(3) 从经济观点来看，柱的纵向间距的大小对结构重量影响较大。柱距越大，柱及基础所用的材料越少，但屋盖结构和吊车梁的重量将随之增加。

在一般车间中，边列柱的间距采用 6m 较经济。各列柱距相等，且又接近于最经济柱距的柱网布置亦最为合理。但是，在某些场合下，由于工艺条件的限制或为了

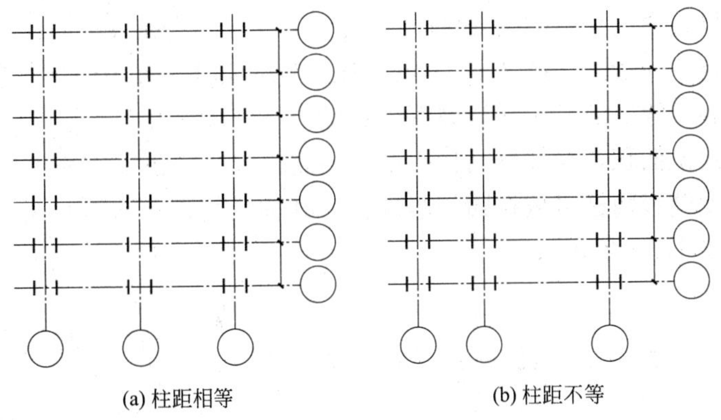

图 2-2　柱网布置

增加厂房的有效面积或考虑到将来工艺过程可能改变等情况，往往需要采用不相等的柱距。

增大柱距时，沿厂房纵向布置的构件，如吊车梁、托架等由于跨度增大而用钢量增加；但柱子和柱基础由于数量减少而用钢量降低。经济的柱距应使总用钢量最少。

经计算比较，在厂房面积一定时采用较大跨度比较有利。

2. 温度缝

温度变化时厂房结构将产生温度变形及温度应力。温度变形的大小与柱子的刚度、吊车梁轨顶标高和温度变形等有关，温度变形量可表示为：

$$\Delta L = \alpha \cdot \Delta t \cdot L \tag{2-1}$$

式中：α——钢材的线膨胀系数；

Δt——温度差；

L——构件的长度。

所以当厂房平面尺寸很大时，为避免产生过大的温度应力，应在厂房的横向或纵向设置温度缝，如图 2-3 所示。

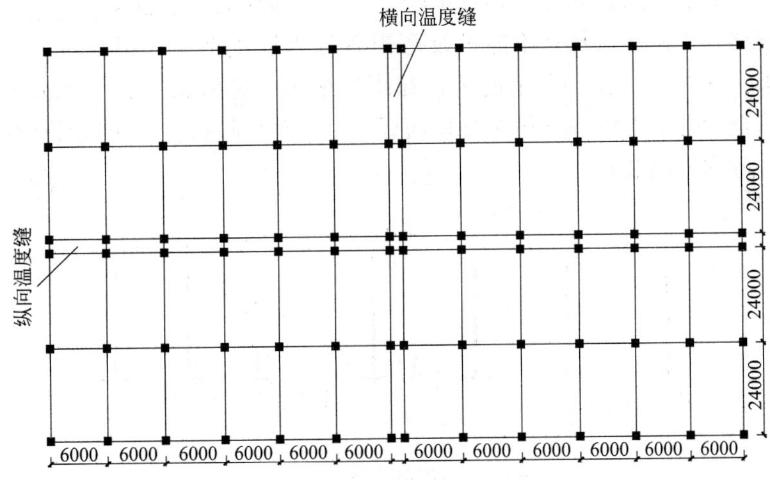

图 2-3　横向与纵向温度缝的设置

横向温度缝最普通的做法是在缝的两旁各设置一个框架，其间不用纵向构件相互联系。温度缝处的布置一般采用图 2-4(a) 的方案，就是温度缝的中线与厂房的定位轴线相重合；也可采用温度缝处的柱距保持原有模数的方案［图 2-4(b)］。后一种方案将加大厂房的长度，增加建筑面积，增加屋面板类型，因此只有在设备布置条件不允许用前一种方案时才采用。温度缝旁两柱可放在同一基础上，其轴线间距一般可采用 1.0m，但在重型厂房中，有时需要 1.5～2.0m。

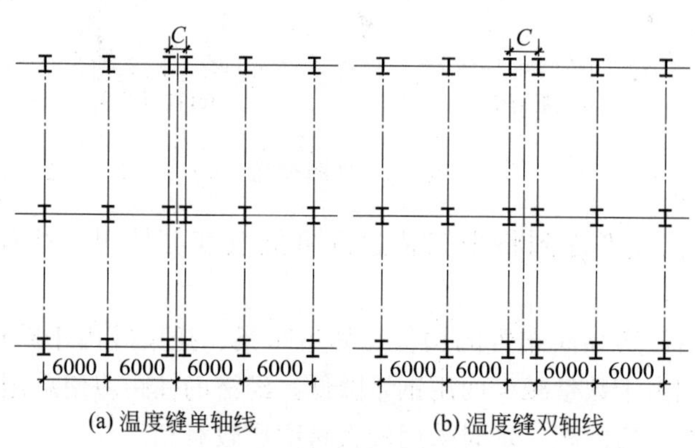

图 2-4　横向温度缝处柱的布置

当厂房宽度较大时，其横向刚度可能比纵向刚度大，此时应在车间设置纵向温度缝。但若纵向温度缝附近也设置双柱，不仅柱数增多，且在纵向和横向温度缝相交处有 4 个柱子，使构造复杂。因此，一般仅在车间宽度大于 100m（热车间和采暖地区的非采暖厂房）或 120m（采暖厂房和非采暖地区的厂房）时才考虑设置纵向温度缝，否则可根据计算适当加强结构构件。

3. 横向框架

厂房的基本承重结构通常采用框架体系。这种体系能够保证必要的横向刚度，同时其净空又能满足使用上的要求。横向框架按其静力图示来分，主要有横梁与柱铰接和横梁与柱刚接两种形式；如按跨数来分，则有单跨、双跨和多跨的横向框架。

凡框架横梁与柱的连接构造不能抵抗弯矩者称为铰接框架（图 2-5），能抵抗弯矩者称为刚接框架（图 2-6）。在某些情况下，在刚接框架中又可派生出一种上刚接下悬臂式的框架，即将框架柱的上段柱在吊车梁顶面标高处设计成铰接，而下段柱则像露天栈桥柱那样按悬臂柱考虑（图 2-7）。

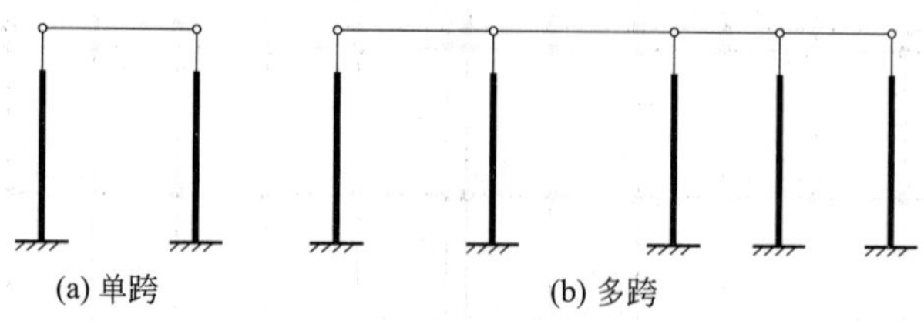

图 2-5　铰接框架的计算简图

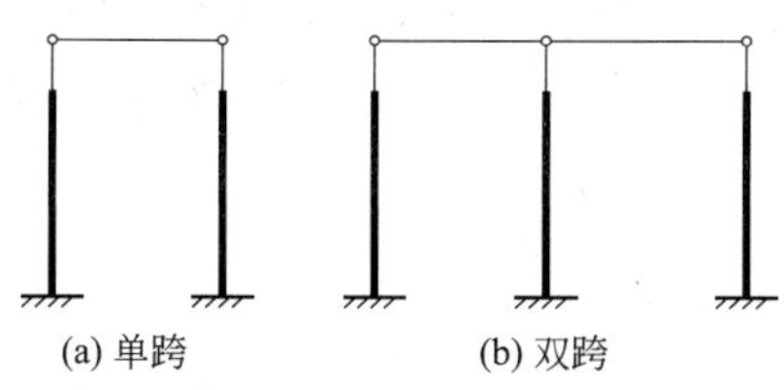

图 2-6　刚接框架的计算简图

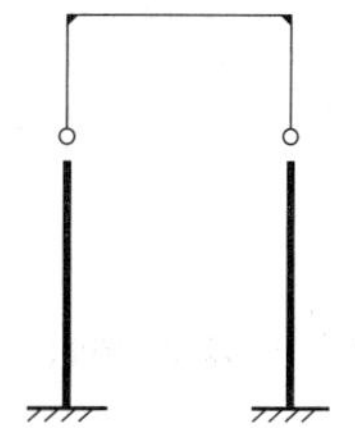

图 2-7　上刚接下悬臂式框架的计算简图

框架柱的柱脚一般均刚性固定于基础；在柱顶与横梁为刚接时，依附于主框架的边列柱可做成铰接。

铰接框架对柱基沉降的适应性较强，且安装方便、计算简单、受力明确，缺点是下段柱的弯矩较大，厂房横向刚度稍差。但在多跨厂房中铰接框架的优点远大于缺点，故目前在多跨厂房中，铰接框架得到广泛应用。

刚接框架对减少下段柱弯矩、增加厂房横向刚度有利。由于下段柱截面高度较小，从而可减少厂房的建筑面积，但却使屋架受力和连接构造复杂化，且对柱基础的差异沉降比较敏感，因此适用于柱基沉降差较小，对横向刚度要求较高的重型厂房，特别是单跨重型厂房。

4. 屋盖结构布置

屋盖结构体系有无檩及有檩两种布置方案。

无檩方案是在屋架上直接设置大型钢筋混凝土屋面板，如图 2-8 所示。该方案屋架间距及屋面板的跨度，一般为 6m，也有 12m 的，其优点是屋盖的横向刚度大，整体性好，构造简单，较为耐久，构件种类和数量少，施工进度快，易于铺设保温层等；其缺点是屋面自重较大，因而屋盖及下部结构用料较多，且由于屋盖重量大，对抗震不利。

有檩方案是在钢屋架上设置檩条，檩条上面再铺设石棉瓦，或瓦楞铁，或压型钢板，或钢丝网水泥槽板等轻型屋面材料（图 2-9）。有檩方案具有构件重量轻、用料省、运输安装均较轻便等优点；它的缺点是屋盖构件数量较多，构造较复杂，吊装次数多，组成的屋盖结构横向整体刚度较差。

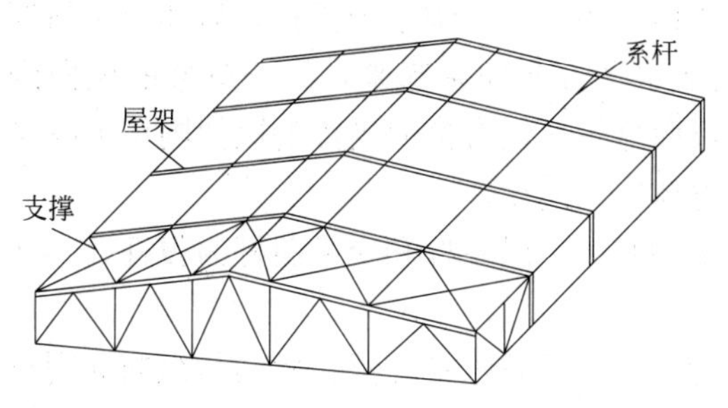

图 2-8　无檩屋盖体系

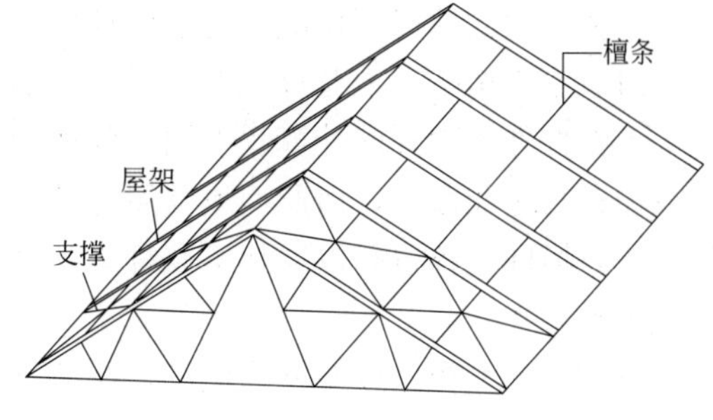

图 2-9　有檩屋盖体系

当柱距较大时，纵向布置的檩条或大型屋面板跨度增大，用料很不经济，这时宜在柱上增设托架，在托架上设中间屋架，再设置屋面板或檩条，或在横向框架上布置纵横梁，以减小檩条跨度，这就组成了复杂布置。

无檩方案多用于对刚度要求较高的中型以上厂房，有檩方案则多用于对刚度要求不高的中、小型房屋，但近年来修建的宝钢、武钢等大量冶金厂房也采用了有檩方案。因此，到底选择哪种方案，应综合考虑厂房规模、受力特点、使用要求、材料供应及运输、安装等条件。

2.1.3 支撑体系和墙架

当平面框架只靠屋面构件、吊车梁和墙梁等纵向构件相连时，厂房结构的整体刚度较差，在受到水平荷载作用后，往往由于刚度不足，沿厂房的纵向产生较大的变形，影响厂房的正常使用，有时甚至可能遭到破坏。因而必须把厂房结构组成一个具有足够强度、刚度和稳定性的空间整体结构，为此，可靠而又经济合理的方法是在平面框架之间有效地设置支撑，将厂房结构组成几何不变体系。

厂房支撑体系主要有屋盖支撑和柱间支撑两部分。

1. 屋盖支撑

(1) 屋盖支撑作用

屋盖支撑的作用主要有：①保证结构的空间作用；②增强屋架的侧向稳定；③传递屋盖的水平荷载；④便于屋盖的安全施工。

屋架是组成屋盖结构的主要构件，其平面外的刚度较小。仅由平面屋架和檩条及屋面板组成的屋盖结构是不稳定的空间体系，所有屋架可能向一侧倾倒，屋盖支撑则可起到稳定作用。一般的做法是：将屋盖两端的两榀相邻屋架用支撑连成稳定体系，其余中间屋架用系杆或檩条与这两端屋架稳定体系连接，以保证整个屋盖结构的空间稳定。如果屋盖结构长度方向较大，除了两端外，中间还要设置 1～2 道横向支撑。

屋架侧向有支撑作用，对受压的上弦杆增加了侧向支撑点，减小了上弦杆在平面外的计算长度，增强其侧向稳定。对受拉的下弦杆，也可减少平面外的自由长度，并可避免在动力荷载下引起过大的振动。

(2) 屋盖支撑布置

屋盖支撑的布置虽因桁架的形状而异，但基本上有 5 种，即上弦横向支撑、下弦横向支撑、下弦纵向支撑、竖向支撑和系杆。梯形桁架支撑的典型布置如图 2-10 所示。

上弦横向支撑以两榀屋架的上弦杆作为支撑桁架的弦杆，檩条为竖杆，另加交叉斜杆共同组成水平桁架。上弦横向支撑将两榀屋架在水平方向联系起来，保证屋架的侧向刚度。上弦杆在平面外的计算长度因上弦横向支撑而缩短，没有横向支撑的屋架则用上弦系杆或檩条与之相联系，由此而增强屋盖结构的整体空间刚度。

下弦横向支撑也是以屋架下弦杆为支撑桁架的弦杆，以系杆和交叉斜杆为腹杆，共同组成水平桁架。

下弦纵向支撑则以系杆为弦杆，屋架下弦为竖杆。下弦水平支撑在横向与纵向共同形成封闭体系，以增强屋盖结构的空间刚度。下弦横向支撑承受端墙的风荷载，减少了弦杆计算长度和受动力荷载时的振动。下弦纵向支撑传递水平力，在有托架时还可保证托架平面外的刚度。

竖向支撑使两榀相邻屋架形成空间几何不变体系，保证屋架的侧向稳定。

系杆充当屋架上下弦的侧向支撑点，保证无横向支撑的其他屋架的侧向稳定。

支撑布置原则是：房屋两端必须布置上下弦横向支撑和竖向支撑，屋架两边再布置下弦纵向支撑，下弦横向支撑与下弦纵向支撑必须形成封闭体系；横向支撑的间距不应超过 60m，当房屋较长时，可在中间再增设上下弦横向支撑和相应的竖向支撑（图 2-10）；竖向支撑一般布置在屋架跨中和端竖杆平面内，当屋架跨度大于 30m 时，则在跨中 1/3 处再布置两道竖向支撑；系杆的作用也是增强屋架侧向稳定、减小弦杆计算长度和传递水平荷载。

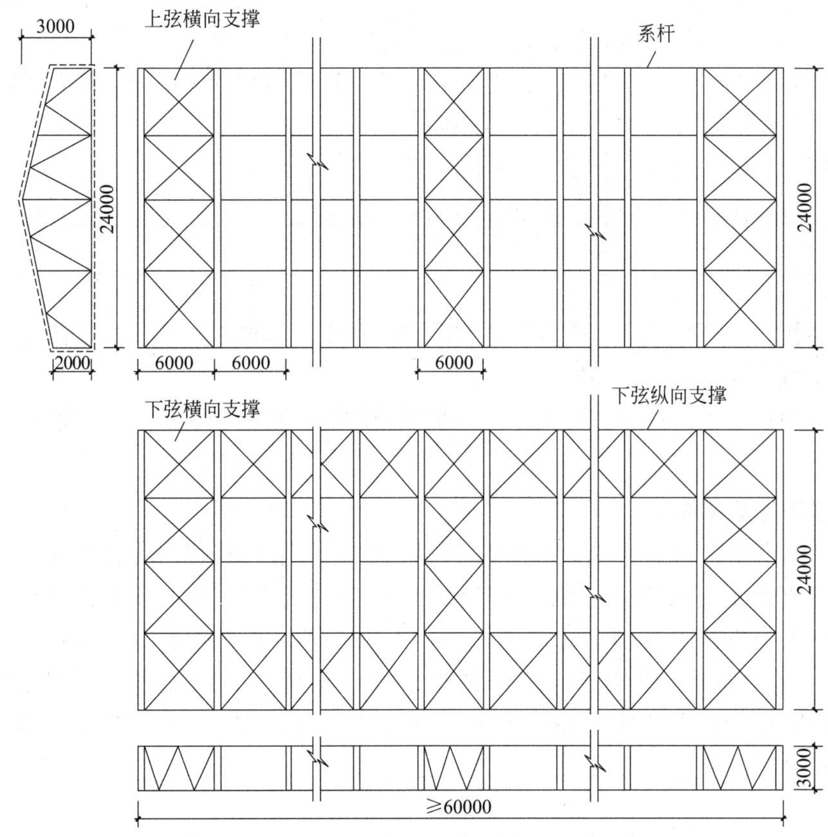

图 2-10 梯形屋架支撑的典型布置

2. 柱间支撑

（1）柱间支撑的作用

1）与框架柱组成刚性纵向框架，保证厂房的纵向刚度。因为柱在框架平面外的刚度远低于框架平面内的刚度，而柱间支撑的抗侧移刚度比单柱平面外的刚度约大 20 倍，因此设置柱间支撑对加强厂房的纵向刚度十分有效。

2）承受厂房的纵向力，把吊车的纵向制动力、山墙风荷载、纵向温度作用、地震作用等传至基础。

3）为框架柱在框架平面外提供可靠的支撑，减小柱在框架平面外的计算长度。

（2）柱间支撑的设置

柱间支撑在吊车梁以上部分称上柱支撑，以下部分称下柱支撑。当温度区段不很长时，一般设置在温度区段中部，这样可使吊车梁等纵向构件随温度变化能够比较自由地伸缩，以免产生过大的温度应力。当温度区段很长，或采用双层吊车起重量很大时，为了确保厂房的纵向刚度，应在温度区段中间 1/3 范围布置两道柱间支撑；为避免产生过大的温度应力，两道支撑间的距离不宜大于 60m（图 2-11）。在温度区段的两端还要布置上柱支撑，以便直接承受屋盖横向水平支撑传来的山墙风荷载，然后经吊车梁传给下柱支撑，最后传给基础。

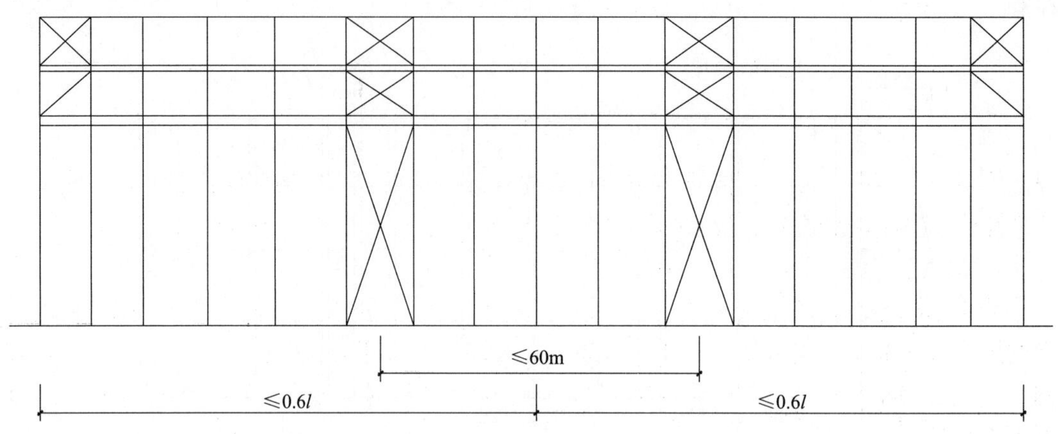

注：l—温度区段长度。

图 2-11 柱间支撑的设置

3. 支撑的计算和构造

屋盖支撑都是平行弦桁架，其弦杆就是屋架的上下弦杆或者是刚性系杆，腹杆多用单角钢组成十字交叉形式，斜杆与弦杆间的交角为 30°～60°。通常横向水平支撑节点间的距离为屋架上弦节间距离的 2～4 倍。纵向水平支撑的宽度取屋架下弦端节点的长度，为 3～6m。屋架竖向支撑也是平行弦桁架，其腹杆体系可根据长宽比例确定，当长宽比例相差不大采用交叉式［图 2-12(a)］，相差较多时宜用单斜杆形式［图 2-12(b)］。

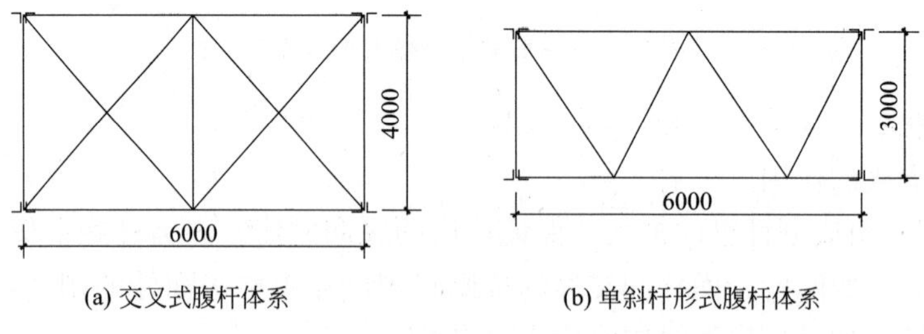

(a) 交叉式腹杆体系　　(b) 单斜杆形式腹杆体系

图 2-12 屋盖结构竖向支撑

屋盖支撑受力较小，截面尺寸一般由杆件的容许长细比和构造要求确定。对于承受端墙传来水平风荷载的屋架下弦横向支撑，可根据在水平桁架节点上的集中风力进行分析，此时，可假定交叉腹杆中的压杆不起作用，仅由拉杆受力，使超静定体系简化为静定体系（图 2-13）。

支撑与屋架连接构造应尽可能简单方便，支撑斜杆有刚性杆与柔性杆之分；刚性杆采用单角钢，柔性杆采用圆钢，但采用圆钢柔性杆时，最好用花篮螺栓预加应力，以增强支

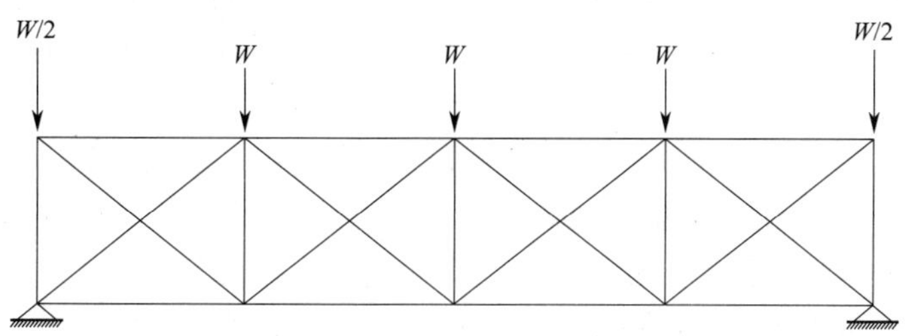

图 2-13　横向水平支撑计算简图

撑的刚度。为了便于安装，支撑节点板应事先焊好，然后再与屋架用螺栓连接，一般采用 C 级螺栓，M20，每块节点板至少用两个螺栓。

4. 墙架结构

墙架结构一般由墙架梁和墙架柱组成。在非承重墙中，墙架构件除了传递作用在墙面上的风力外，尚须承受墙身的自重，并将它传至墙架柱及主要横向框架中，然后再传给基础。当柱的间距在 8m（采用预应力钢筋混凝土大型墙板时可放宽到 12m）以内时，纵墙可不设墙架柱。

端墙墙架中有柱与横梁，柱的位置应与门架和屋架下弦横向水平支撑的节点相配合，墙架柱最后与水平支撑联系，以传递风荷载。当厂房高度较大时，可在适当高度设置水平抗风桁架，以减小墙架柱的计算跨度和减轻屋架水平支撑的风荷载，这些桁架支撑在横向框架柱上（图 2-14）。

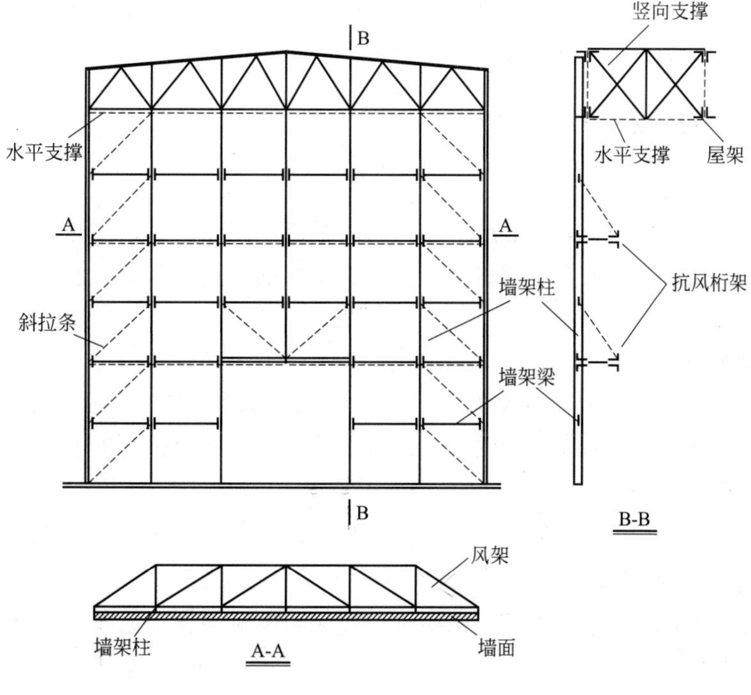

图 2-14　端墙架的布置

图 2-14 中斜虚线表示的斜拉条是保证端墙墙架横向刚度的主要杆件，设有足够截面面积和强度的斜拉条或交叉腹杆后，端墙墙架可以代替端部横向框架平面内的竖向支撑。

当沿厂房横向的风力、地震作用、吊车制动力作用在屋盖支撑系统时，屋盖支撑系统必须以两端（或一端）的端墙墙架和横向框架共同作为支撑结构。通过端墙墙架和各横向框架共同把这些外力传递到基础和地基。当端墙墙架具有很大刚度时，能大大减少横向框架承受的水平力。故布置和设计端墙墙架时应与设计柱间支撑一样重视，它们对于厂房结构的整体安全是非常重要的。

2.2 单层厂房的普通钢屋架结构

单层厂房的钢屋架以横向弯曲的受力方式把屋面荷载传给下部结构。当屋面荷载作用于屋架节点时，屋架所有杆件只受轴心力的作用，杆件截面上的应力均匀分布；与实腹梁相比，对材料的利用较为充分，因而具有用钢量省、自重轻、易做成各种形式和较大跨度以满足各种不同要求等特点。

按能承受荷载的大小、使用的跨度、杆件截面的组成及构造等特点，屋架可分为普通钢屋架（以角钢为主）、钢管屋架和轻钢屋架 3 类。普通钢屋架杆件采用两个角钢组成的 T 形截面，并在杆件汇交处用焊缝把各杆连到节点板上。它具有取材容易、构造简单、制造安装方便，与支撑体系形成的屋盖结构整体刚度好、工作可靠、适应性强（用于工业厂房时吊车吨位一般不受限制）等一系列优点，因而目前在我国的工业与民用建筑房屋中应用仍很广泛。它的缺点是由于采用了厚度较大的普通型钢，因此耗钢量较大，用于屋架跨度较大或较小时不够经济，适宜的跨度一般为 18～36m。

2.2.1 钢屋架的类型和尺寸

1. 选型和布置原则

确定屋架外形及腹杆布置时，应满足适用、经济和制造安装方便的原则。全面满足所有要求是困难的，一般还要根据材料供应情况、屋架的跨度、荷载大小进行综合考虑，最后选定。

2. 钢屋架外形

普通钢屋架的外形有矩形（平行弦）、三角形、梯形、曲拱形及梭形等（图 2-15），在确定钢屋架外形时，应考虑房屋的用途、建筑造型和屋面材料的排水要求等。

3. 钢屋架的腹杆形式

平行弦、三角形、梯形、曲拱形屋架的腹杆形式如图 2-16～图 2-19 所示。

4. 钢屋架的主要尺寸

屋架主要尺寸有跨度、高度和节间宽度。屋架跨度应根据工艺和使用要求确定，并与屋面板宽度的模数配合，常用的模数为 3m。屋架高度应根据经济、刚度、建筑等要求以及屋面坡度、运输条件等因素来确定。屋架上弦节间的划分要根据屋面材料确定，尽可能使屋面荷载直接作用在屋架节点上，避免上弦产生局部弯矩。

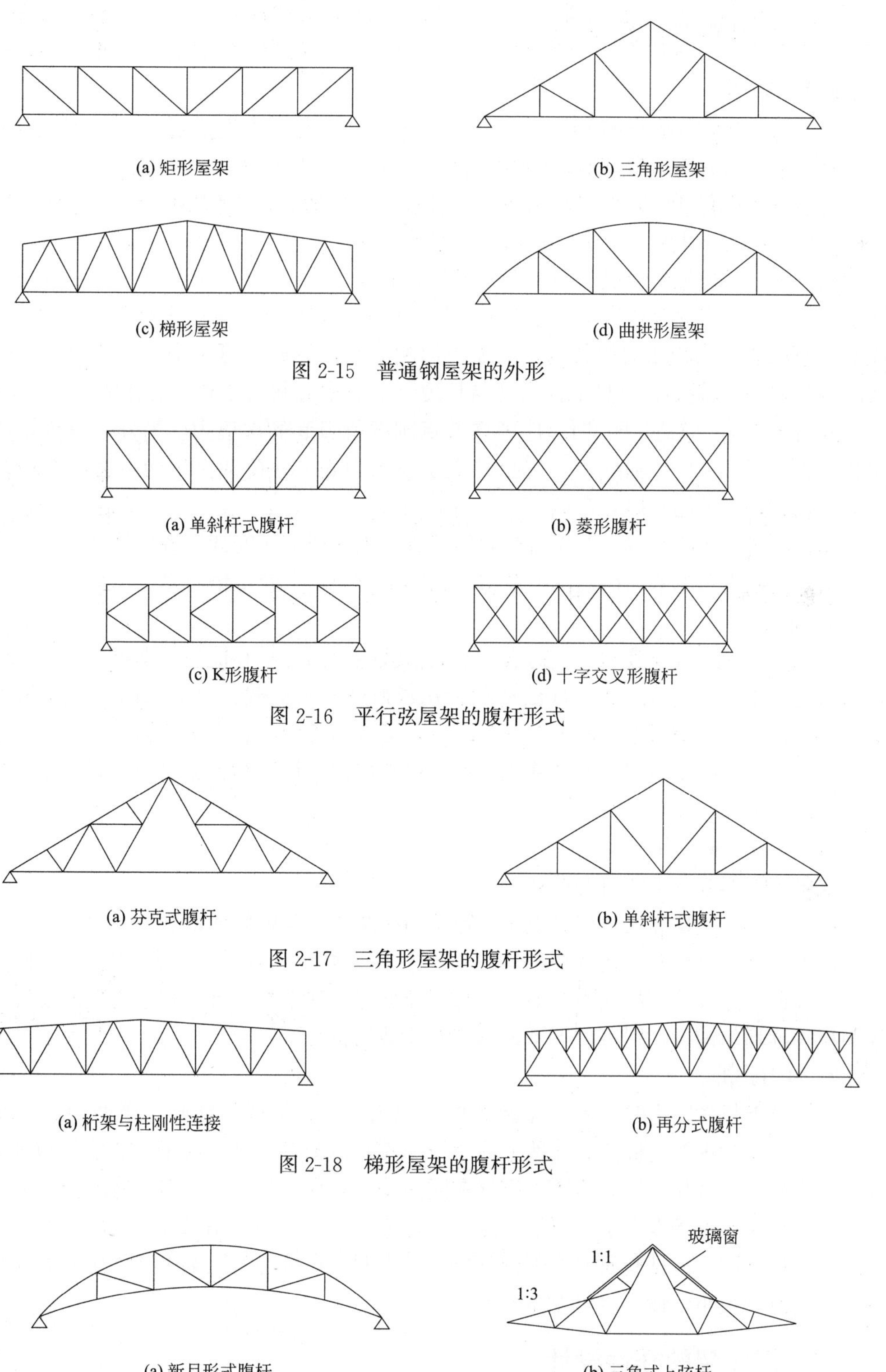

(a) 矩形屋架　(b) 三角形屋架　(c) 梯形屋架　(d) 曲拱形屋架

图 2-15　普通钢屋架的外形

(a) 单斜杆式腹杆　(b) 菱形腹杆　(c) K形腹杆　(d) 十字交叉形腹杆

图 2-16　平行弦屋架的腹杆形式

(a) 芬克式腹杆　(b) 单斜杆式腹杆

图 2-17　三角形屋架的腹杆形式

(a) 桁架与柱刚性连接　(b) 再分式腹杆

图 2-18　梯形屋架的腹杆形式

(a) 新月形式腹杆　(b) 三角式上弦杆

图 2-19　曲拱形屋架的腹杆形式

2.2.2 钢屋架的计算分析

1. 计算假定

钢屋架的计算分析有如下假定：

（1）钢屋架的节点为铰接；

（2）屋架所有杆件的轴线都在同一平面内，且相交于节点的中心；

（3）荷载都作用在节点上，且都在屋架平面内。

上述假定是理想的情况，实际上由于节点的焊缝连接具有一定的刚度，杆件不能自由转动，因此节点不完全是铰接，故在屋架杆件中有一定的次应力。根据分析，对于角钢组成的T形截面，次应力对屋架的承载能力影响很小，设计时可不予考虑。但对于刚度较大的箱形和H形截面，弦杆截面高度与长度（节点中心间的距离）之比大于1/10（对弦杆）或大于1/15（对腹杆）时，应考虑节点刚度所引起的次应力。另外，由于制造的偏差和构造原因等，杆件轴线不一定全部交于节点中心，外荷载也可能不完全作用在节点上，所以节点上可能有偏心弯矩。

如果上弦有节间荷载，应先将荷载换算成节点荷载，才能计算各杆件的内力。而在设计上弦时，还应考虑节间荷载在上弦引起的局部弯矩，上弦按偏心受压构件计算。

2. 荷载

荷载可分为永久荷载和可变荷载。永久荷载指屋面材料和檩条、支撑、屋架、天窗架等结构的自重。可变荷载指屋面活荷载、积灰荷载、雪荷载、风荷载以及悬挂吊车荷载等。其中屋面活荷载和雪荷载不会同时出现，可取两者中的较大值计算。

屋架内力应根据使用过程和施工过程中可能出现的最不利荷载组合计算。在屋架设计时应考虑以下3种荷载组合：

（1）永久荷载＋可变荷载；

（2）永久荷载＋半跨可变荷载；

（3）屋架、支撑和天窗架自重＋半跨屋面板重＋半跨屋面活荷载。

屋架上、下弦杆和靠近支座的腹杆按第一种荷载组合计算；而跨中附近的腹杆在第二、三种荷载组合下可能内力为最大而且可能变号。如果在安装过程中能保证屋脊两侧的屋面板对称均匀铺设，则可以不考虑第三种荷载组合。

3. 内力分析

计算屋架杆件内力时假设：屋架各杆为理想直杆，轴线均在同一平面内且汇交于节点；各节点均为理想的铰接。显然上述假设和实际情况有差别。由于制造偏差和构造上的原因，各杆不是理想直杆，也不一定都在同一平面且相交于一点，但这些差异已在杆件的初弯曲、初偏心中予以考虑。焊接节点并非理想铰接，而是有相当大的刚度，在杆件中将产生一定的次应力。试验研究和理论分析结果表明：在普通钢屋架中这种次应力对屋架的承载能力影响很小，设计时可忽略不计。

2.2.3 钢屋架的杆件设计

1. 杆件的计算长度

在理想的铰接屋架中，压杆在屋架平面内的计算长度应是节点中心之间的距离。但由于节点具有一定刚性，当某一压杆在屋架平面内失稳屈曲、绕节点转动时，将受到与节点相连的其他杆件的阻碍，显然这种阻碍相当于弹性嵌固，这对压杆的工作是有利的。理论分析和试验证明阻碍节点转动的主要因素是拉杆，节点上的拉杆数量越多，拉力和拉杆的线刚度越大，则嵌固程度也越大，由此可确定杆件在屋架平面内的计算长度。

图 2-20 所示的普通钢屋架的受压弦杆、支座竖杆及端斜杆的两端节点上压杆多、拉杆少，杆件本身线刚度又大，故节点的嵌固程度较弱，可偏于安全地视为铰接，计算长度取其几何长度，即 $l_{ox}=l$，l 是杆件的几何长度。对于其他腹杆，由于一端与上弦杆相连，嵌固作用不大，可视为铰接，另一端与下弦杆相连的节点，拉杆数量多、拉力大、拉杆刚度也大，所以嵌固程度较大，计算长度取 $l_{ox}=0.8l$。屋架弦杆在屋架平面外的计算长度应取屋架侧向支撑节点之间的距离。对于上弦杆，在有檩方案中檩条与支撑的交叉点不相连时（图 2-20），此距离即为 $l_{oy}=l_1$，l_1 是支撑节点间的距离；当檩条与支撑交叉点相连时，则 $l_{oy}=l_1/2$，即上弦杆在屋架平面外的计算长度就等于檩距。在无檩屋盖设计中，根据施工情况，当不能保证所有大型屋面板都能以 3 点与屋架可靠焊连时，为安全起见，认为大型屋面板只能起刚性系杆作用，上弦杆平面外计算长度仍取为支撑节点之间的距离；若每块屋面板与屋架上弦杆能够保证 3 点可靠焊连，考虑到屋面板能起支撑作用，上弦杆在屋架平面外的计算长度可取两块屋面板宽，但不大于 3m。屋架下弦杆在屋架平面内的计算长度取 $l_{ox}=l$，平面外的计算长度取 $l_{oy}=l_1$，l_1 为侧向支撑点间距离，视下弦支撑及系杆设置而定。由于节点板在屋架平面外的刚度很小，当腹杆平面外屈曲时只起板铰作用（可将上部结构的内力集中地传递到下部结构，同时可释放不利弯矩及温度应力），故其平面外的计算长度取其几何长度，即 $l_{oy}=l_1$。

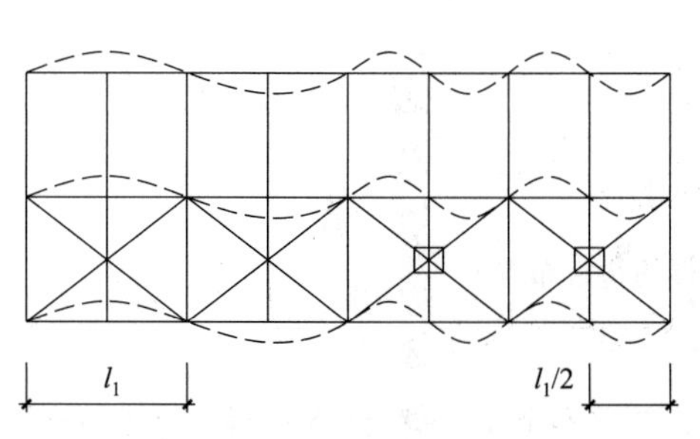

(a) 屋架上弦平面外的计算长度

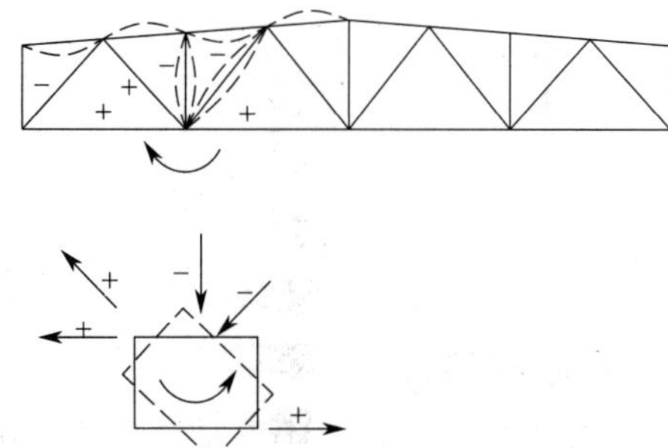

(b) 屋架杆件平面内的计算长度

图 2-20　屋架杆件的计算长度

2. 截面形式

普通钢屋架的杆件一般采用等肢或不等肢双角钢组成 T 形截面或十字形截面，组合截面的两个主轴回转半径与杆件在屋架平面内和平面外的计算长度相配合，使两方向的长细比比较接近，达到用料经济、连接方便的要求（图 2-21）。

为了使两个角钢组成的杆件起整体作用，应在角钢相并肢之间焊上垫板（图 2-22），垫板厚度与节点板厚度相同，宽度一般取 60mm，长度应伸出角钢肢 15mm 到 20mm，

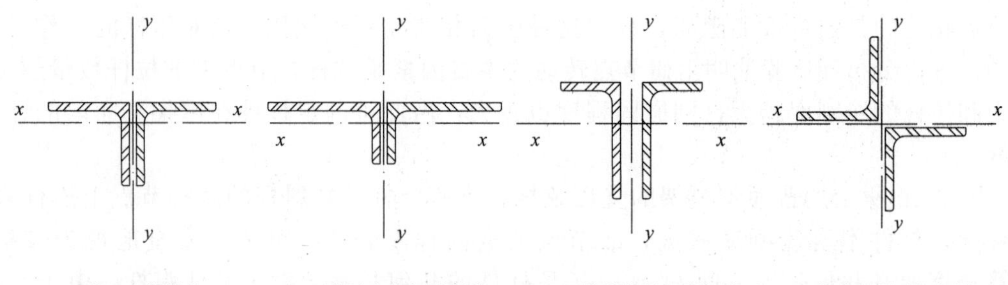

图 2-21　普通钢屋架杆件截面选择

垫板间距在受压杆件中不大于 $40i$（i 为平行于垫板的单肢回转半径，对于十字形截面，i 为单角钢最小回转半径），在受拉杆件中不大于 $80i$。一根杆件中在计算长度范围内至少布置两块垫板，如果只在中央布置一块，由于垫板处于杆件中心，剪力为零而不起作用。

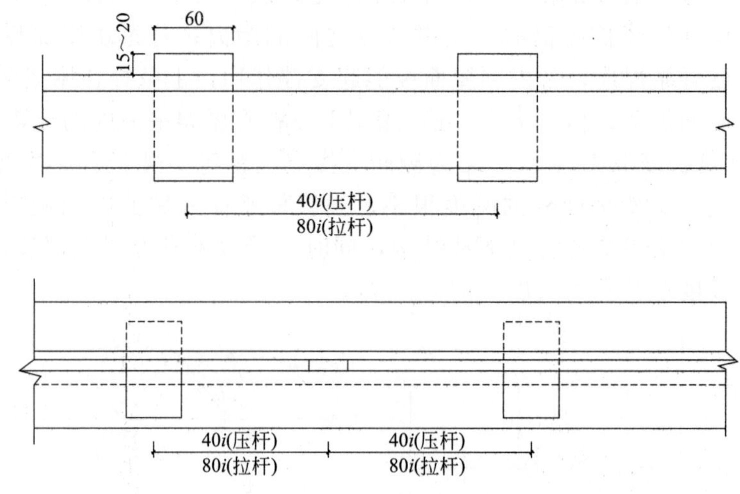

图 2-22　屋架杆件的垫板布置

3. 截面选择和计算

钢屋架的所有杆件，不论是压杆还是拉杆，为了保证屋架杆件在运输、安装及使用阶段的正常工作，都要满足一定的刚度要求，即所有杆件截面必须满足一定的长细比要求，如主要压杆为 150，次要拉杆可达到 400 等。

屋架的杆件应优先选用肢宽而薄的角钢，以增加其回转半径，但要求保证其局部稳定，一般角钢厚度不宜小于 4mm，钢板厚度不小于 5mm，因此角钢规格不宜小于∟45×4 或∟56×36×4。在同一榀屋架中，角钢规格不宜过多，一般为 5～6 种，以便于配料和订货。当屋架跨度大于 24m 时，弦杆可根据内力变化而改变截面，最好只改变一次，否则因设置拼接接头过多反而费工费料。改变截面的办法是变更角钢的肢宽，而不是肢厚，以便于弦杆拼接的构造处理。

屋架弦杆的内力可用数解法或图解法求得，然后根据受力大小选择截面并进行验算。

2.2.4　钢屋架的节点设计

1. 节点设计原则

（1）屋架杆件重心线应与屋架几何轴线重合，并交于节点中心，以避免引起偏心弯矩。但为了制造方便，角钢肢背到屋架轴线的距离可取 5mm 的倍数，如用螺栓与节点板连接时，可采用靠近杆件重心线的螺栓准线为轴线。

（2）当弦杆截面沿长度变化时，为了减少偏心和使肢背齐平，应使两个角钢重心线之间的中线与屋架的轴线重合（图 2-23）。如轴线变动不超过较大弦杆截面高度的 5%，在计算时可不考虑由此而引起的偏心弯矩。

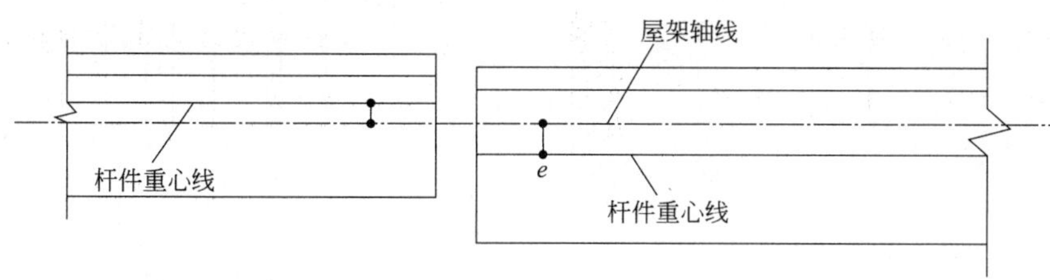

图 2-23　弦杆截面改变时的轴线位置

（3）当不符合上述规定时，或节点处有较大偏心弯矩时，应根据交汇各杆的线刚度，将此弯矩分配于各杆（图 2-24），计算式为：

$$M_i = M\frac{K_i}{\sum K_i} \tag{2-2}$$

式中：M_i——所计算杆件承担的弯矩；

M——节点偏心弯矩，$M=(N_1+N_2)\times e$；

K_i——所计算杆件的线刚度，$K_i=I_i/l_i$；

$\sum K_i$——汇交于节点的各杆线刚度之和。

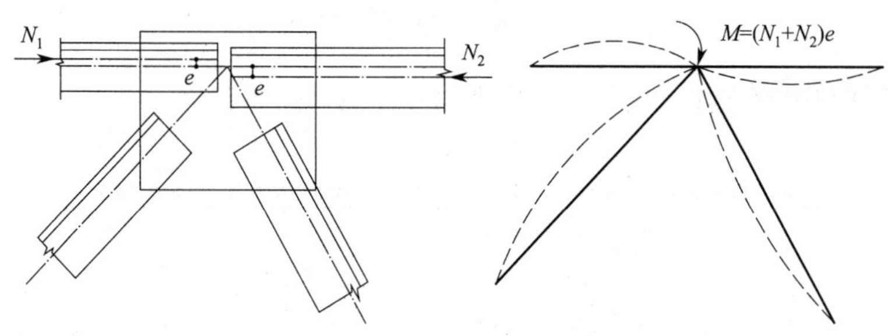

图 2-24　弦杆轴线的偏移

在算得 M_i 后，杆件截面应按偏心受压（或偏心受拉）进行计算。

（4）直接支撑大型钢筋混凝土屋面板的上弦角钢可按图 2-25 所示方法予以加强。

（5）节点板的外形应尽量简单，应优先采用矩形或梯形、平行四边形，节点板不应有凹角（图 2-26）。

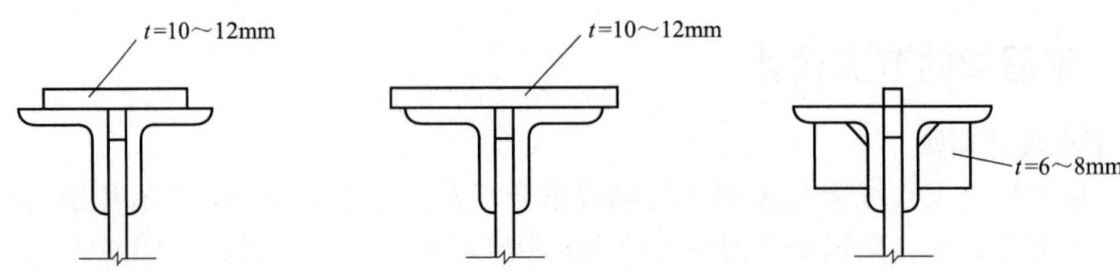

图 2-25　直接支撑大型钢筋混凝土屋面板的上弦角钢加强方法

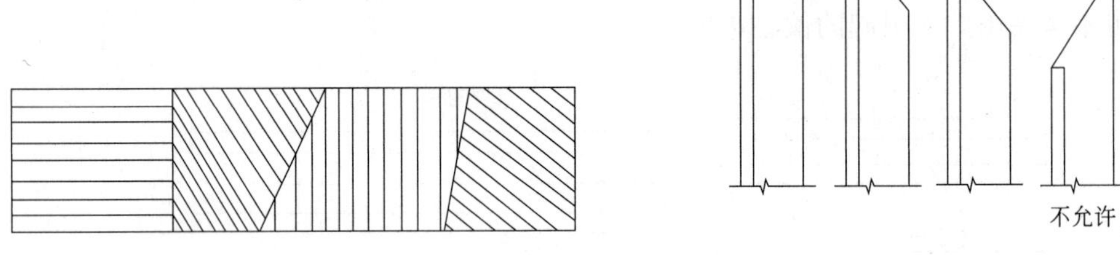

图 2-26　节点板的外形　　图 2-27　角钢端部的切割

(6) 角钢端部的切割一般垂直于它的轴线，可切去部分肢，但决不允许把垂直肢完全切去而留下平行的斜切肢（图 2-27）。

(7) 焊接屋架节点中，腹杆与弦杆或腹杆与腹杆边缘之间距离一般采用 10～20mm，用螺栓连接的节点，此距离可采用 5～10mm（图 2-28）。

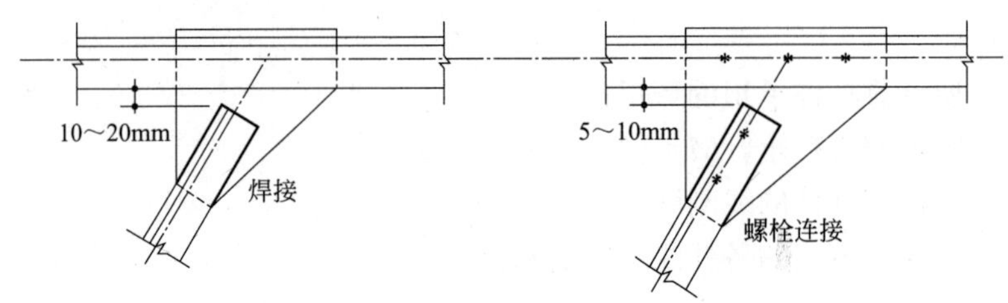

图 2-28　屋架杆件连接边缘的距离

(8) 单斜杆与弦杆连接，应使之不出现偏心弯矩（图 2-29）。

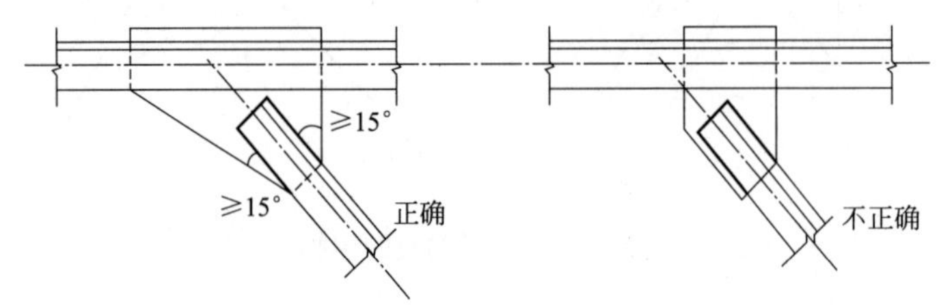

图 2-29　节点板焊缝位置

(9) 节点板应有足够的强度，以保证弦杆与腹杆的内力能安全传递。节点板厚度不得小于 6mm，但不要大于 20mm。根据不同力的大小，选用各种节点板厚度。同一榀屋架中除支座处节点板比其他节点板厚 2mm 外，所有节点板应采用同一厚度。节点板不得作为拼接弦杆所用的主要传力构件。

2. 上、下弦节点的计算和构造

节点设计包括确定节点构造，计算焊缝及确定节点板的形状和尺寸，应结合屋架施工图绘制进行。下面介绍屋架的几个典型节点：

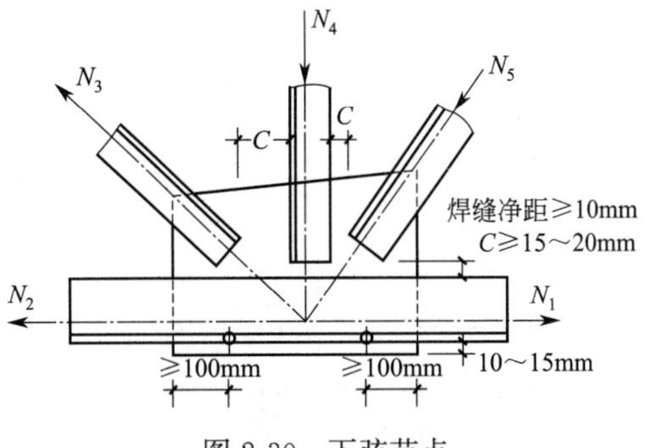

图 2-30　下弦节点

（1）无节点荷载的下弦节点（图 2-30）

各腹杆与节点板的连接角焊缝按各腹杆的内力计算：

$$\sum l_w=\frac{N_3(N_4\text{ 或 }N_5)}{2\times0.7h_f f_f^w}\tag{2-3}$$

式中：N_3、N_4、N_5——腹杆轴心力；

$\sum l_w$——一个角钢与节点板之间的焊缝总长度；

h_f——焊缝高度；

f_f^w——角焊缝强度设计值。

当弦杆角钢连续通过节点时，弦杆的大部分轴力由角钢直接传递，角钢与节点板的焊缝只承受二节间的杆力差值：$\Delta N=N_1-N_2$（当 $N_1>N_2$ 时），求得 ΔN 后，仍按式(2-3)计算。通常 ΔN 很小，所需焊缝一般按构造在节点板范围内进行满焊均能满足要求。

（2）有集中荷载的上弦节点

无檩设计的屋架上弦节点如图 2-31 所示。由于上弦坡度很小，集中力 P 对上弦杆与节点板间焊缝的偏心一般很小，可认为该焊缝只承受集中力与杆力差的作用。在 ΔN 作用下，角钢肢背与节点板间焊缝所受的剪应力为：

$$\tau_{\Delta N}=\frac{k_1\Delta N}{2\times0.7h_f l_w}\tag{2-4}$$

式中：k_1——角钢肢背上的内力分配系数；

l_w——每根焊缝的计算长度，取实际长度减 $2h_f$。

在力 P 作用下，上弦杆与节点板间的 4 条焊缝平均受力（当角钢肢尖与肢背的焊缝高度相同时），其应力为：

$$\sigma_p=\frac{P}{4\times0.7h_f l_w}\tag{2-5}$$

肢背焊缝受力最大，因 $\tau_{\Delta N}$ 与 σ_p 间夹角近于直角，所以应满足以下条件：

$$\sqrt{\tau_{\Delta N}^2+\left(\frac{\sigma_p}{1.22}\right)^2}\leqslant f_f^w\tag{2-6}$$

设计时先取 h_f 按以上公式验算。

图 2-32 所示为有檩设计的屋架上弦节点。上弦一般坡度较大，节点集中荷载 P 相对

于上弦焊缝有较大偏心 e，因此弦杆与节点板焊缝除受 ΔN、P 作用外，还受到偏心弯矩 $M=Pe$ 的作用。考虑到角钢背与节点板间的塞焊缝不易保证质量，可采用如下近似方法验算焊缝。假定塞焊缝"K"只均匀地承受力 P 的作用，其他力和偏心弯矩均由角钢肢尖与节点板间的焊缝"A"承担，于是"K"焊缝的强度条件为：

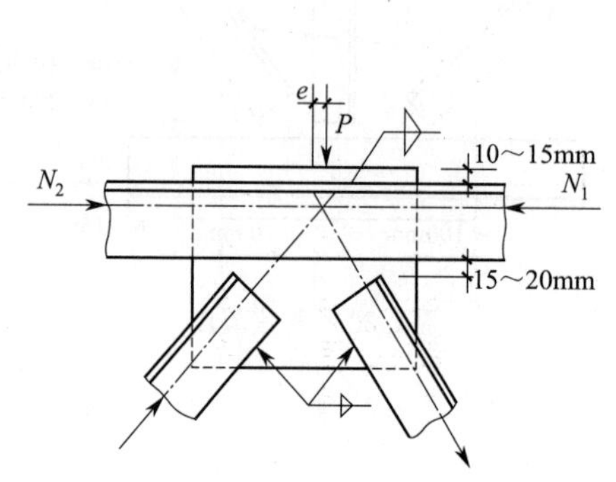

图 2-31　无檩屋架的上弦节点

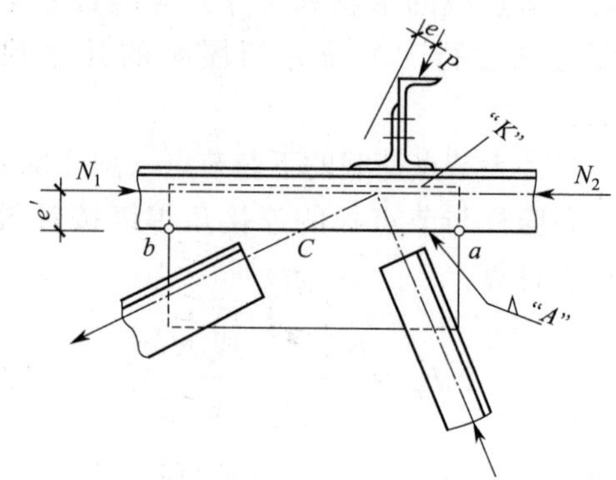

图 2-32　有檩屋架的上弦节点

$$\tau=\frac{P}{2\times 0.7h_{\mathrm{f}}'l_{\mathrm{w}}}\leqslant f_{\mathrm{f}}^{\mathrm{w}} \tag{2-7}$$

式中，$h_{\mathrm{f}}'=\frac{t}{2}$，$t$ 为节点板的厚度。这一条件通常均能满足。"A"焊缝承受的力有：杆力差 $\Delta N=N_1-N_2$（当 $N_1>N_2$）和偏心弯矩 $M=P\cdot e+\Delta Ne'$，e'为弦杆轴线到肢尖的距离。ΔN 在焊缝"A"中产生的平均剪应力为：

$$\tau_{\Delta N}=\frac{\Delta N}{2\times 0.7h_{\mathrm{f}}l_{\mathrm{w}}} \tag{2-8}$$

由 M 产生的焊缝应力为：

$$\sigma_{\mathrm{M}}=\frac{6M}{2\times 0.7h_{\mathrm{f}}l_{\mathrm{w}}^2} \tag{2-9}$$

焊缝"A"受力最大的点在该焊缝的两端 a、b 点，最大的合成力应满足下式条件：

$$\sqrt{\tau_{\Delta N}^2+\left(\frac{\sigma_{\mathrm{M}}}{1.22}\right)^2}\leqslant f_{\mathrm{f}}^{\mathrm{w}} \tag{2-10}$$

(3) 弦杆的拼接节点

屋架弦杆的拼接有两种方式：工厂拼接和工地拼接。前者是为了型钢接长而设的杆件接头，宜设在杆力较小的节间；后者是由于运输条件限制而设的安装接头，通常设在节点处，如图 2-33 所示。

弦杆一般用连接角钢拼接，连接角钢的作用是传递弦杆的内力，保证弦杆在拼接节点处具有足够刚度。拼接时，用安装螺栓定位并夹紧所连接的弦杆，以利于安装焊缝施焊。

连接角钢一般采用与被连弦杆相同的截面。为了与弦杆角钢密贴，需将连接角钢的棱角铲去。为了施焊方便和保证连接焊缝的质量，连接角钢的竖直肢应切去 $\Delta=t+h_{\mathrm{f}}+5\mathrm{mm}$（图 2-33），式中，$t$ 为连接角钢的厚度。

弦杆与连接角钢的连接焊缝通常按被连弦杆的最大杆力计算，并平均分配给连接角钢

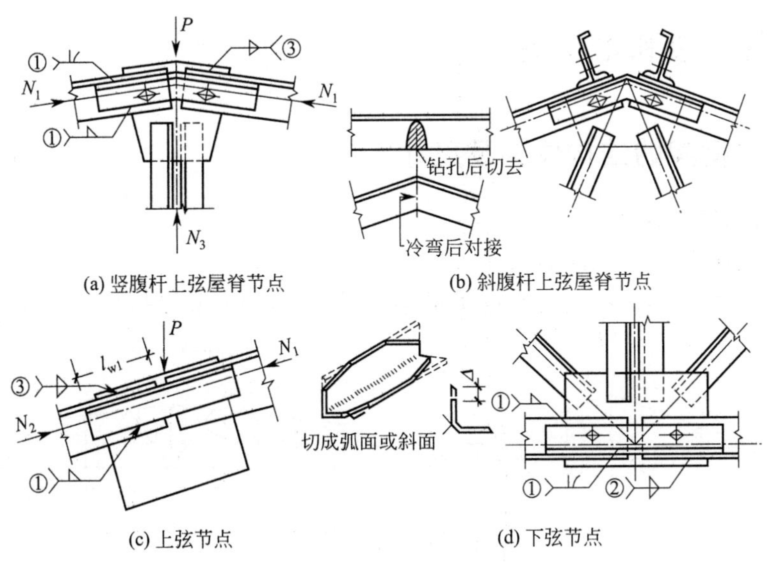

图 2-33　屋架的拼接节点

肢尖的 4 条焊缝，如图 2-33 中的焊缝①，每条焊缝所需的长度为：

$$l_{w1}=\frac{N_{max}}{4\times 0.7h_f f_f^w}+2h_f \tag{2-11}$$

式中：N_{max}——拼接弦杆中的最大杆力。

弦杆与节点板间的连接焊缝计算应进行具体分析。连接角钢由于削棱切肢对截面的削弱一般不超过角钢面积的 15%，对于受拉的下弦杆，截面由强度计算确定，面积的削弱势必降低连接角钢的承载能力，这部分降低的承载力应由节点板承受，所以下弦杆与节点板的连接焊缝②［图 2-33(d)］应按下式计算：

$$\tau=\frac{k_1\times 0.15N_{max}}{2\times 0.7h_f l_w}\leqslant f_f^w \tag{2-12}$$

式中：k_1——下弦角钢肢背上的内力分配系数。

对于受压上弦杆，连接角钢面积的削弱一般不会降低接头的承载力。因为上弦截面是由稳定计算确定的，所以在图 2-33(c) 所示的拼接接头处，上弦杆与节点板的焊缝可根据传递集中力 P 计算即可；在图 2-33(a)、(b) 的脊节点处，则需根据节点上的平衡关系来计算，上弦杆与节点板间的连接焊缝③应承受接头两侧弦杆的竖向分力与节点荷载 P 的合力，焊缝③共 2 根，每根所需长度为：

$$l_{w3}=\frac{P-2N_1\sin\alpha}{8\times 0.7h_f f_f^w}+2h_f \tag{2-13}$$

上弦杆的水平分力由连接角钢本身承受。连接角钢的长度应为 $L=2L_{w1}+10$mm，10mm 是空隙尺寸。考虑到拼接节点刚度，L 应不小于 40～60cm，跨度大的屋架取大值。

如果连接角钢截面削弱超过受拉下弦截面的 15%，宜采用比受拉弦杆厚一级的连接角钢，以免增加节点板的负担。为了减少应力集中，如弦杆肢宽在 130mm 以上时，应将连接角钢肢斜切，如图 2-33 所示。根据节点构造需要，连接角钢需要完成某一角度时，一般采用热弯即可，如需弯较大角度时，则采用如图 2-33 所示的先切肢后冷弯对焊的方法。

2.3 横向框架和框架柱

2.3.1 横向框架的结构体系及尺寸

1. 横向框架的结构体系

（1）单层单跨厂房的横向框架

单层单跨厂房横向框架主要有铰接框架［图 2-34(a)］和刚接框架［图 2-34(b)］两种体系。

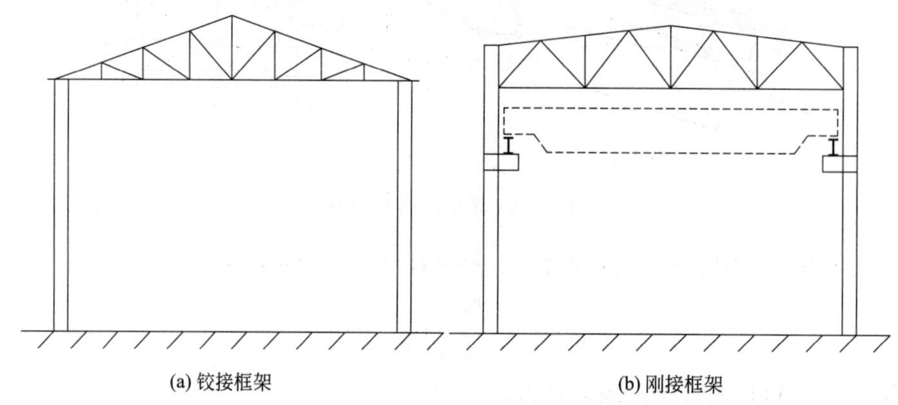

(a) 铰接框架　　(b) 刚接框架

图 2-34　单层单跨厂房横向框架

横梁与柱铰接的框架多用在无桥式吊车或有轻型吊车的厂房结构中，其横向刚度较差，但在地基状况不太好和有不均匀沉降的地方却较适合。铰接框架多用于三角形屋架。

横梁与柱刚接的框架是常用的结构形式，横向刚度好，宜用于有桥式吊车或悬挂吊车的厂房，但对支座不均匀沉降及温度作用比较敏感。刚接框架的横梁常为梯形桁架。

由于工艺要求，飞机制造厂的装配车间需要大跨度框架结构，造船厂的总装车间则需要高度大的框架结构（图 2-35）。

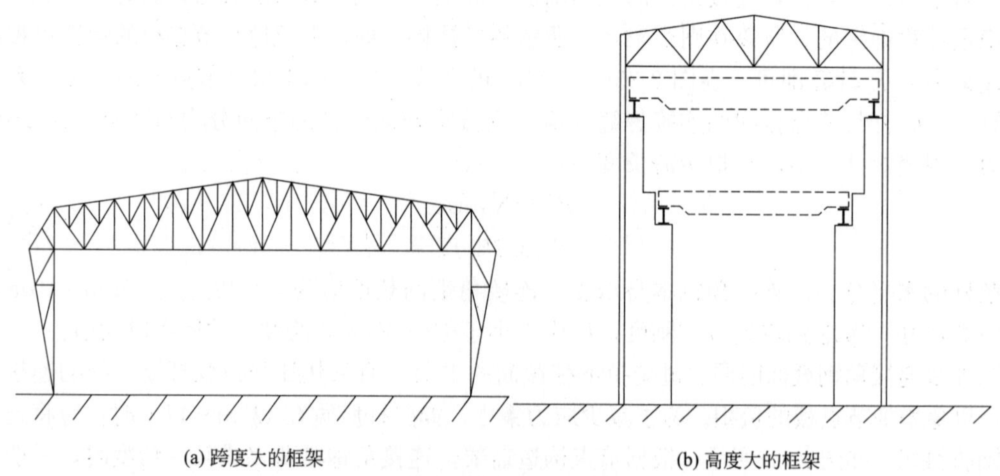

(a) 跨度大的框架　　(b) 高度大的框架

图 2-35　跨度和高度大的横向框架结构

(2) 单层多跨厂房的横向框架

在一些轻工业厂或机械制造厂，由于生产线有许多横向联系，要求多跨厂房。单层多跨厂房横向框架有等高多跨（图 2-36）和不等高多跨结构（图 2-37）。

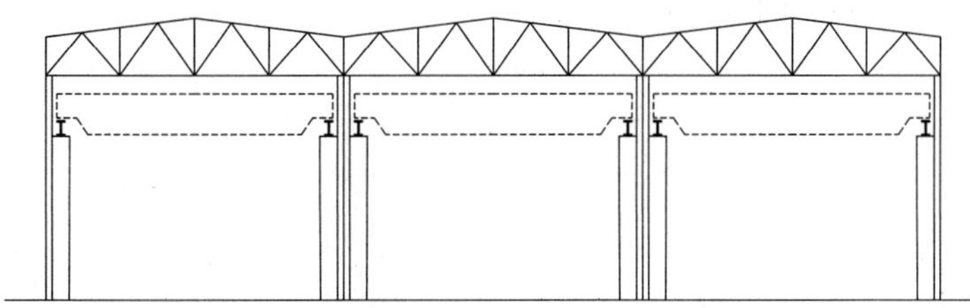

图 2-36　等高等跨的三跨厂房横向框架

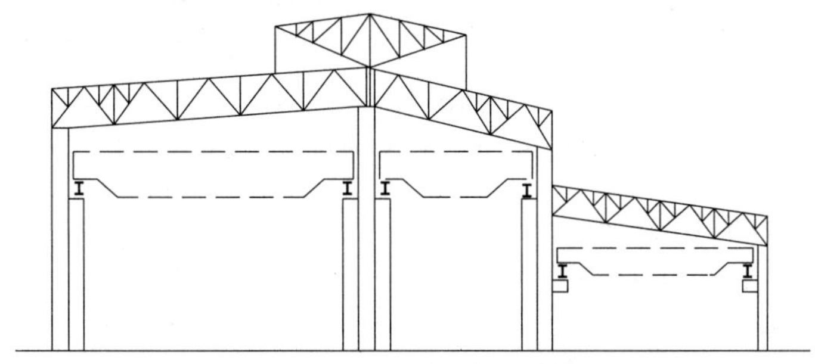

图 2-37　不等高不等跨的三跨厂房横向框架

等高等跨厂房的布置优点是厂房骨架构件的重复性较大，甚至可使结构构件定型化和标准化。多跨框架也有铰接和刚接之分，一般无吊车或轻型厂房用铰接框架；有吊车的厂房以刚接框架为宜，以增加吊车运行时的厂房刚度和延长厂房结构的使用年限。此外，还有锯齿形厂房的横向框架和带有横向天窗的横向框架等。

2. 横向框架的尺寸

横向框架的跨度常采用 6m 的倍数，有 12m、18m、24m、30m、36m。框架高度根据工艺条件决定，一般从室内地坪算起，到吊车轨顶标高为止。吊车轨顶到屋架下弦的净空尺寸应根据桥式吊车规格要求决定。所有尺寸加起来应取 300mm 的倍数。

2.3.2　横向框架的计算

厂房结构实际上处于空间受力状态。钢结构厂房中主要形成空间工作状态的构件是大型屋面板和屋盖的纵向水平支撑，当厂房局部受到横向集中荷载如吊车横向制动力，吊车垂直荷载的偏心弯矩等作用时，纵向水平支撑可视为一系列以横向框架作为弹性支承的受水平弯曲的连续梁，通过连续梁的作用，将局部荷载分配到相邻的一系列框架上，从而减小了直接受载框架的负担。厂房在均布荷载的作用下，所有横向框架的受载及位移情况基本相同，显然在这种情况下，没有空间分配作用。一般厂房中，吊车横向制动力和吊车垂直荷载的偏心弯矩引起的柱子内力，在柱子内力总和中所占比重并不很大，为了计算简便，均以平面框架作为计算的基本单元而不考虑厂房的空间作用。

1. 横向框架的计算简图

对柱距相等的厂房只需要计算一个框架，计算单元划分如图 2-38(a) 所示。进行框架内力分析时，按如图 2-38(b) 所示的实际结构图示计算将十分繁复。为便于计算一般按图 2-38(c) 所示计算简图简化计算。

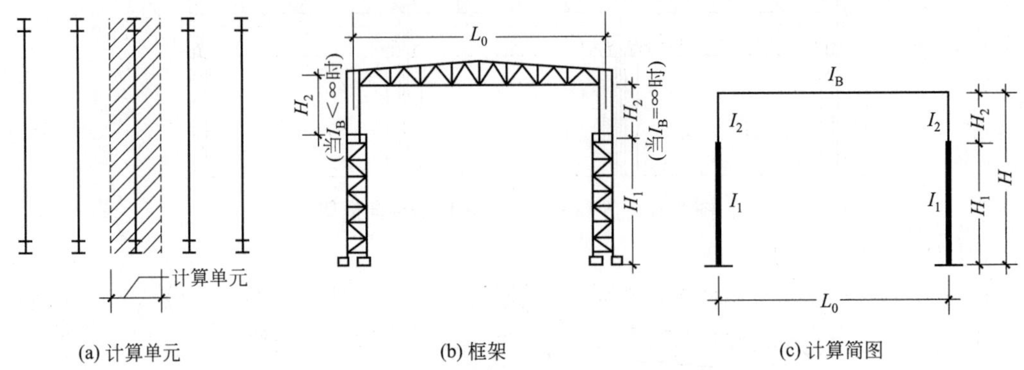

图 2-38　框架计算单元的划分与简图

2. 作用在横向框架上的荷载

作用在框架上的荷载有如下几种：

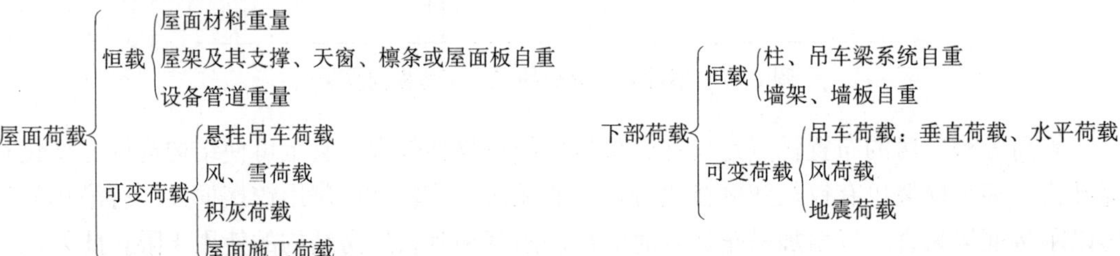

- 屋面荷载
  - 恒载
    - 屋面材料重量
    - 屋架及其支撑、天窗、檩条或屋面板自重
    - 设备管道重量
  - 可变荷载
    - 悬挂吊车荷载
    - 风、雪荷载
    - 积灰荷载
    - 屋面施工荷载
- 下部荷载
  - 恒载
    - 柱、吊车梁系统自重
    - 墙架、墙板自重
  - 可变荷载
    - 吊车荷载：垂直荷载、水平荷载
    - 风荷载
    - 地震荷载

屋面荷载包括恒载及可变荷载，其标准值可从荷载规范中查取，梁柱等自重可根据初选截面估算，墙架、墙板重量按实际情况确定，吊车荷载从吊车规范中查取。计算荷载时应注意下列几点：

(1) 恒载的设计值应是标准值乘以分项系数 $\gamma_G=1.2$，活载的设计值应为标准值乘以分项系数 $\gamma_Q=1.4$。

(2) 对屋面荷载一般均汇集成均布的线荷载作用于框架横梁上。

(3) 计算风荷载时，为了简化计算，可将沿高度梯形分布折算为矩形均布并分别计算两相反风向的作用，屋架及天窗上的风荷载按集中力作用在框架柱顶。

(4) 吊车运行时对厂房产生三种荷载作用：吊车垂直荷载、横向水平制动力及纵向水平制动力。纵向水平制动力通过吊车梁直接由柱间支撑传给基础，计算横向框架时不考虑。

3. 框架的刚度比

刚接框架属于超静定体系，内力分布与各部分刚度比值有关。在进行框架静力分析前，可以参考类似设计资料中的尺寸假设柱子的截面。上、下柱截面惯性矩之比一般为(图 2-39)：

边列柱：$I_1:I_3=4.5\sim15$；

中列柱：$I_2:I_4=8\sim25$；

不拔柱的计算单元：$I_2 : I_1 = 1.2 \sim 12$；

横梁与下柱惯性矩之比，一般可取 $I_B : I_1 = 1.2 \sim 12$，柱子越高取值越小，起重量越大或为重级工作制时取值越大。

假定的柱截面惯性矩与最后选定截面惯性矩相差不应大于 30%，否则应调整柱截面重新计算。由于刚接框架计算工作量较大，为避免上述重复，可在初步假设截面后，先进行粗略计算，计算方法可参考《钢结构设计手册》。

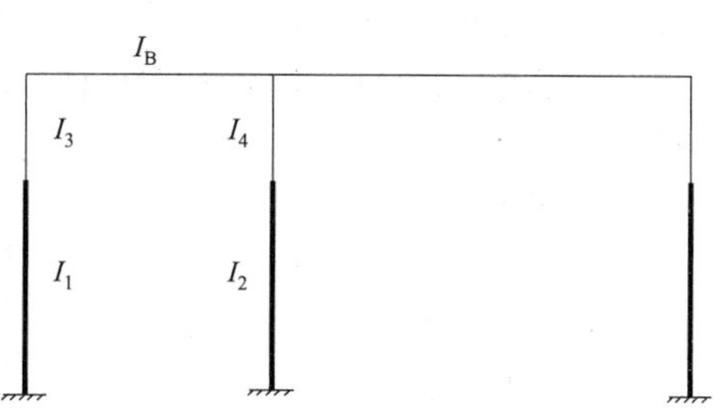

图 2-39　上下柱截面惯性矩

4. 框架的静力分析

框架内力分析可以采用任何的力学方法，但根据不同的框架、不同的荷载作用，如果采用方法适宜，可大大减少计算工作量。例如单跨对称钢架，当横梁与柱抗弯刚度之比 $S_B/S_C \geqslant 4$ 时，除直接作用于横梁的屋面荷载外，在吊车荷载、风荷载等情况下都可近似视横梁刚度 $I_B = \infty$，而忽略转角，这时采用变形法时只有节点线位移（Δ）一个未知数；在屋面荷载作用下，则只有角位移［图 2-40(a)］。当 $S_B/S_C \leqslant 4$ 时，横梁不能视为无穷刚度，在不对称荷载作用下，既有节点线位移（Δ），又有角位移 θ_1、θ_2［图 2-40(b)］，这时采用弯矩分配法与变形法联合求解比较方便。分析框架内力时，一般均需首先求解两端为刚性嵌固的变截面柱在单位线位移、单位角位移及各种荷载作用下两端的固端弯矩及剪力，可直接利用有关手册的表格以简化计算。

为便于对各构件和连接进行最不利的组合，必须对各种荷载作用分别进行框架内力分析。

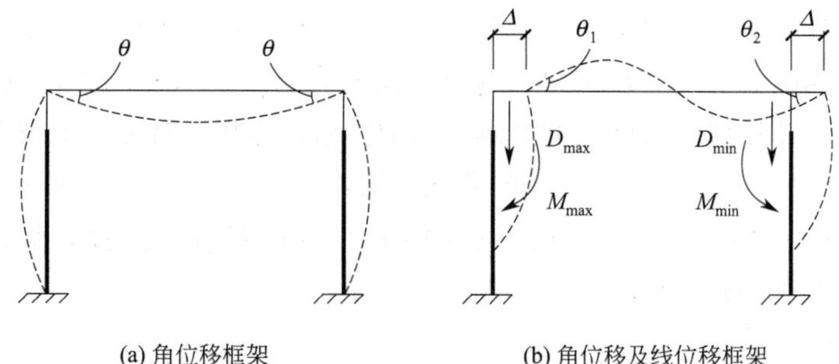

(a) 角位移框架　　(b) 角位移及线位移框架

图 2-40　框架的简化计算

2.3.3　框架柱的形式及截面验算

1. 框架柱的形式

框架柱的形式通常有等截面柱、台阶柱和分离式柱三种。

等截面柱［图 2-41(a)］的构造简单，只适用于无吊车或吊车起重量≤20t 的厂房。

台阶柱［图 2-41(b)～(d)］根据吊车层数不同有单阶柱、双阶柱之分。吊车梁支承在柱截面改变处，所以荷载对柱截面形心的偏心较小，构造合理，在钢结构中应用广泛。

分离式柱［图 2-41(e)］的屋架肢和横梁组成框架，吊车肢单独设置，两肢之间用水平板相连。水平板可减小两单肢在框架平面内的计算长度。吊车肢只承受吊车的垂直荷载，设计成轴心受压柱，吊车的水平荷载通过吊车制动梁传给由屋盖肢组成的框架。这种柱的构造、制作及安装均较简单方便，但用钢量较阶形柱多，刚度较差，多在扩建厂房中应用。

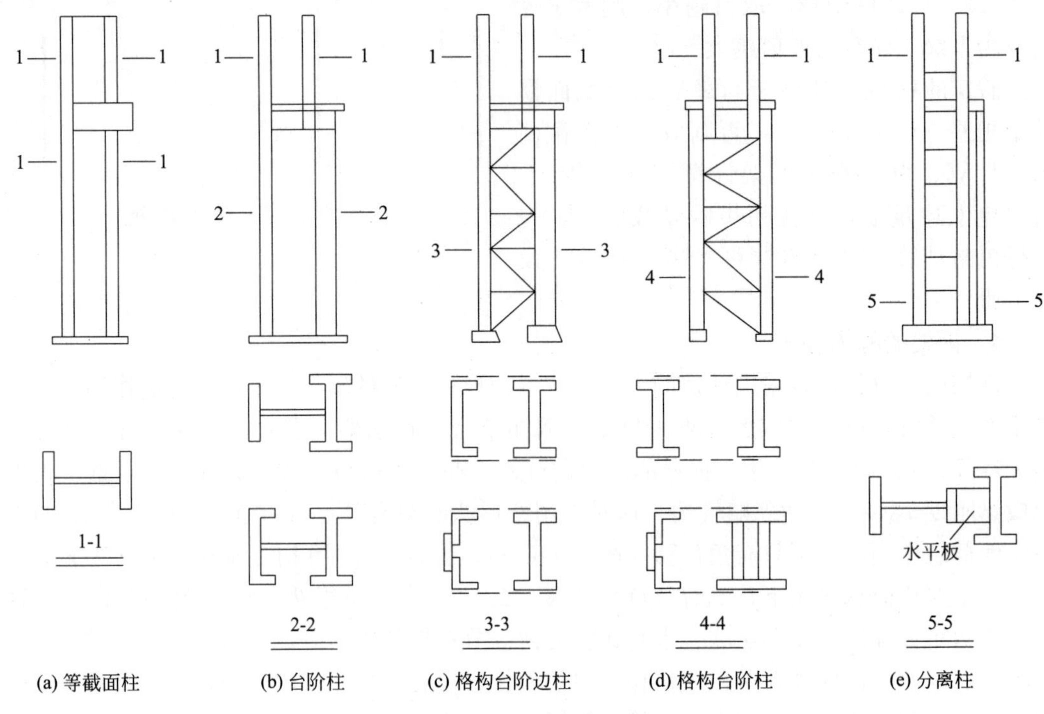

图 2-41　框架柱的形式

框架柱的截面应根据柱承受荷载的大小确定，一般阶形柱的上柱荷载较小，所需宽度不够，宜采用对称的工字形组合截面［图 2-41(a)］。单阶柱的下段柱承受的荷载较大且需支承吊车梁，采用图 2-41(b) 剖面 2-2 的形式比较合理。阶形柱的下柱宽度大于 1m 时，采用格构式截面比较经济。边列柱的外侧需与围护结构连接，宜采用图中有平整表面的形式，如图 2-41(c) 中剖面 3-3。中列柱的两侧一般均需支承吊车梁，如图 2-41(d) 中剖面 4-4。当吊车荷载很大时，吊车肢采用工字形截面往往需要由很厚的钢板组成，此时可采用图 2-41(e) 中所示的箱形截面。

2. 柱截面验算

厂房柱主要承受轴向力 N、框架平面内的弯矩 M_x、剪力 V_x，有时还要承受框架平面外的弯矩 M_y。验算柱在框架平面内的稳定时，应取柱段的最大弯矩 M_{xmax}；验算柱在垂直于框架平面的稳定时，则取柱间支撑点或纵向系杆间的等效弯矩。

单层厂房下端刚性固定的台阶柱，在框架平面内的计算长度如下：

对于单阶柱，下段柱的计算长度系数 μ_2 为：当柱上端与横梁铰接时，等于按有关规定（柱上端为自由的单阶柱）的数值乘以折减系数；当柱上端与横梁刚接时，等于按有关规定（柱上端可移动但不转动的阶柱）的数值乘以折减系数。

上段柱的计算长度系数 μ_1 按下式确定：

$$\mu_1=\frac{\mu_2}{\eta_1} \tag{2-14}$$

式中：η_1——《钢结构设计手册》附表中公式计算的系数。

厂房柱在框架平面外的计算长度应取柱的支座、吊车梁、托梁、支撑和纵向固定节点等阻止框架平面外移的支承点之间的距离。

当吊车梁的支承结构不能保证沿柱轴线传递支座压力时，两侧吊车支座压力差产生垂直于框架平面的弯矩 M_y，其值为（图 2-42）：

$$M_y = \Delta R \cdot e \tag{2-15}$$

式中：ΔR——两侧吊车梁支座压力差值，$\Delta R = R_1 - R_2$；

e——柱轴线至吊车梁支座加劲肋的距离。

对于格构柱，除整体验算其强度、稳定外，还要对吊车肢另行补充验算，即偏于安全地认为吊车最大压力 D_{max} 完全由吊车肢单独承受，此时吊车肢的总压力为（图 2-43）：

$$N_B = D_{max} + \frac{(N - D_{max}) \cdot z}{h} + \frac{M_x - M_D}{h} \tag{2-16}$$

式中：M_D——框架计算中由 D_{max} 引起的弯矩；

D_{max}——吊车最大压力；

N_B——吊车肢的总压力；

z——中心轴到单肢形心的距离；

h——柱截面高度。

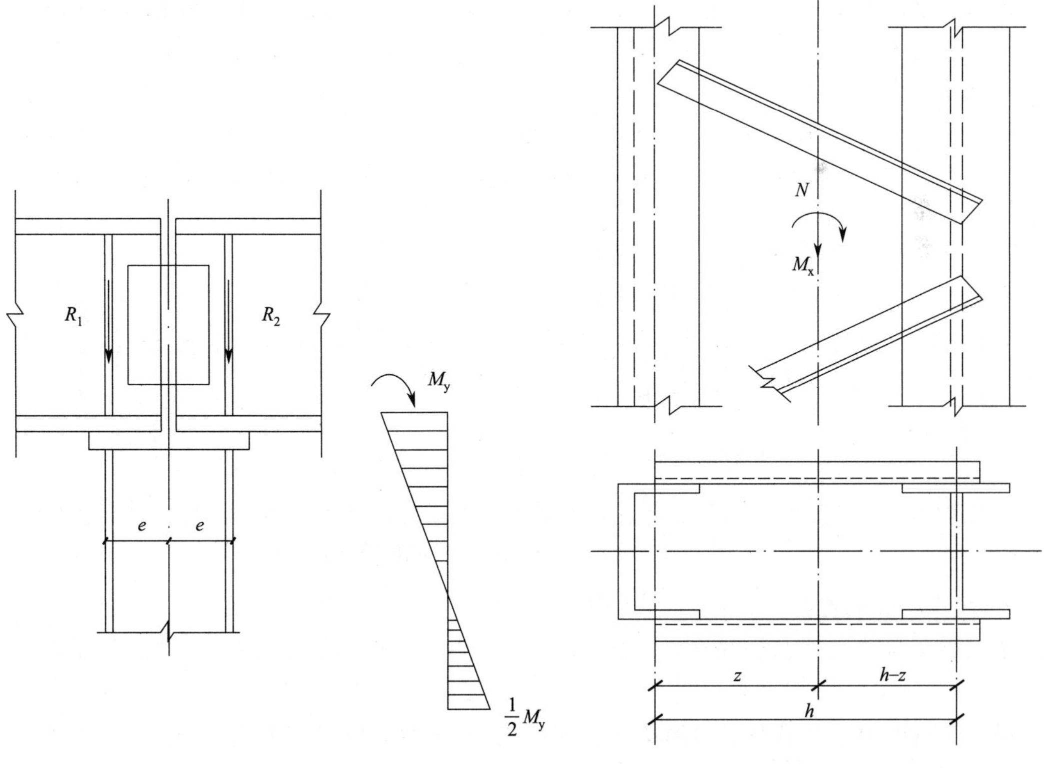

图 2-42　柱中的弯矩 M_y

图 2-43　格构柱内力的计算

2.4 吊车梁结构体系

2.4.1 吊车梁结构体系概述

1. 吊车梁结构的特点

工业厂房中支承桥式或梁式的电动吊车、壁行吊车以及其他类型吊车的吊车梁结构，按照吊车生产使用状况和吊车工作制可分为轻级、中级、重级及特重级（冶金厂房内夹钳、料耙等硬钩吊车）4 级。

吊车梁或吊车桁架一般设计成简支结构，因为简支结构具有传力明确、构造简单、施工方便等优点被广泛采用，而连续结构虽较简支结构节约钢材 10%～15%，但因计算、构造、施工等远较简支结构复杂，且支座沉陷敏感，对地基要求较高，通常又多采用三跨或五跨相连接，故国内使用并不普遍。

由于焊接和高强度螺栓连接的发展，目前大部分的吊车梁或吊车桁架均采用焊接结构，栓焊梁也已有使用。

2. 吊车梁体系的组成

吊车梁体系的结构通常由吊车梁（或吊车桁架）、制动结构、辅助结构（视吊车吨位、跨度大小确定）及支撑（水平支撑和垂直支撑）等构件组成。

当吊车梁的跨度和吊车起重量均较小且无须采取其他措施即可保证吊车梁的侧向稳定性时，可采用图 2-44(a) 的形式；当吊车梁位于边列柱，且吊车梁跨度 $l \leqslant 12$m，并以槽钢作为制动结构的边梁时，可采用 2-44(c) 的形式；当吊车梁跨度 $l > 12$m，且吊车起重较大时，宜采用 2-44(b) 的形式；当吊车梁位于中列柱，且相邻两跨的吊车梁高度相等时，可采用 2-44(d) 的形式；当相邻两跨的吊车起重量相差悬殊而采用不同高度的吊车梁时，可采用 2-44(e) 的形式。

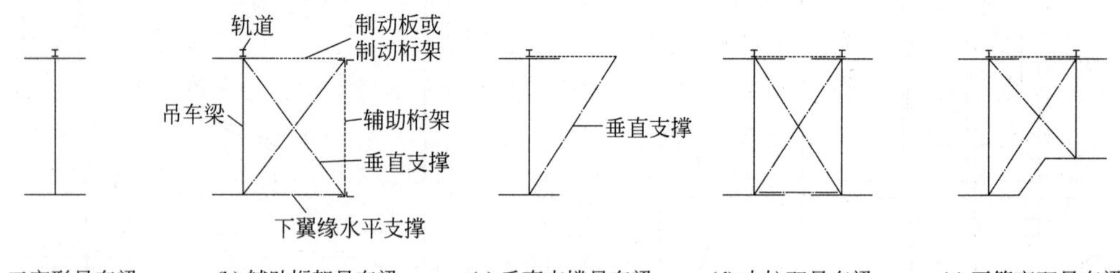

图 2-44 吊车梁体系的结构组成简图

3. 吊车梁的形式

吊车梁和吊车桁架通常按实腹式和空腹式划分：实腹式为吊车梁，空腹式为吊车桁架。

吊车梁有型钢梁、组合工字形梁（焊接）、Y 形梁及箱形梁等形式，如图 2-45(a)～(d)所示。其中焊接工字形梁为工程中常用的形式。

吊车桁架有桁架式、撑杆式、托架-吊车桁架合一式等，如图 2-45(e)、(f) 所示。

壁行吊车梁如图 2-45(g) 所示。

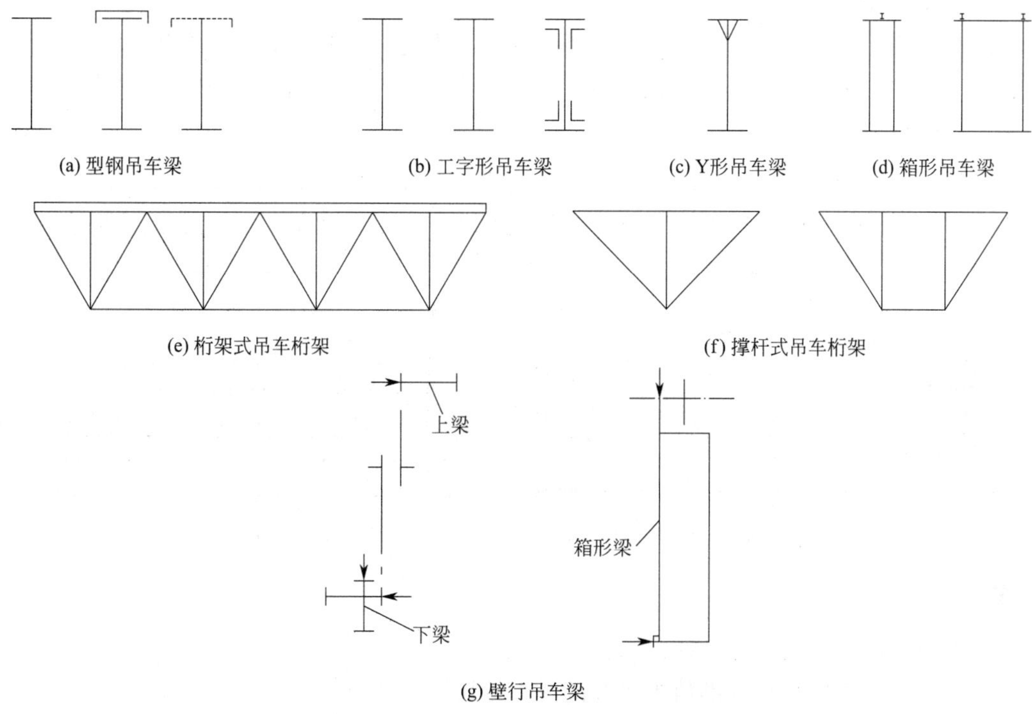

图 2-45　吊车梁和吊车桁架的类型简图

2.4.2　设计规定和荷载计算

1. 设计的一般规定

吊车梁或吊车桁架一般应按两台吊车的最大起重量进行设计。当有可靠根据时，可按工艺提供实际排列的两台起重量不同的较大吊车或可能是一台吊车进行设计。

吊车梁或吊车桁架的设计应根据工艺提供的资料制定吊车工作制的要求。目前我国按吊车负荷率与工作时间率分为轻、中、重和特重 4 个等级。一般仅为安装用的吊车属于轻级；对金工、焊接等冷加工生产使用的吊车属于中级；在铸造、冶炼、水压机锻造等热加工生产使用的吊车属于重级；在冶金工厂中夹钳、料耙等硬钩特殊的吊车属于特重级。

吊车梁或吊车桁架的形式选用应根据吊车起重量大小、吊车梁或吊车桁架的跨度以及吊车工作制等确定。对于硬钩特重级吊车应采用吊车梁，重级软钩吊车也宜采用吊车梁(对大跨度而起重量较小的吊车也可采用吊车桁架，但其节点应采用高强度螺栓或铆钉连接)。对于重级工作制的吊车梁和吊车桁架均宜设置制动结构。

重级和特重级工作制吊车梁上翼缘（或吊车桁架上弦杆）与制动结构及柱传递横向荷载的连接、大跨度梁的现场拼接等应优先采用高强度螺栓连接。重级和特重级工作制焊接工字形吊车梁的腹板与上翼缘板的连接焊缝，应采用 K 形剖口，并宜采用自动焊。

当跨度≥24m 的大跨度吊车梁或吊车桁架，制作时宜按跨度的 1/1000 起拱；并应按制作、安装、运输等实际条件，划分制作、安装单元。一般宜采用分段制作及运输，在工地拼装成整根吊装，避免高空拼接。

2. 荷载计算

吊车梁或吊车桁架主要承受吊车的竖向或横向荷载，由工艺设计人员提供吊车起重量及其吊车级别。对于一般吊车的技术规格可按产品标准选用，吊车的基本尺寸如图 2-46 所示。

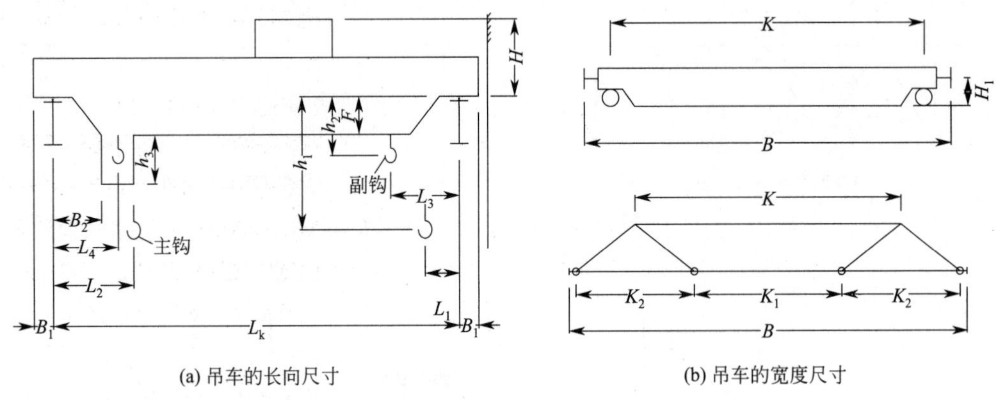

(a) 吊车的长向尺寸　　(b) 吊车的宽度尺寸

图 2-46　吊车的基本尺寸

吊车梁或吊车桁架承受的荷载为：

（1）吊车的竖向荷载标准值为吊车的最大轮压。

（2）吊车的横向水平荷载，可按横向小车重量与额定最大起重量的百分数采用（如 4%～20%）。

（3）吊车的纵向水平荷载，应按作用一边轨道上所有刹车轮的最大轮压之和的 10% 采用，即

$$T_z = 0.1\sum P_{max} \tag{2-17}$$

式中：$\sum P_{max}$——作用在一侧轨道上，两台起重量最大的吊车所有刹车轮（一般每台吊车的刹车轮的一半）最大轮压之和。

（4）作用在吊车梁或吊车桁架走道板上的活荷载，一般取为 2.0kN/m^2；当有积灰荷载时，按实际积灰厚度考虑，一般为 0.3～1.0kN/m^2。

（5）计算吊车梁（或吊车桁架）由于竖向荷载产生的弯矩和剪力时，应考虑轨道和它的固定件、吊车制动结构、支撑系统，以及吊车梁（或吊车桁架）的自重等，并近似地简化为将求得的弯矩和剪力值乘以表 2-1 中的系数 β_w。

系数 β_w 值　　**表 2-1**

系数 吊车梁或吊车桁架	吊车梁				吊车桁架
	梁跨度(m)				
	6	12	15	≥18	
β_w 值	1.03	1.05	1.06	1.07	1.06

（6）若吊车梁或辅助桁架承受屋盖和墙架传来的荷载，以及在吊车梁上悬挂有其他设备时，其荷载应予叠加。

（7）当吊车梁体系的结构表面长期受辐射热达 150℃以上或在短时间内可能受到高温作用时，一般采用设置金属隔板等措施进行隔热，荷载计算时应予考虑在内。

（8）吊车梁或吊车桁架在受有振动荷载影响时，例如在水爆清砂、脱锭吊车等厂房中，应考虑受振动影响所增加的竖向荷载。

（9）对于露天栈桥的吊车梁，尚应考虑风、雪荷载的影响。

计算吊车梁或吊车桁架的强度、稳定性以及连接的强度时，应采用荷载设计值，计算疲劳和正常使用状态的变形时，应采用荷载标准值。

对于直接承受动力荷载的结构（如吊车梁或吊车桁架），计算强度和稳定性时，动力荷载值应乘以动力系数：对悬挂吊车（包括电动葫芦）以及轻、中级工作制的软钩吊车，动力系数取 1.05；对重级工作制的软钩吊车、硬钩吊车以及其他特种吊车，动力系数取 1.1；计算疲劳和变形时，动力荷载不乘动力系数。

计算吊车梁或吊车桁架及其制动结构的疲劳时，吊车荷载应按作用在跨间内起重量最大的一台吊车确定。

计算制动结构的强度时，对位于边列柱的吊车梁或吊车桁架，其制动结构应按同跨两台吊车所产生的最大横向水平荷载计算；对位于中列柱的吊车梁或吊车桁架，其制动结构应按同跨两台最大吊车或相邻跨间各一台最大吊车所产生的最大横向水平荷载，取两者中的较大者进行计算。计算重级或特重级工作制吊车梁（或吊车桁架）及其制动结构的强度、稳定性以及连接强度时，应将吊车的横向水平荷载乘以规范中的增大系数 α_T。

第 3 章 大跨度房屋钢结构设计

3.1 网架结构

网架结构是由多根杆件按照一定规律组合而成的网格状高次超静定空间杆系结构。网架结构因其空间刚度好、用材经济、工厂预制程度高、形状适应性强、现场安装和施工方便等优点被广泛地运用于各种大跨度房屋中。

3.1.1 网架结构的分类

按照网架结构的网格划分形式，可以将所有的网架结构划分为三大类：平面桁架系网架、四角锥体系网架和三角锥体系网架。每种体系中又包括多种分类，三大类网架共有 13 种具体的网架形式。

1. 平面桁架系网架

平面桁架系网架又称为交叉桁架体系，是由平面桁架交叉组成。整个网架的上下弦杆件位于同一平面内，各桁架在交点处共用同一根竖杆。为使结构的受力有利，连接上下弦的斜腹杆应该布置在使杆件受拉的方向上，其基本构成如图 3-1 所示。平面桁架系网架可以由两向平面桁架或三向平面桁架交叉而成，两向交叉的可以是正交或不正交（任意角度），三向交叉的桁架夹角应为 60°。

根据结构布置原则和下部结构条件，平面桁架系网架有下述五种形式：

（1）两向正交正放网架

两向正交正放网架（图 3-2）是两个方向的桁架 90°交叉组成的。在矩形建筑平面中应用时，两向桁架分别与建筑轴线垂直或平行。这类网架，两个方向的桁架节间布置成偶数，如果为奇数网格，则其中间节间应做成交叉腹杆。另外，在其上弦平面的周边网格中应设置附加斜撑，以传递水平荷载，保证结构的几何不变性和空间刚度。当支座节点在下弦时，下弦平面内的周边网格也应设置此类杆件。

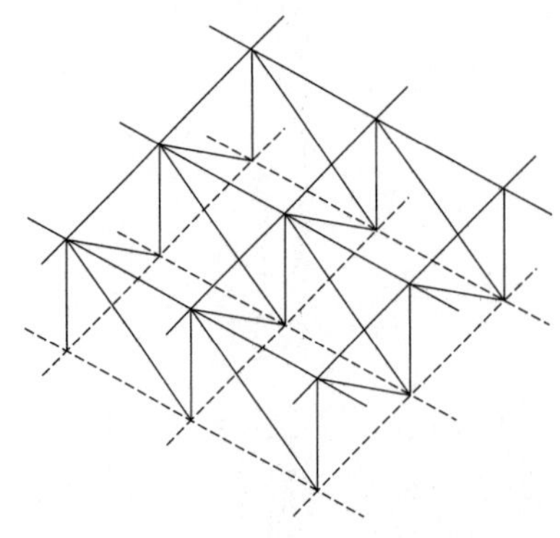

图 3-1 平面桁架系网架的基本构成

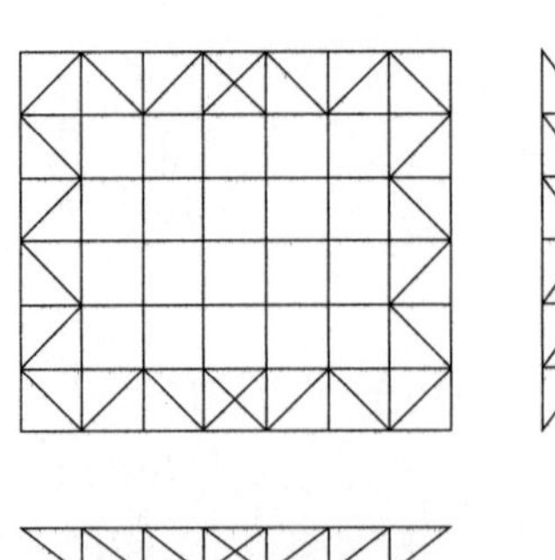

图 3-2 两向正交正放网架

（2）两向正交斜放网架

两向正交斜放网架（图 3-3）与正交正放的网架一样，是由两个方向的桁架 90°交叉组成的。但是平面桁架与建筑物周线的夹角是 45°。相当于将正交正放网架在建筑平面上转动 45°。与正交正放网架不同的是，两向正交斜放网架的两个方向桁架跨度不同，节间数也有多有少。靠近角部的短桁架刚度较大，能够对另一方向的长桁架起到支撑作用，减少长桁架中弦杆的受力，形成良好的空间受力体系。对矩形平面，周边支撑时，两向正交斜放网架可以处理成长桁架通过角柱和不通过角柱两种。长桁架通过角柱会在角柱中产生较大拉力，长桁架不通过角柱可防止角柱产生过大拉力，但需要在长桁架支座处设置两个边角柱。

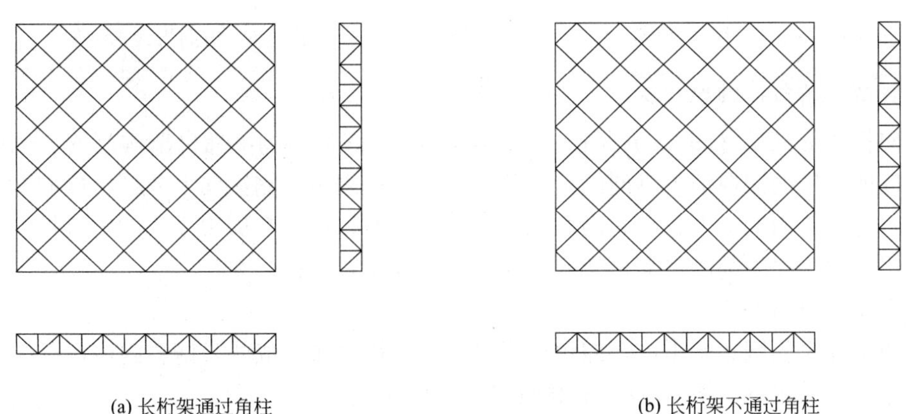

(a) 长桁架通过角柱　　(b) 长桁架不通过角柱

图 3-3　两向正交斜放网架

（3）两向斜交斜放网架

两向斜交斜放网架（图 3-4）是两个方向桁架交叉组成，但夹角不是 90°。这类网架的节点构造相对复杂，受力性能欠佳，仅在建筑要求长宽两个方向支撑间距不等时才采用。

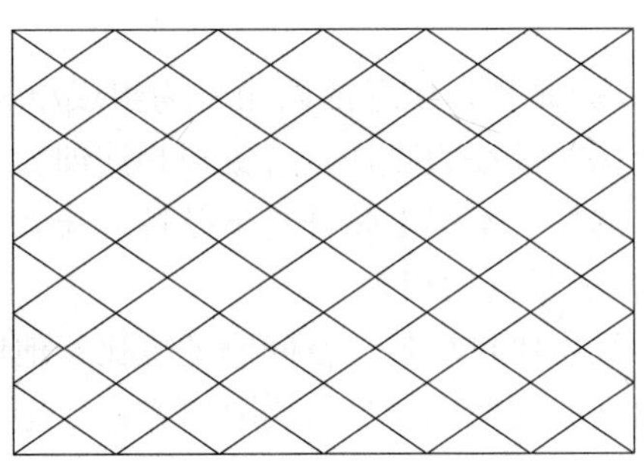

图 3-4　两向斜交斜放网架

（4）三向网架

三向网架（图 3-5）是由三个方向的平面桁架交叉而成，交叉的角度为 60°。此类网架的网格一般呈三角形，整体网架的刚度较大，在非对称荷载作用下的应力分布比较均匀，一般跨度较大的网架多采用此种形式。但是三向网架每个节点交汇的杆件数量较多，节点构造比较复杂。

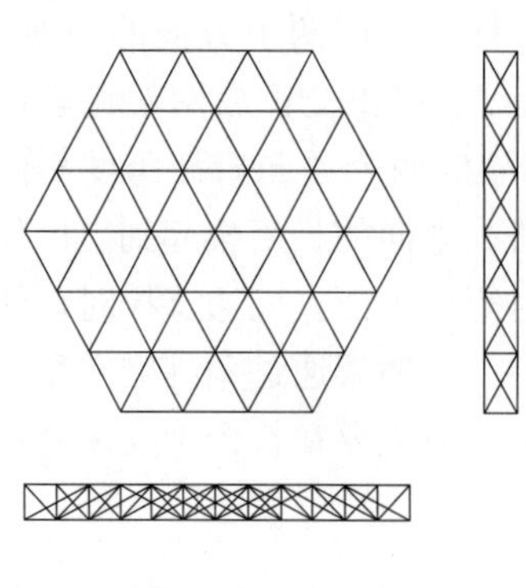

图 3-5　三向网架

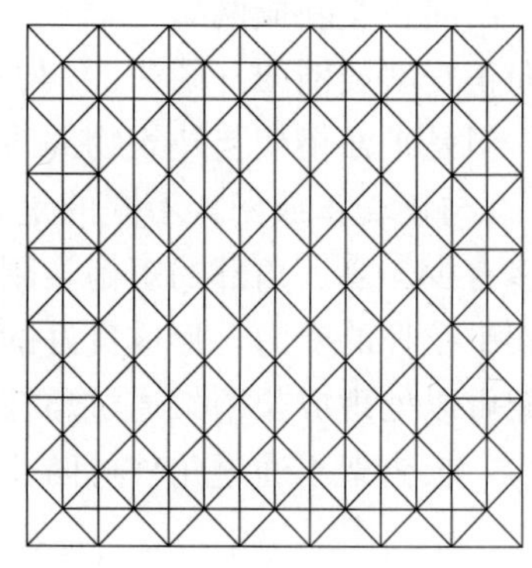

图 3-6　单向折线形网架

(5) 单向折线形网架

单向折线形网架（图 3-6）是由一系列互相斜交呈 V 形的平面桁架构成的。也可看作是将正放四角锥网架取消了纵向的上下弦杆，仅保留周边一圈纵向上弦杆组成的网架。它只有沿短跨度方向的上下弦杆，因此呈单向受力状态，适宜在周边支撑的较狭长的建筑平面中采用。但它比单纯的平面桁架刚度大，不需要布置支撑体系。

2. 四角锥体系网架

四角锥体系的网架是由许多四角锥按照一定规律排布组成的，倒置的四角锥体是此类网架的基本组成单元（图 3-7）。该类网架上下弦平面内的网格均为正方形，上弦网格的形心即是下弦网格的交点，上弦网格的四个交点与下弦交点用斜腹杆连接，即形成了倒置的四角锥单元。改变上下弦错开的平移值或旋转上下弦杆件或适当抽去一些弦杆和腹杆即可获得多种形式的四角锥网架。这类网架目前有以下五种形式：

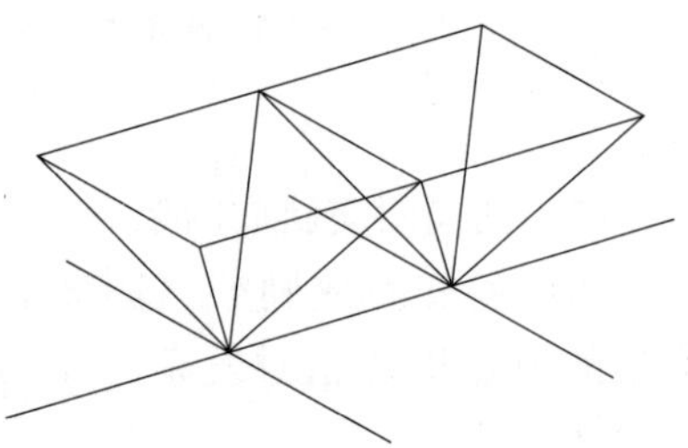

图 3-7　四角锥网架的组成单元

(1) 正放四角锥网架

正放四角锥网架（图 3-8）是指以倒置的四角锥为组成单元，四角锥底各边与相应周边平行，锥底四边为网架上弦，锥棱为腹杆，各锥顶相连即为上弦杆。正放四角锥网架的每个节点均汇交 8 根杆件。网架中不但上弦杆与下弦杆等长，如果网架斜腹杆与下弦平面夹角成 45°，则网架全部杆件的长度均相等。

此外，正放四角锥网架受力比较均匀，空间刚度也比其他四角锥网架以及两向网架要大，标准化程度很高，屋面板的规格也较少，同时也方便起拱和屋面排水，在国内外得到了广泛的应用。

(2) 正放抽空四角锥网架

正放抽空四角锥网架（图 3-9）是在正方四角锥网架的基础上适当抽掉一些四角锥单元中的腹杆和下弦杆形成的。正放抽空四角锥网架杆件数目较少（与正方四角锥网架相比，腹杆减少了约四分之一，下弦杆减少了约二分之一），构造简单，经济效果较好。但是，网格抽空后，下弦网格尺寸比上弦网格大一倍，下弦杆内力增大，刚度也较正放四角锥网格小一些，故一般多在轻屋盖及不需要设置吊顶的情况下采用。

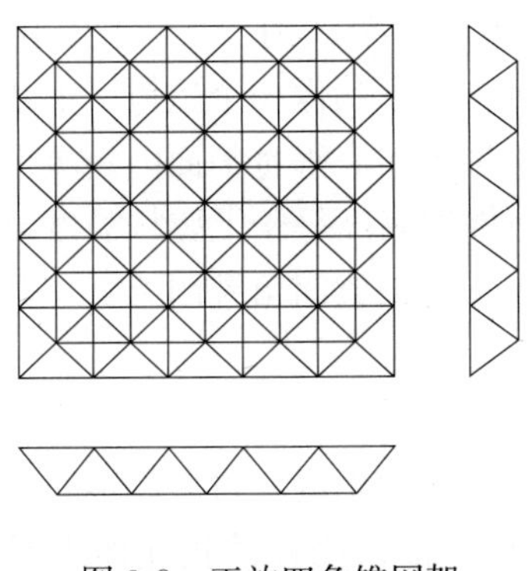
图 3-8　正放四角锥网架

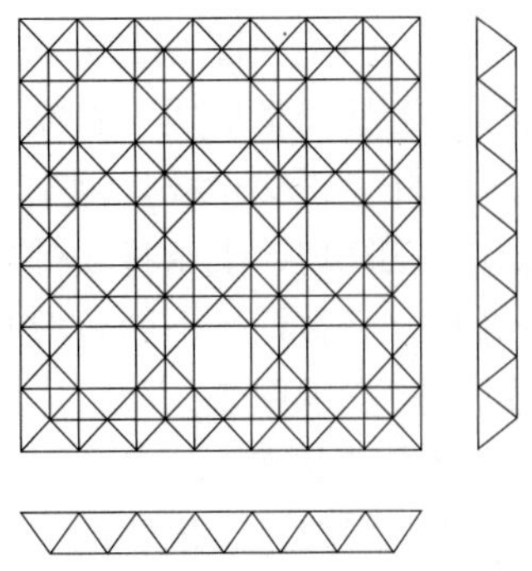
图 3-9　正放抽空四角锥网架

（3）斜放四角锥网架

斜放四角锥网架（图 3-10）与正放四角锥网架不同之处主要体现在四角锥体底边的角与角相接。这种网架的上弦网格呈正交斜放，而其下弦网格则与建筑轴线平行或垂直呈正交正放。

这种四角锥网架的上弦杆长度仅为下弦杆长度的$\sqrt{2}/2$。一般情况下网架都是上弦承受压力，下弦承受拉力，所以这种上弦短下弦长的布置方式能更充分发挥杆件的截面作用，使整体结构受力合理。此外，这种网架节点处交汇的杆件也最少，上弦节点有 6 根杆件交汇，下弦有 8 根杆件交汇，在周边支承是正方形或接近正方形的矩形屋盖中应用非常广泛。

（4）棋盘形四角锥网架

棋盘形四角锥网架（图 3-11）由于其形状与棋盘相似而得名。其组成单元也是倒置的四角锥体，其构成原理与斜放四角锥网架基本相同，在正放四角锥的基础上，除周边四角锥不变外，中间四角锥抽空，上弦杆为正交正放，下弦杆为正交斜放。棋盘形四角锥网架可理解为斜放四角锥网架绕垂直轴转动 45°形成的。棋盘形四角锥网架也具有上弦杆短而下弦杆长的特点，在周边布置成满锥的情况下刚度也较好，且节点上汇交杆件少，屋面板规格单一，适用于周边支承的情况。

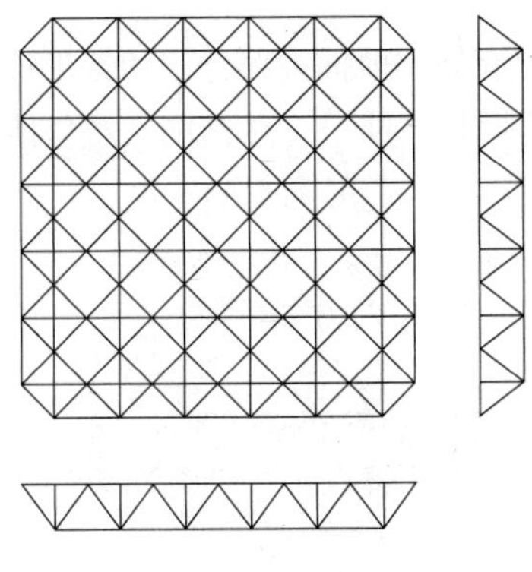
图 3-10　斜放四角锥网架

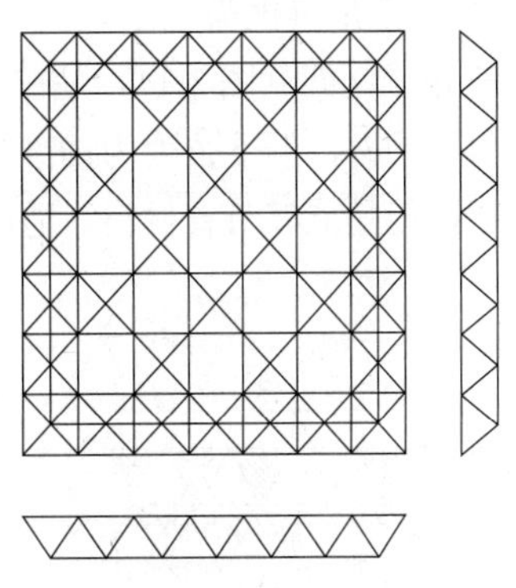
图 3-11　棋盘形四角锥网架

(5) 星形四角锥网架

星形四角锥网架(图 3-12)的构成与上述四种四角锥网架区别较大。它是由两个倒置的三角形小桁架交叉形成,在交点处有一根共用的竖杆,形状像一个星体。上弦杆呈正交斜放,下弦杆呈正交正放,网架的斜腹杆均与上弦杆位于同一垂直平面内。星形四角锥网架也具有上弦杆短、下弦杆长的特点,受力合理。当网架高度等于上弦杆长度时,上弦杆与竖杆等长,竖腹杆与下弦杆等长。但其刚度稍差,不如正放四角锥网架,一般适用于中小跨度的周边支承屋盖。

3. 三角锥体系网架

三角锥体系网架是以倒置的三角锥体为组成单元,锥底为等边三角形。锥底的三条边即是网架的上弦,三角锥体的三条棱即为网架的斜腹杆,锥顶用杆件相连即为网架的下弦。在这种单元组成的基础上,有规律地抽掉一些锥体或改变一下三角锥体的连接方式,有以下三种三角锥体系网架:

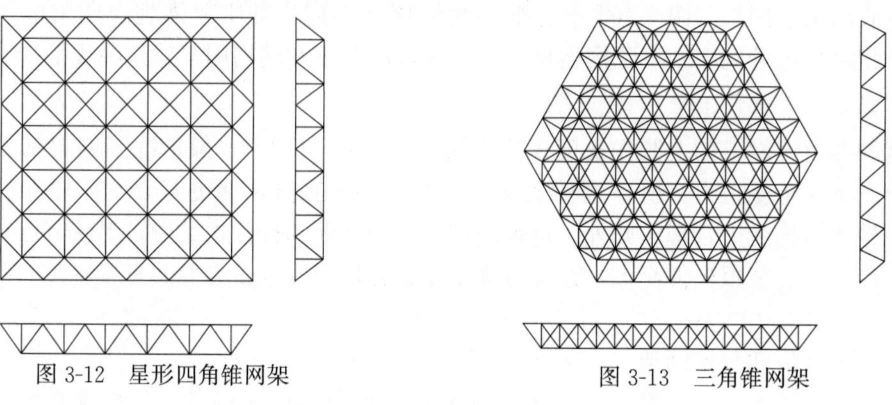

图 3-12 星形四角锥网架

图 3-13 三角锥网架

(1) 三角锥网架

三角锥网架(图 3-13)由倒置的三角锥和八面体组成。上弦平面网格均为正三角形,倒置三角锥的锥顶位于上弦三角形网格的形心。三角锥网架受力均匀,整体刚度好。当网架的高度为弦杆长度的$\sqrt{6}/3$时,网架的全部杆件均为等长。三角锥网架一般适用于大中跨度及重屋盖的建筑物,特别是当建筑平面为三角形、六边形或圆形时最为适宜。

(2) 抽空三角锥网架

抽空三角锥网架(图 3-14)是在三角锥网架的基础上有规律地抽去部分三角锥形成,上弦仍为正三角形网格,但下弦因为抽锥规律的不同有不同的形状。抽空三角锥网架整体刚度不如三角锥网架,但是能够节省材料,适用于中小跨度的三角形、六边形和圆形建筑。

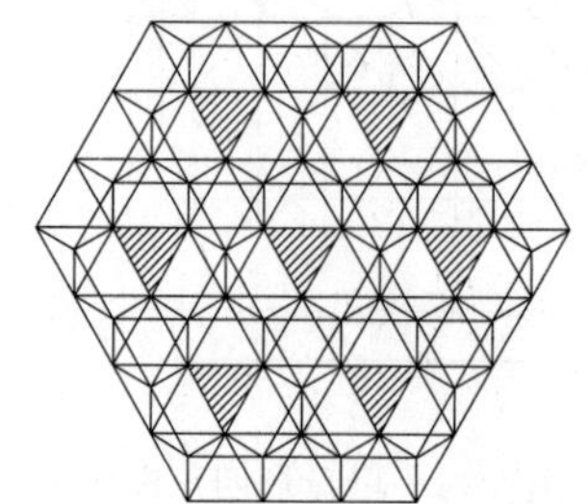

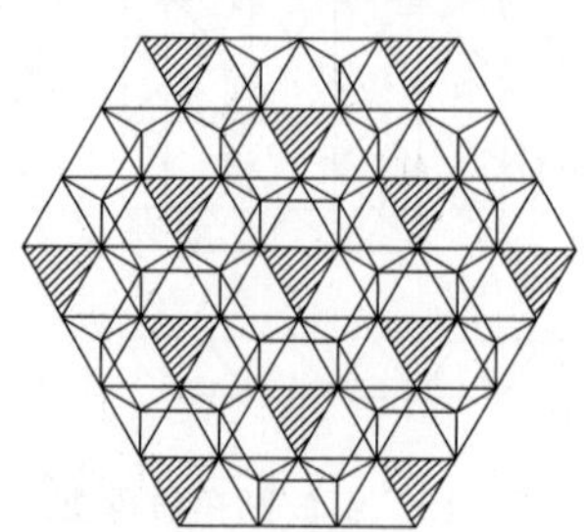

图 3-14 两种抽空三角锥网架

(3) 蜂窝形三角锥网架

蜂窝形三角锥网架（图 3-15）是一种改进了的四面体和十四面体相结合的一种网格。它是将各倒置三角锥体底面的角与角相接形成的，上弦网格是有规律排列的三角形与六边形，下弦网格呈单一的六边形，斜腹杆与下弦杆位于同一垂直平面内。蜂窝形三角锥网架的上弦短、下弦长，受力比较合理。每个节点仅有 6 根杆件交汇。它的杆件数和节点数都比较少，适用于在中小跨度屋盖上采用。但它从本身来讲是几何可变体系，需要借助支座约束实现几何不变，这在设计和施工阶段应特别注意。

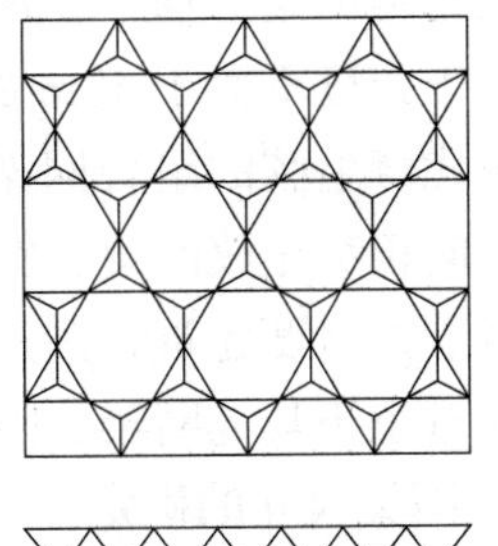

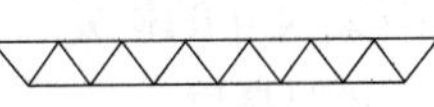

图 3-15　蜂窝形三角锥网架

3.1.2　网架结构的支承

网架结构的支承方式有多种，可以根据建筑要求进行多样化的设计。按照支承位置可以分为上弦支承和下弦支承两种；按照网架支承的布置方式可分为周边支承、点支承、周边支承与点支承相结合、三边或两边支承和单边支承等情况（图 3-16～图 3-20）。

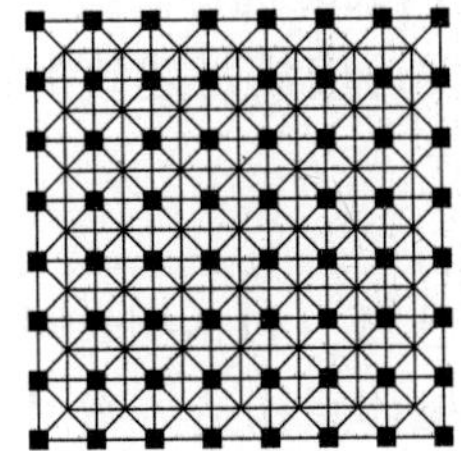

图 3-16　周边支撑网架

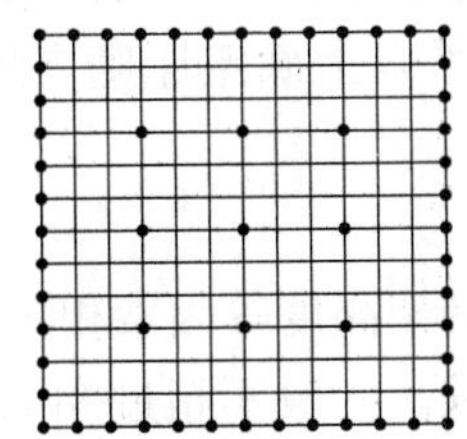

图 3-17　周边支承与点支承相结合

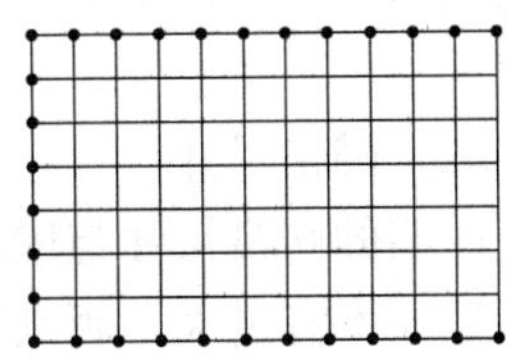

图 3-18　三边支承

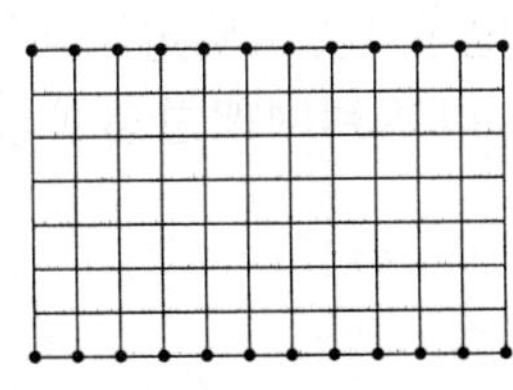

图 3-19　两边支承

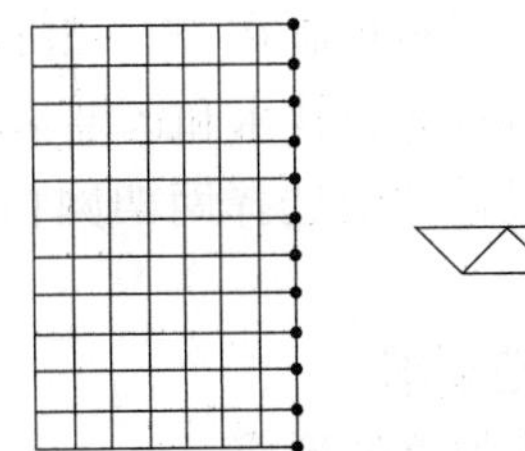

图 3-20　单边支承网架

3.1.3　网架结构的选型

网架结构选型包括结构形式的确定、尺寸确定和构造要求等，需依据建筑平面形状和尺寸、支承条件、荷载大小、屋面构造、制作方法等方面综合确定。

1. 结构形式的确定

对于采用周边支承的矩形平面，当其边长比小于或等于 1.5 时，宜选用斜放四角锥网架、棋盘形四角锥网架、正放抽空四角锥网架，也可考虑选用两向正交斜放网架、两向正交正放网架。对于中小跨度，也可选用星形四角锥网架和蜂窝形三角锥网架。当边长比大于 1.5 时，宜选用两向正交正放网架、正放四角锥网架和正放抽空四角锥网架。当平面狭长时，可采用单向折线形网架。

对于点支承情况的矩形平面，不应采用斜放体系，宜采用两向正交正放网架、正放四角锥网架、正放抽空四角锥网架。对于平面形状为圆形、多边形等平面，宜选用三向网架、三角锥网架、抽空三角锥网架。

对于跨度不大于 40m 的多层建筑的楼层及跨度不大于 60m 的屋盖，可采用以钢筋混凝土板代替上弦的组合网架结构。组合网架宜选用正放四角锥网架、正放抽空四角锥网架、两向正交正放网架、斜放四角锥网架和蜂窝形三角锥网架。

对于大跨度建筑，尤其是当跨度近百米时，实际工程经验表明，三角锥网架和三向网架耗钢量小于其他网架。因此，对于这样大跨度的屋盖适宜选用三角锥网架或三向网架。

2. 网架尺寸的确定

（1）网架高度

网架高度的确定与屋面荷载和设备、平面形状、支承条件、建筑要求等因素有关。屋面荷载较大时，网架应选择得较厚，反之可薄些，且网架高度需满足穿行通风管道的要求（如在网架中穿行通风管道）。但当跨度较大时，网架高度主要取决于相对挠度的要求。一般来说，跨度大时，网架高跨比选用得相对小些。当平面形状为圆形、正方形或接近正方形的矩形时，网架高度可取小些。狭长平面的单向作用比较明显，网架应选得高些。点支承比周边支承的网架高度要大。除了以上确定原则之外，网架高度还应满足建筑的高度要求。

（2）网格尺寸

网架的网格尺寸与屋面材料、网架高度等因素相关。钢筋混凝土板（包括钢丝网水泥板）尺寸不宜过大，否则安装有困难，一般不超过 3m；当采用有檩体系构造方案时，檩条长度一般不超过 6m。网格尺寸应和屋面材料相适应。当网格大于 6m 时，斜腹杆应再分，这时应注意出平面方向的杆件屈曲问题。网架高度对网格尺寸的影响主要表现在斜腹杆与弦杆的夹角应尽量控制在 45°～55°，如夹角过小或过大，节点构造会发生困难。

近年来，随着计算机技术和运筹学的发展，已可借助电子计算机确定网架结构的几何尺寸，采用优化设计方法选择网架网格尺寸和网架高度，以达到网架总造价或总用钢量最省。

3. 网架的构造要求

（1）屋面排水坡度的形成

网架结构屋面排水坡度的形成方法主要有整体网架起拱、网架变高度和小立柱找坡三种。

整体网架起拱［图 3-21（a）］与桁架起拱的做法类似，是将整个网架在跨中抬高，而上下弦杆仍保持平行。起拱高度根据屋面排水坡度确定。但起拱高度过高会改变网架的内力分布规律，此时应按网架实际几何尺寸进行分析校核。

网架变高度［图 3-21（b）］是通过网架跨中高度增加形成高度变化，实现排水效果。这种方法不仅可以节省找坡小立柱的用钢量，还可降低网架上下弦杆内力峰值，使网架内力趋于均匀。但由于网架变高度，腹杆及上弦杆种类较多，给网架制作与安装带来一定困难。

小立柱找坡［图 3-21（c）］的方法是在上弦节点加小立柱形成排水坡的方法。这种方法比较灵活，改变小立柱的高度即可形成双坡、四坡或其他复杂的多坡排水屋面。小立柱的构造也比较简单，只要按设计要求将小立柱（钢管）焊接或用螺栓连接在球体上即可，目前国内网架多数采用此种方法找坡。但对大跨度网架，当中间屋脊处小立柱较高时，应验算立柱本身的稳定性，必要时采取加固措施。

除以上三种方法外，也可采用网架变高度和加小立柱相结合的方法，以解决屋面排水问题。在降低小立柱高度、增加其稳定性的同时，也可使网架的高度变化不大。

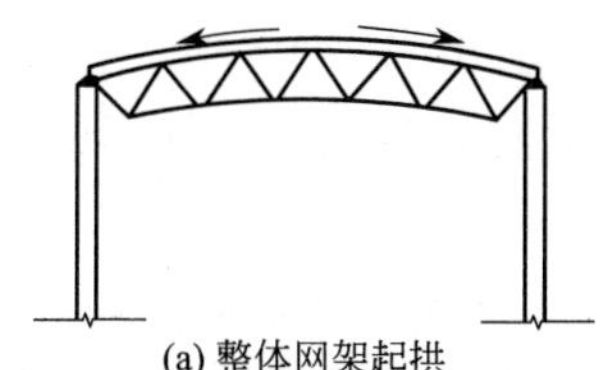
(a) 整体网架起拱

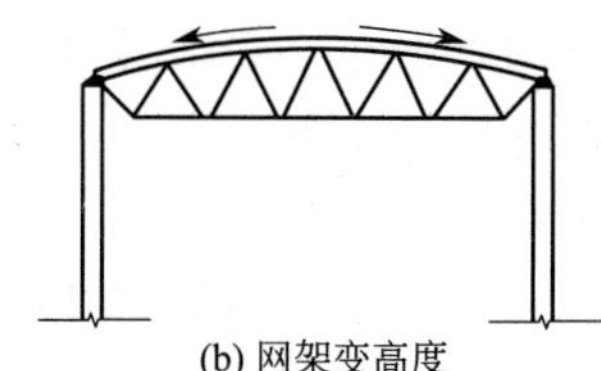
(b) 网架变高度

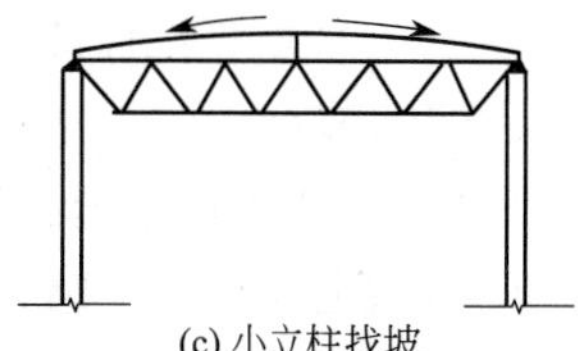
(c) 小立柱找坡

图 3-21　网架屋面排水坡形成方式

（2）网架起拱度与容许挠度值

网架起拱主要为了消除人们在视觉或心理上对建成的网架下垂的感觉。由于起拱将给网架制作增加麻烦，故一般网架可不起拱。当要求起拱时，拱度可取小于或等于网架短向跨度的 1/300。此时，网架杆件内力变化一般不超过 5%～10%，设计时可按不起拱计算。

网架结构用作屋盖时其容许挠度不得超过网架短向跨度的 1/250，用作楼层时，则参考《混凝土结构设计规范》GB 50010—2010（2015 年版），容许挠度取网架跨度的 1/300。

3.1.4　网架结构的力学分析

1. 计算原则

对网架进行一般计算时的基本假定主要包括：

（1）节点铰接，杆件只承受轴向力。网架是一种空间汇交杆系结构，杆件之间的连接可假定为铰接，忽略节点刚度的影响，不计次应力所引起的变化。

（2）按小挠度理论计算，不考虑几何非线性。此外，由于网架板内水平位移都小于网架的挠度，且挠度远小于网架高度，所以不必考虑几何非线性。

（3）按弹性方法分析。网架结构的材料都未进入弹塑性状态，无需考虑材料非线性（研究极限承载力时除外）。

2. 荷载类型及组合

（1）荷载类型

网架结构的荷载主要包括永久荷载、可变荷载、偶然荷载。对永久荷载应采用标准值作为代表值；对可变荷载应根据设计要求采用标准值、组合值、频遇值或准永久值作为代表值；对偶然荷载应按建筑结构使用的特点确定其代表值。

1）永久荷载

网架的永久荷载主要包括杆件和节点自重、楼面和屋面自重、吊顶材料自重、设备管道自重。

网架杆件大多采用钢材，它的自重可通过计算机自动形成，一般钢材重度取 $\gamma=78.5$

kN/m^3。也可预先估算网架单位面积自重，双层网架自重可按下式估算：

$$g_0=\zeta\sqrt{q_w}L_2/200 \tag{3-1}$$

式中：g_0——网架自重（kN/m^2）；

q_w——除网架自重外的屋面荷载或楼面荷载的标准值（kN/m^2）；

L_2——网架的短向跨度（m）；

ζ——系数，杆件采用钢管时，取 $\zeta=1.0$；采用型钢时，取 $\zeta=1.2$。

网架的节点自重，一般占网架杆件总重的 15%～25%。如果网架节点的连接形式已定，可根据具体的节点规格计算出其节点自重。

楼面或屋面覆盖材料自重，可根据实际使用材料查《建筑结构荷载规范》GB 50009—2012 取用。如采用钢筋混凝土屋面板，其自重取 1.0～1.5 kN/m^2；采用轻质板，其自重取 0.3～0.7 kN/m^2。

上述两项荷载必须考虑吊顶材料自重、设备管道自重，可根据实际工程情况而定。

2）可变荷载

可变荷载主要包括以下几项：

① 屋面或楼面活荷载。网架的屋面一般不上人，屋面活荷载标准值为 0.5kN/m^2。楼面活荷载根据工程性质查《建筑结构荷载规范》GB 50009—2012 取用。

② 雪荷载。屋面水平投影面上的雪荷载可按照《建筑结构荷载规范》GB 50009—2012 确定。雪荷载与屋面活荷载不必同时考虑，但取两者的较大值。

③ 风荷载。对于周边支承且支座节点在上弦的网架，风载由四周墙面承受，计算时可不考虑风荷载。其他支承情况，应根据实际工程情况考虑水平风荷载作用。风荷载标准值可参考《建筑结构荷载规范》GB 50009—2012 确定。

④ 积灰荷载。工业厂房中采用网架时，应根据厂房性质考虑积灰荷载。积灰荷载大小可根据生产工艺确定，也可参考《建筑结构荷载规范》GB 50009—2012 的有关规定采用。积灰均布荷载，仅应用于屋面坡度 $\alpha\leqslant25°$；当 $\alpha\geqslant45°$时，可不考虑积灰荷载；当 $25°\leqslant\alpha\leqslant45°$时，可按插值法取值。积灰荷载应与雪荷载或屋面活荷载两者中的较大值同时考虑。

⑤ 吊车荷载。工业厂房中如设有吊车应考虑吊车荷载。吊车形式有两种，一种是悬挂吊车，另一种是桥式吊车。悬挂吊车直接挂在网架下弦节点上，对网架产生竖向荷载。桥式吊车在吊车梁上行走，通过柱子对网架产生吊车水平荷载。吊车荷载值可参考《建筑结构荷载规范》GB 50009—2012 选用。

3）温度作用和地震作用

温度作用和地震作用计算方法详见本章后文。

（2）荷载组合

当无吊车荷载和风荷载、地震作用时，网架应考虑以下荷载组合：

1）永久荷载＋可变荷载；

2）永久荷载＋半跨可变荷载；

3）网架自重＋半跨屋面板自重＋施工荷载。

后两种荷载组合主要考虑斜腹杆的变号。当采用轻屋面（如压型钢板）或屋面板对称铺设时，可不计算。

3. 网架温度应力计算

网架结构是高次超静定杆系结构，在因温度变化而出现温差时，由于杆件不能自由变形，将会在杆件中产生应力，即温度应力。温差的大小和网架支座安装完成时的温度与当地年最高或最低气温有关，也与工业厂房生产过程中的最高或最低温度有关。

网架结构设计规程中规定，网架结构如符合下列条件之一，可不考虑由于温度变化而引起的内力：(1) 支座节点的构造允许网架侧移时，其可侧移值应等于或大于式 (3-2) 的计算值。(2) 周边支撑的网架，当网架验算方向跨度小于 40m 时，支承结构应为独立柱或砖壁柱。(3) 在单位力作用下，柱顶位移等于或大于式 (3-2) 的计算值。上述三条规定是根据网架结构因温差引起温度应力不会超过钢材强度设计值 5%而制定的。

$$u=\frac{L}{2\zeta EA_{\mathrm{m}}}\left(\frac{Ea\Delta t}{0.038f}-1\right) \tag{3-2}$$

式中：L——网架结构在验算方向的跨度 (mm)；

E——钢材的弹性模量 ($\mathrm{N/mm^2}$)；

A_{m}——支撑平面弦杆截面面积的算术平均值 ($\mathrm{mm^2}$)；

ζ——系数，支承平面弦杆为正交正放 $\zeta=1$，正交斜放 $\zeta=\sqrt{2}$，三向 $\zeta=2$；

a——钢材的线膨胀系数，一般为 $1.2\times10^{-5}/℃$；

Δt——计算温差 (℃)，以升温为正值；

f——钢材的强度设计值 ($\mathrm{N/mm^2}$)。

如果不满足上述条件，则需计算因温度变化而引起的网架内力。目前，温度应力常采用精确的空间桁架位移法分析计算。

4. 网架地震反应计算

对用作屋盖的网架结构，其抗震验算应符合下列规定：

(1) 在抗震设防烈度为 8 度的地区，对于周边支承的中小跨度网架结构应进行竖向抗震验算，对于其他网架结构应进行竖向和水平抗震验算。

(2) 在抗震设防烈度为 9 度的地区，对各种网架结构应进行竖向和水平抗震验算。

在单维地震作用下，对网架结构进行多遇地震作用下的效应计算时，可采用振型分解反应谱法；对于体型复杂或重要的大跨度网架结构，应采用时程分析法进行补充验算。采用时程分析法时，应按建筑场地类别和设计地震分组选用不少于两组的实际强震记录和一组人工模拟的加速度时程曲线，其平均地震影响系数曲线应与振型分解反应谱法所采用的地震影响系数曲线在统计意义上相符。加速度曲线峰值应根据与抗震设防烈度相应的多遇地震的加速度时程曲线最大值进行调整，并应选择足够长的地震动持续时间。当采用振型分解反应谱法进行网架结构地震效应分析时，宜至少取前 10～15 个振型。

(3) 在进行网架结构地震效应分析时，对于周边落地的空间网格结构，阻尼比值可取 0.02；对设有混凝土结构支承体系的空间网格结构，阻尼比可取 0.03。

3.1.5　网架结构的杆件设计

1. 杆件材料及截面

网架的杆件一般选择普通型钢或薄壁型钢。目前钢网架的材料通常采用 Q235 钢和

Q355 钢（原 Q345 钢）。杆件的截面形式有圆管、双角钢（等肢或不等肢双角钢组成的 T 形截面)、单角钢、H 型钢、方管等。目前，国内应用最广泛的是圆钢管和双角钢杆件，其中圆钢管因其具有回转半径大、截面特性无方向性、抗压承载能力高等特点而成为最常用的截面。圆钢管截面有高频电焊钢管和无缝钢管两种，适用于球节点连接。双角钢截面杆件适用于板节点连接，因其安装时工地焊接工作量大，制作复杂，应用渐少。

2. 杆件计算长度和长细比

杆件的计算长度 l_0 可按表 3-1 采用。

网架杆件计算长度 l_0 表 3-1

杆件	节点形式		
	螺栓球节点	焊接空心球节点	板节点
弦杆及支座腹杆	1.0l	0.9l	1.0l
腹杆	1.0l	0.8l	0.8l

注：l 为杆件几何长度（节点中心间距离）。

网架杆件的长细比 λ 由下式计算：

$$\lambda=\left|\frac{l_0}{r_{\min}}\right|\leqslant[\lambda] \tag{3-3}$$

式中：l_0——杆件计算长度（mm），查表 3-1 计算；

$r_{\min}$——杆件最小回转半径（mm）；

[λ]——杆件的容许长细比，见表 3-2。

网架杆件容许长细比 表 3-2

杆件	受压杆件	受拉杆件		
		一般杆件	支座附近处杆件	直接承受动力荷载杆件
容许长细比	180	400	300	250

3. 设计原则

杆件截面应满足承载力（包括强度与稳定性）与刚度要求。按承载力选择截面面积 A，由下式决定：

$$\sigma=\frac{N}{\varphi A}\leqslant f \tag{3-4}$$

式中：N——杆件设计轴向内力（N），拉力为正；

f——杆件材料强度设计值（N/mm^2）；

φ——压杆稳定系数，可查《钢结构设计标准》GB 50017—2017；对拉杆（$N\geqslant0$）为 1.0。

杆件设计的基本流程为：按稳定及刚度要求验算杆件长细比 λ。根据式（3-4）求得杆件截面面积 A 后，可根据 A 选择规格化的杆件，再由选定杆件的几何参数通过式（3-4）验算刚度条件是否满足。

杆件截面选择应参考以下原则：（1）每个网架结构所选截面规格不宜过多，以方便加工与安装，一般小跨度网架以 3～5 种为宜，大、中跨度网架不宜超过 10 种规格；（2）杆件宜选用壁厚较薄的截面，以使杆件在截面面积相同的条件下，能获得较大的回转半径，有利于压杆稳定；(3) 宜选用市场常供钢管；(4) 考虑到杆件材料负公差的影响，宜留有适当余地。

此外，还应注意用于网架结构杆件，普通角钢不宜小于∟ 50×3；圆钢管不宜小于 ϕ48×3；对于大、中跨度网架结构，钢管不宜小于 ϕ60×3.5。应避免最大截面弦杆与最小截面腹杆同交于一个节点的情况，否则易造成腹杆弯曲。杆件分布还应保证刚度的连续性，受力方向相邻的弦杆截面面积之比不宜超过 1.8 倍，多点支承的网架结构其反弯点处的上、下弦杆宜按构造加大截面。对于低应力、小规格的受拉杆件长细比宜按受压杆件控制。

3.1.6　网架结构的节点设计

网架节点是空间节点，汇交的杆件数量较多，且来自不同方向，构造复杂。因此，网架节点设计直接影响整个结构的受力性能、制作安装、用钢量及工程造价等，是网架设计中的重要环节。

目前网架结构常用的节点类型有焊接空心球节点和螺栓球节点。由于焊接空心球节点和螺栓球节点也是网壳结构的主要节点，因此与网壳结构相关的一些设计与构造也在本节讲述。

1. 焊接空心球节点

焊接空心球节点（图 3-22）是由两块圆钢板经加热、压成两个半圆球，然后相对焊接而成。当球径等于或大于 300mm，其杆件内力较大需要提高承载能力时，或当空心球外径大于或等于 500mm 时，应在球内加肋板。肋板必须设在轴力最大杆件的轴线平面内，且其厚度不应小于球壁的厚度，加肋后承载能力可提高 15%～30%。

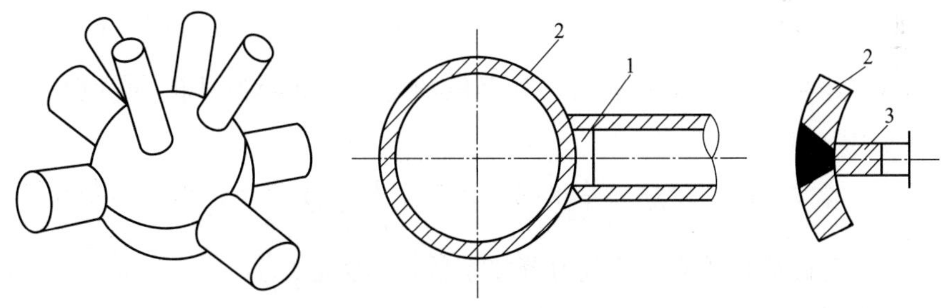

图 3-22　焊接空心球节点

1—衬管；2—球；3—环肋

焊接空心球节点的优点是构造和制造均较简单，球体外型美观、具有万向性，可以连接任意方向的杆件；其缺点是钢管交接处应力集中明显，球体受力不均匀，焊接要求高而难度大。焊接空心球节点用钢量一般占网架总用钢量的 20%～25%，适用于各种形式、各种跨度的网架结构。

焊接空心球节点的球体直径主要根据构造要求确定。为便于施焊，要求两钢管间隙不少于 10mm，根据此条件可初选球的直径为（图 3-23）：

$$D \approx (d_1 + 2a + d_2)/\theta \tag{3-5}$$

式中：d_1、d_2——两根杆件的外径（mm）；

θ——相邻两杆夹角（rad）；

D——空心球外径（mm）；

α——管间净距（mm）。

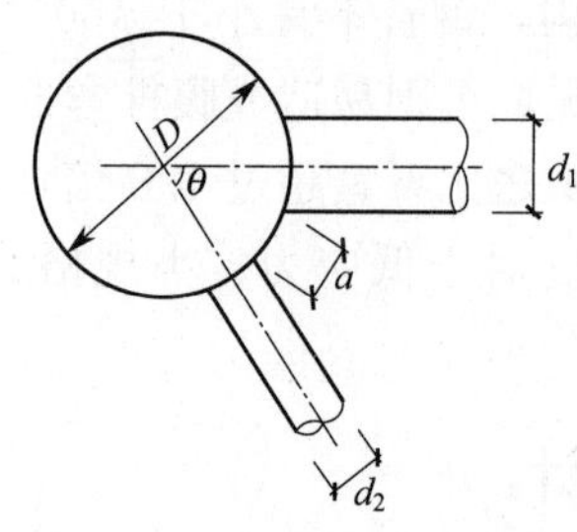

图 3-23　钢管与钢球尺寸关系

不加肋空心球和加肋空心球的成型对接焊接，应分别满足图 3-24 和图 3-25 的要求，图中角度单位为度，长度单位为 mm。加肋空心球的肋板可用平台或凸台，采用凸台时，其高度不得大于 1mm。

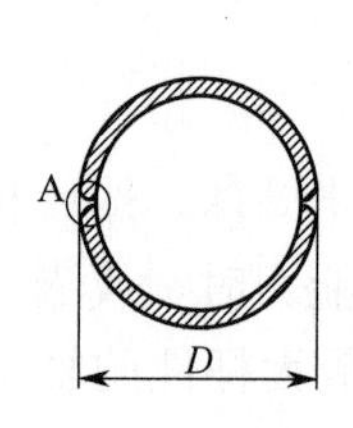

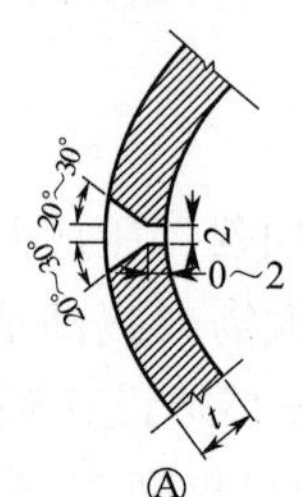

图 3-24　不加肋空心球

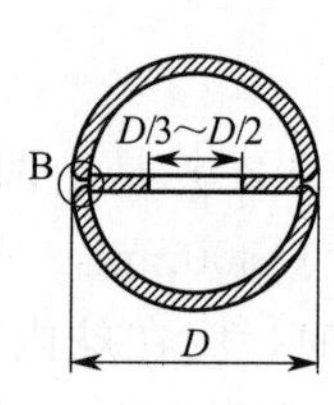

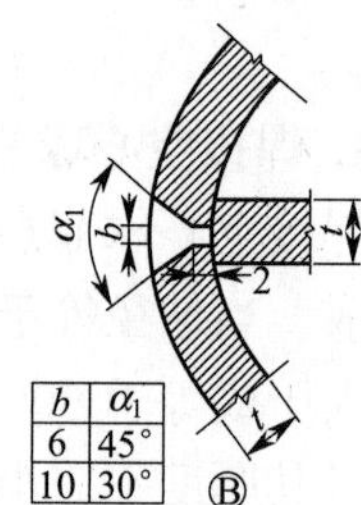

b	α_1
6	45°
10	30°

图 3-25　加肋空心球

当空心球直径为 120～900mm 时，其受压和受拉承载力设计值 N_R（N）可按下式计算：

$$N_R=\eta_0(0.29+0.54\frac{d}{D})\pi tdf \tag{3-6}$$

式中：η_0——大直径空心球节点承载力调整系数，当空心球直径≤500mm 时，$\eta_0=1.0$；当空心球直径>500mm 时，$\eta_0=0.9$；

D——空心球外径（mm）；

t——空心球壁厚（mm）；

d——与空心球相连的主钢管杆件的外径（mm）；

f——钢材的抗拉强度设计值（N/mm^2）。

对于加肋空心球，当仅承受轴力作用或轴力与弯矩共同作用但以轴力为主（$\eta_m\geqslant 0.8$）且轴力方向和加肋方向一致时，其承载力可乘以加肋空心球承载力提高系数，受压球取 1.4，受拉球取 1.1。

钢管杆件与空心球连接，钢管应开坡口，在钢管与空心球之间应留一定缝隙并予以焊透，以实现焊缝与钢管等强，否则应按角焊缝计算。钢管端头可加套管与空心球钢管连接，如图 3-26 所示。套管壁厚不应小于 3mm，长度可为 30～50mm。

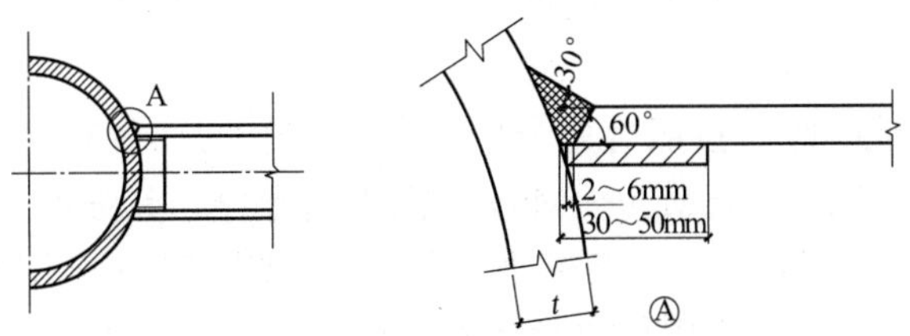

图 3-26　钢管加套管的连接

角焊缝的焊脚尺寸 h_f 应符合下面规定：(1) 当钢管壁厚 $t_c \leqslant 4$mm 时，$1.5t_c \geqslant h_f > t_c$；(2) 当 $t_c > 4$mm 时，$1.2t_c \geqslant h_f > t_c$。

2. 螺栓球节点

螺栓球节点由钢球、高强度螺栓、套筒、紧固螺栓、锥头或封板组成（图 3-27）。当网架承受荷载后，对于拉杆，内力是通过螺栓传递的，而套筒则随内力的增加而逐渐卸荷，对于压杆，则通过套筒传递内力，随着内力的增加，螺栓逐渐卸荷。螺栓球节点的优点是制作精度由工厂保证，现场装配快捷，工期短，有利于缩短房屋建造周期，拼装费用低；缺点是组成节点的零件较多，增加了制造成本，制作费用比焊接空心球节点高，高强度螺栓上开槽对其受力不利，安装时是否拧紧不易检查。

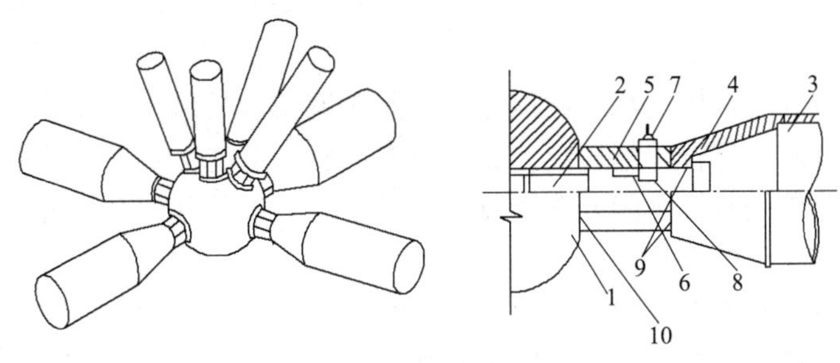

图 3-27　螺栓球节点

1—螺栓球；2—高强度螺栓；3—钢管；4—锥头；5—套筒；6—槽；7—销子；8—深槽；9、10—接触面

钢球直径应保证相邻螺栓在球体内不相碰，并应满足套筒接触面的要求，可分别按照图 3-28 和下式核算，并按计算取结果中的最大值选用。

$$D \geqslant [(d_2/\sin\theta + d_1\cot\theta + 2\zeta d_1) + \eta^2 d_1^2]^{1/2} \tag{3-7a}$$

$$D \geqslant [(\eta d_2/\sin\theta + \eta d_1\cot\theta)^2 + \eta^2 d_1^2]^{1/2} \tag{3-7b}$$

式中：D——钢球直径（mm）；

θ——两螺栓间的最小夹角（°）；

d_1、d_2——螺栓直径（mm）；

ζ——螺栓伸进钢球长度与螺栓直径的比值；

η——套筒外接圆直径与螺栓直径的比值。

ζ 和 η 值应分别根据螺栓承受拉力和压力的大小来确定，一般情况下 $\zeta=1.1$、$\eta=1.8$。

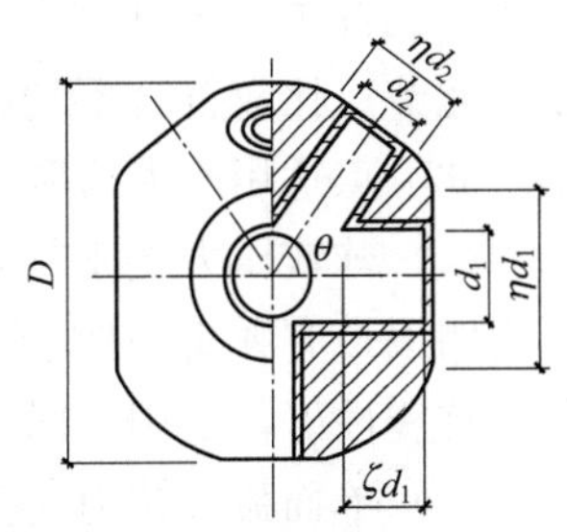

图 3-28　螺栓球直径 D 计算示意

当相邻杆件夹角 θ 较小时，尚应根据相邻杆件及相关封板、锥头、套筒等零部件不相碰的要求核算螺栓球直径。此时可通过检查可能相碰点至球心的连线与相邻杆件轴线间的夹角不大于 θ 的条件进行核算。

高强度螺栓的性能等级应按照规格分别选用。对于 M12～M36 的高强度螺栓，其强度等级应按 10.9 级选用；对于 M39～M64 的高强度螺栓，其强度等级应按 9.8 级选用。螺栓的形式与尺寸应符合现行国家标准《钢网架螺栓球节点用高强度螺栓》GB/T 16939—2016 的要求。套筒的作用是拧紧高强度螺栓和承受杆件传来的压力。其外形尺寸应符合扳手开口系列，端部要求平整，内孔径可比螺栓直径大 1mm。套筒可按现行国家标准《钢网架螺栓球节点用高强度螺栓》GB/T 16939—2016 的规定与高强度螺栓配套采用，对于受压杆件的套筒应根据其传递最大压力值验算其抗压承载力和端部有效截面的局部承压力。

锥头或封板的作用是连接钢管和螺栓，承受杆件传来的拉力或压力。当杆件管径≥76mm 时，宜采用锥头，否则采用封板。其连接焊缝以及锥头的任何截面应与连接钢管等强。锥头底板外径宜较套筒外接圆直径大 1～2mm，锥头底板内平台直径宜比螺栓头直径大 2mm。锥头倾角应小于 40°。

紧固螺钉的作用是带动螺栓随套筒转动，并控制螺栓的拧紧程度。紧固螺钉宜采用高强度钢材，其直径可取螺栓直径的 0.16～0.18 倍，且不宜小于 3mm。紧固螺钉规格可采用 M5～M10。

3. 支座节点

网架的支座节点可直接支承于柱顶上或支承于圈梁、砖墙上。支座节点应传力明确、构造简单、安全可靠，符合计算假定。支座节点一般采用铰支座，有时为了消除温度应力的影响，支座应允许侧移。实际上支座节点受力复杂，除压力、拉力和扭矩外，有时还有侧移和转动。本节介绍以下几种常见的制作形式：

(1) 平板压力支座节点 [图 3-29 (a)]。此节点构造简单，加工方便，但板下摩擦力较大，支座不能转动或移动，与计算假定差距较大，仅适用于小跨度网架。

(2) 单面弧形压力支座节点 [图 3-29 (b)]。弧形板可用铸钢或圆钢剖开而成。当用双锚栓时，可放在弧形支座中心线上，并开有椭圆孔，以容其有微小移动。当支座反力较大时，可用四根带有弹簧的锚栓，以利其转动。这种支座节点适用于中小跨度网架。

(3) 双面弧形压力支座节点 [图 3-29 (c)]。此节点又称摇摆支座，这种支座的双向弧形铸钢件位于开有椭圆孔的支座板间，支座可以沿铸钢件的弧面产生一定的转动和移动。此节点比较符合不动铰支座的假定，但构造较复杂，造价较高，只能在一个方向转动。此节点适用于大跨度，且下部支承结构刚度较大的网架。

(4) 球铰压力支座节点 (图 3-30)。这种节点由一半圆实心球位于带有凹槽底板下，再由四根带有弹簧的锚栓连接牢固。这种节点比较符合不动铰支座的假定，构造较为复杂，抗震性好，适用于四点及多点支承的大跨度网架。

(5) 单面弧形拉力支座节点 (图 3-31)。这种节点类似于压力支座节点。为了更好地传力，在承受拉力的锚栓附近，节点板应加肋，以增强节点刚度，弧形板可用铸钢或厚钢板加工而成。这种节点可用于大、中跨度的网架。

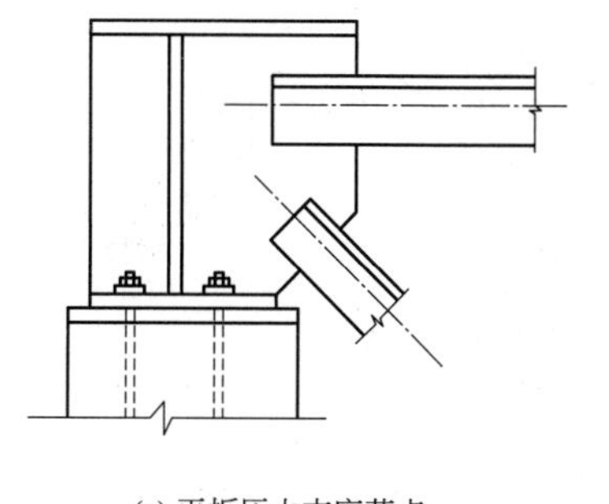
(a) 平板压力支座节点

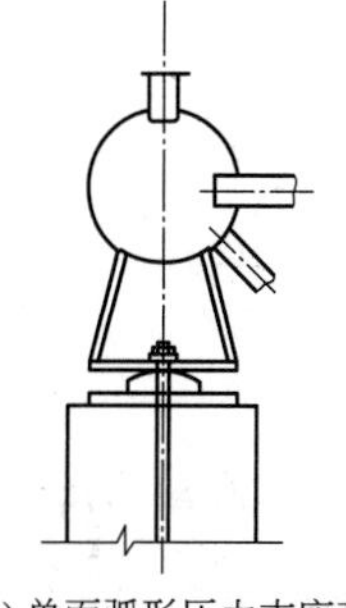
(b) 单面弧形压力支座节点

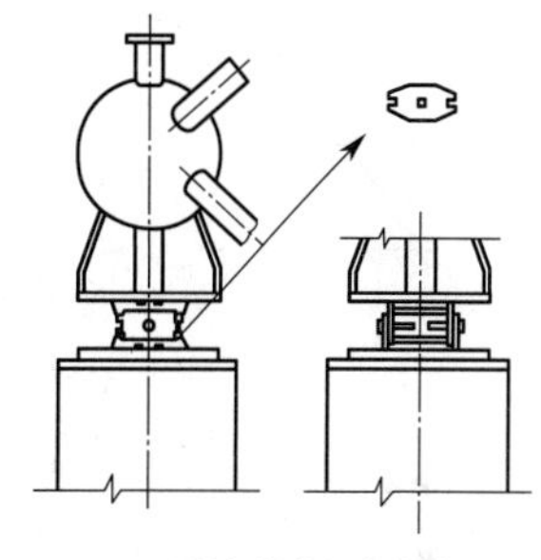
(c) 双面弧形压力支座节点

图 3-29　平板及弧形压力支座节点

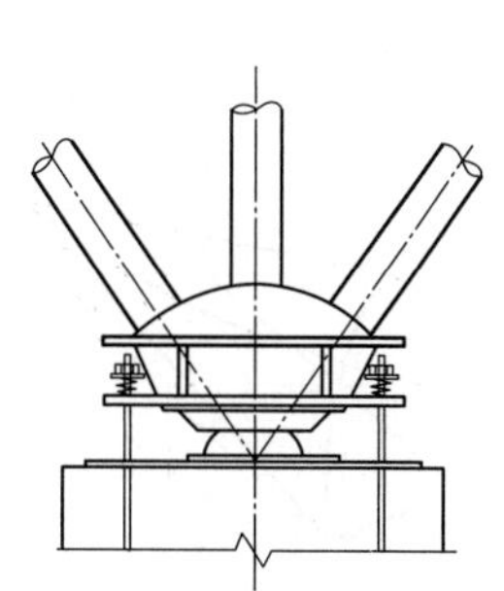
图 3-30　球铰压力支座节点

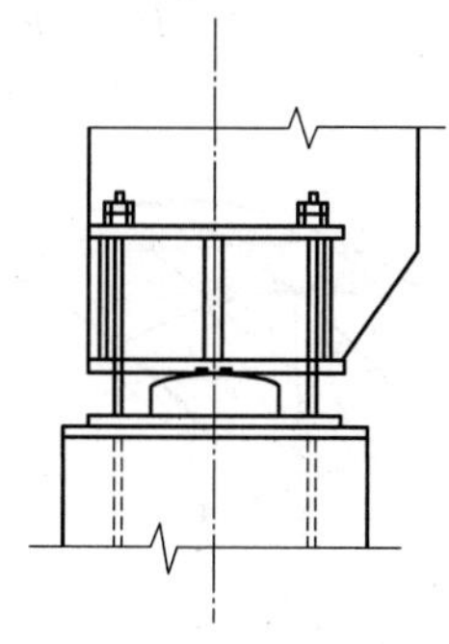
图 3-31　单面弧形拉力支座节点

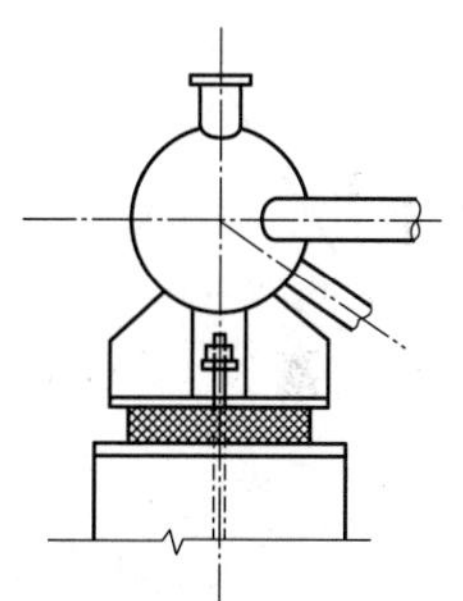
图 3-32　板式橡胶支座节点

（6）板式橡胶支座节点（图 3-32）。这种支座不仅可以沿切向及法向位移，还可绕两向转动。板式橡胶支座上下表面由橡胶构成，中间夹有 3～5 层薄钢板。适用于大、中跨度网架。这种节点构造简单、安装方便、节省钢材、造价低，可工厂化大量生产，是目前使用最广泛的一种支座节点。但其橡胶老化以及下部支承结构的抗震设计等问题尚待进一步研究。

3.2　网壳结构

按照一定规律布置杆件，通过节点连接而形成的曲面状空间杆系或梁系结构，主要承受薄膜内力，兼具网架结构和薄壳结构的特点。

网壳结构具有受力性能好、用材省（较网架可节约钢材约 20%）、外形美观、自然排水等优点，是建筑师常用的一种结构形式。但曲面的外形也增加了屋盖表面积和建筑能耗，网壳的构造处理、支承结构和施工安装也相对复杂。此外单层网壳的整体稳定性问题也不容忽视。

3.2.1　网壳结构的分类

网壳的分类通常有按层数划分、按高斯曲线划分和按曲面外形划分等。网壳按照层数划分可分为单层网壳和双层网壳两种（图 3-33）。

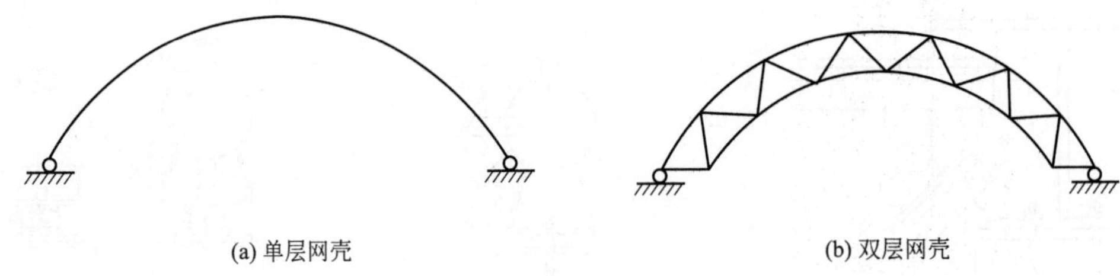

(a) 单层网壳　　(b) 双层网壳

图 3-33　单层网壳和双层网壳

按照高斯曲率分类可分为零高斯曲率、正高斯曲率和负高斯曲率网壳（图 3-34）。高斯曲率的计算方法见下式：

$$K=k_1\cdot k_2=\frac{1}{R_1}\cdot\frac{1}{R_2} \tag{3-8}$$

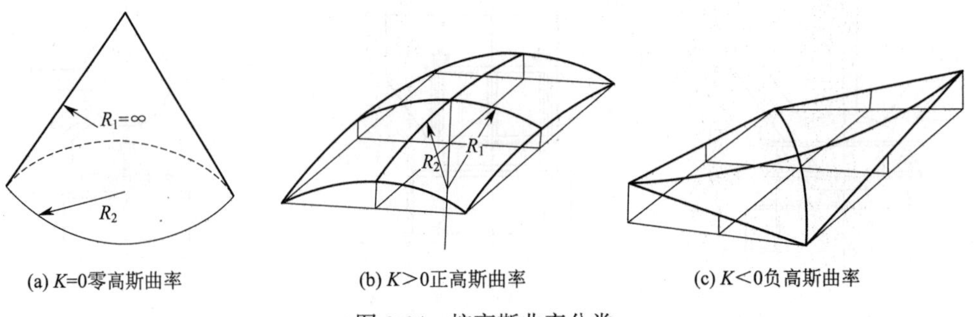

(a) $K=0$零高斯曲率　　(b) $K>0$正高斯曲率　　(c) $K<0$负高斯曲率

图 3-34　按高斯曲率分类

按曲面外形分类可分为球面网壳、柱面网壳、椭圆抛物面网壳（双曲扁壳）、双曲抛物面网壳等（图 3-35）。

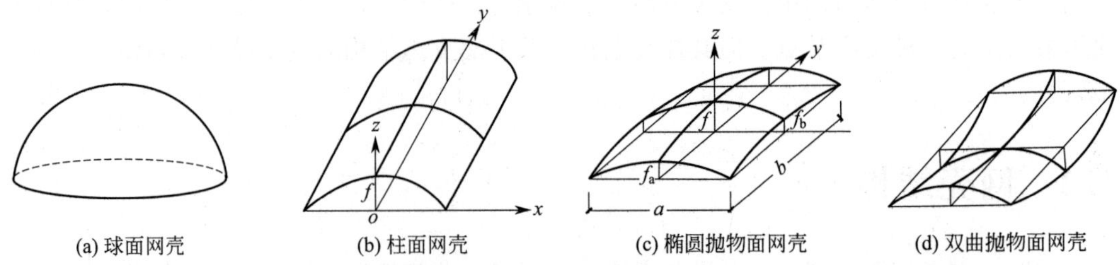

(a) 球面网壳　　(b) 柱面网壳　　(c) 椭圆抛物面网壳　　(d) 双曲抛物面网壳

图 3-35　按曲面形状分类

1. 球面网壳的网格划分

球面网壳可分为单层和双层两大类，下面将分别阐述其网格划分形式。

（1）单层球面网壳

单层球面网壳的网格划分方式主要有：肋环型、施威德勒型、联方型、凯威特型、三向网格型和短程线型。

肋环型网壳只有径向肋和环向杆，除顶部节点外，其余节点都只连接四根杆件，构造简单（图 3-36）。但整体刚度较差，仅适用于中、小型网壳。

施威德勒型网壳又称肋环斜杆型网壳，是在肋环型网壳的基础上加斜杆形成的。加入

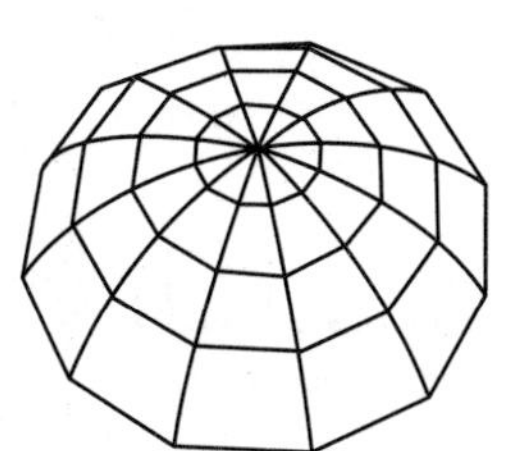
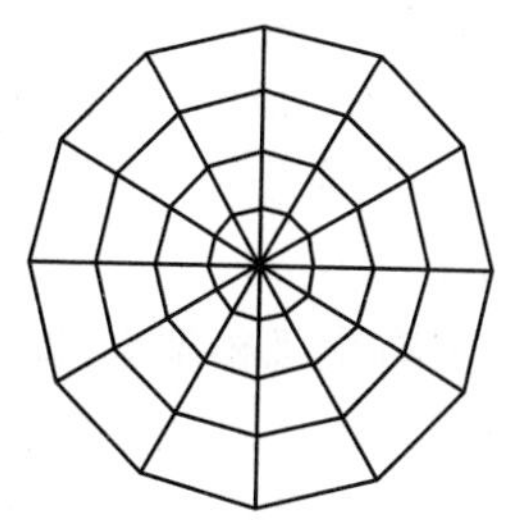

图 3-36　肋环型球面网壳

斜杆大大增加了网壳的刚度和抵抗非对称荷载的能力，该网壳适用于大、中型网壳。按照斜杆的布置方式又有单斜杆［图 3-37（a）］、交叉斜杆［图 3-37（b）］和无纬向杆［图 3-37（c）］等。

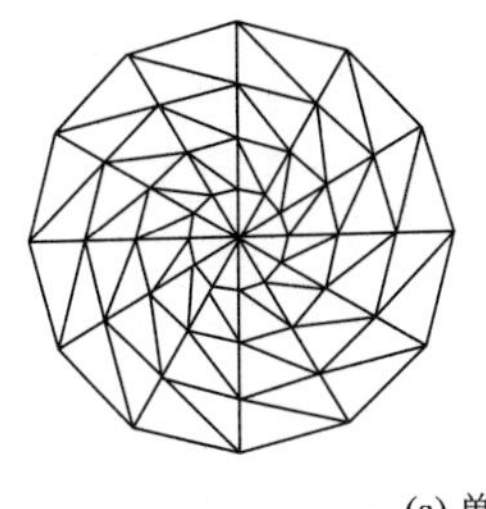
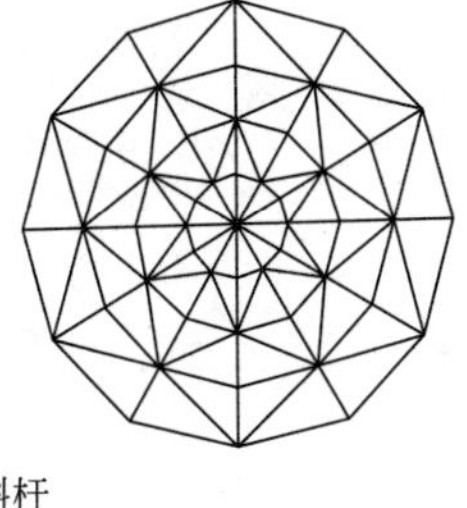

(a) 单斜杆

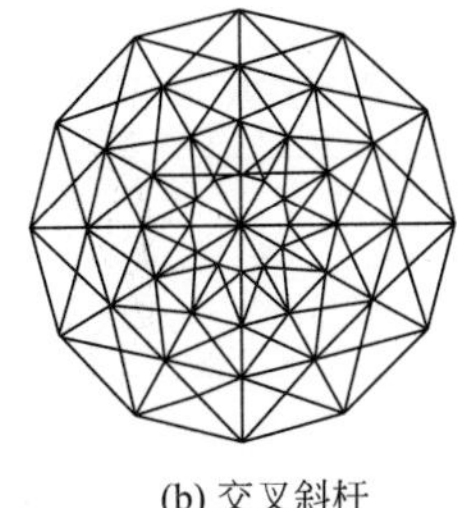

(b) 交叉斜杆

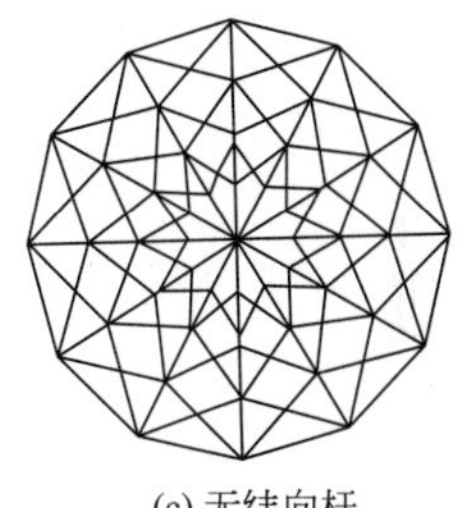

(c) 无纬向杆

图 3-37　施威德勒型球面网壳

联方型网壳是由人字形斜杆组成的菱形网格，斜杆的夹角一般为 30°～50°。该种网壳造型美观，适用于大、中型网壳。可分为有纬向杆［图 3-38（a）］和无纬向杆［图 3-38（b）］两种。

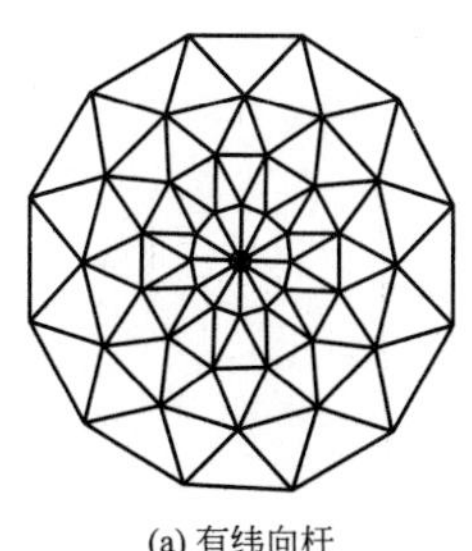

(a) 有纬向杆

(b) 无纬向杆

图 3-38　联方型球面网壳

(a) n=6

(b) n=8

图 3-39　凯威特型球面网壳

凯威特型网壳又被称为扇形分割三向网格型网壳，是先由 n（n＝6、8、12……）根经向杆把球面分为 n 个对称扇形曲面，然后在每个扇形曲面内再由纬向杆和斜向杆划分的网格形式（图 3-39）。网格大小匀称，内力分布均匀，适用于大、中型网壳。

三向网格型网壳在水平投影面上呈正三角形，即在水平投影面上，通过圆心做夹角为＋60°的三个轴，将轴 n 等分并连线，形成正三角形网格，再投影到球面上形成三向网格型网壳（图 3-40）。这种网壳结构受力性能好，外形美观，适用于中、小跨度。

短程线型网壳是以正 20 面体为基础，在球面对三角形进行再划分以形成网格的方法。

将正三角形进行再划分具体又有弦均分法、等弧再分法和边弧等分法等（图 3-41）。这种网壳杆件布置均匀，受力性能好，适用于矢高较大或超半球形的网壳。

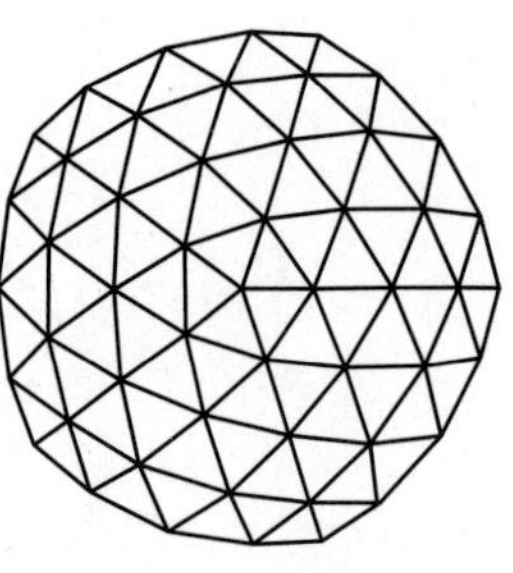

图 3-40　三向网格型球面网壳

（2）双层球面网壳

双层球面网壳主要有交叉桁架系和角锥体系两大类。上述的六种单层网壳划分方式都可以利用平面网片代替杆件形成对应的双层球面网壳，此处不再赘述。角锥体系的双层球面网壳主要包括：肋环型四角锥球面网壳、联方型四角锥球面网壳、联方型三角锥球面网壳和平板组合式球面网壳。

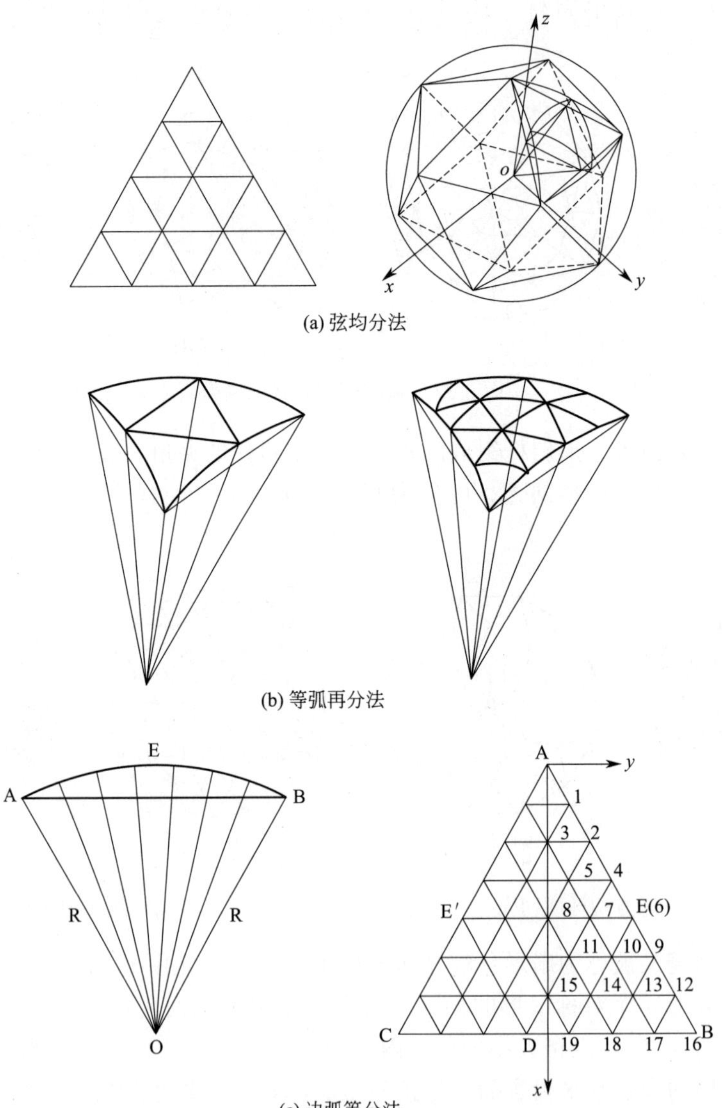

图 3-41　短程线型球面网壳

(a) 肋环型四角锥球面网壳

(b) 联方型四角锥球面网壳

(c) 联方型三角锥球面网壳

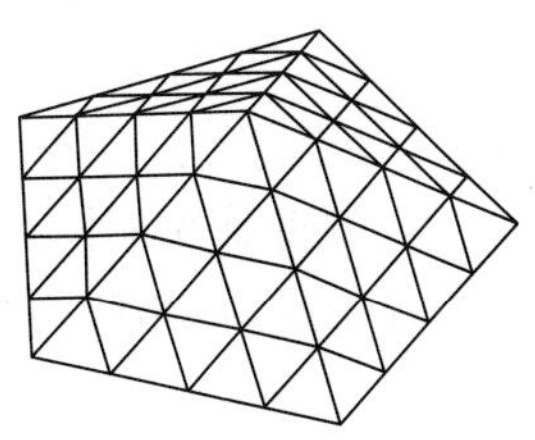
(d) 平板组合式球面网壳

图 3-42　角锥体系双层球面网壳

2. 柱面网壳的网格划分

柱面网壳也分为单层和双层两类，现按网格划分方法分述其形式。

（1）单层柱面网壳

单层柱面网壳主要包括单斜杆型柱面网壳［图 3-43（a）］、人字形柱面网壳［图 3-43（b）］、交叉斜杆型柱面网壳［图 3-43（c）］、联方型柱面网壳［图 3-43（d）］和三向网格型柱面网壳［图 3-43（e）］。其中单斜杆型与交叉斜杆形相比，前者杆件数量少，杆件连接易处理，但整体刚度差，适用于小跨度、小荷载屋面。联方型网壳杆件数量最少，杆件长度统一，节点上只连接四根杆件，节点构造简单，但刚度较差。三向网格型网壳刚度最好，杆件品种也较少，是一种较经济合理的形式。

有时为了提高单层柱面网壳的整体稳定性和刚度会将某部分区段设横向肋，变为局部双层网壳。

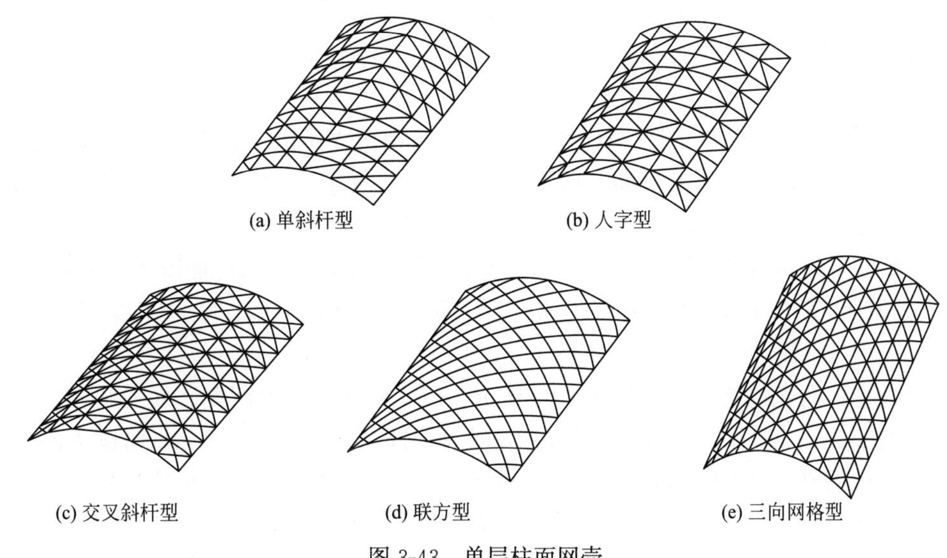

图 3-43　单层柱面网壳

（2）双层柱面网壳

双层柱面网壳主要有交叉桁架体系和角锥体系组成。单层柱面网壳形式都可称为交叉桁架体系的双层柱面网壳，这里不再赘述。角锥体系在网架结构中共有 8 种，但周边支承的网架结构，上弦杆总是受压，下弦杆总是受拉，而双层网壳的上层杆和下层杆都可能出现受压，因此，对于上弦杆短、下弦杆长的这种网架形式，在双层柱面网壳中不一定适用。四角锥体系运用到双层柱面网壳中有正放四角锥柱面网壳、抽空正放四角锥柱面网壳、斜置正放四角锥柱面网壳；三角锥体系的双层柱面网壳包括三角锥柱面网壳和抽空三角锥柱面网壳。

3. 双曲抛物面网壳

双曲抛物面网壳沿直纹两个方向可以设置直线杆件，主要形式有正交正放［图 3-44（a)］和正交斜放［图 3-44（b)］两大类。

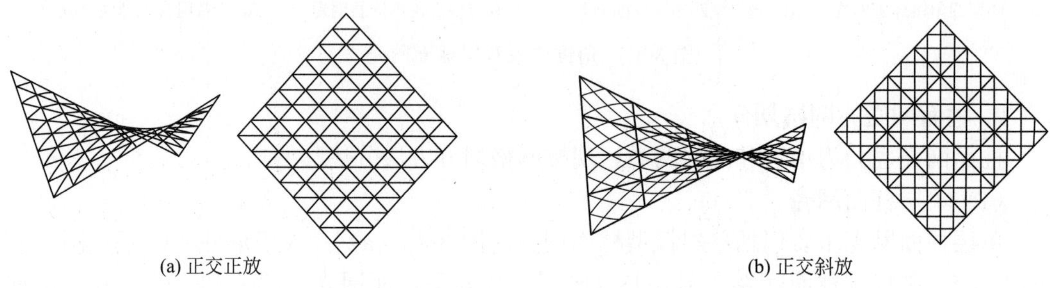

图 3-44　双曲抛物面网壳

3.2.2　网壳结构的选型

网壳结构选型应与建筑平面及造型相协调。圆形平面适合选用球壳、组合柱壳或组合双曲抛物面壳；矩形平面适合选用柱面网壳、双曲抛物面网壳和椭圆抛物面网壳；狭长平面适合选用柱面网壳；菱形平面适合选用双曲抛物面网壳。

球面网壳结构设计宜符合下列规定：(1）球面网壳结构的矢跨比不宜小于 1/7；(2）双层球面网壳结构的厚度可取跨度（平面直径）的 1/30～1/60；(3）单层网壳结构的跨度不宜大于 80m。

圆柱面网壳结构设计宜符合下列规定：(1）两端边支承的圆柱面网壳，其宽度 B 和跨度 L 之比宜小于 1，壳体的矢高可取宽度 B 的 1/3～1/6。(2）沿两纵向边支承或四边支承的圆柱面网壳，壳体的矢高可取跨度 L（宽度 B）的 1/2～1/5。(3）双层圆柱面网壳结构的厚度可取宽度 B 的 1/20～1/50。(4）两端支承的单层圆柱面网壳，其跨度 L 不宜大于 35m；沿两纵向边支承的单层圆柱面网壳，其跨度（此时为宽度 B）不宜大于 30m。

双曲抛物面网壳结构设计宜符合下列规定：(1）双曲抛物面网壳底面的两对角线长度之比不宜大于 2；(2）单块双曲抛物面壳体的矢高可取跨度的 1/2～1/4（跨度为两个对角支承点之间的距离），四块组合双曲抛物面壳体每个方向的矢高可取相应跨度的 1/4～1/8；(3）双层双曲抛物面网壳的厚度可取短向跨度的 1/20～1/50；(4）单层双曲抛物面网壳的跨度不宜大于 60m。

椭圆抛物面网壳结构设计宜符合下列规定：(1）椭圆抛物面网壳结构的底边两跨度之比不宜大于 1.5；(2）壳体每个方向的矢高可取短向跨度的 1/6～1/9；(3）双层椭圆抛物面网壳结构的厚度可取短向跨度的 1/20～1/50；(4）单层椭圆抛物面网壳结构的跨度不宜大于 50m。

小跨度的球面网壳的网格布置可采用肋环型，大跨度的球面网壳宜采用能形成三角形网格的各种网格类型。

小跨度圆柱面网壳的网格布置可采用联方网格型，大中跨度的圆柱面网壳采用能形成三角形网格的各种类型。双曲扁网壳和扭网壳的网格选型可参照圆柱面网壳的网络选型。

网壳结构的最大位移计算值不应超过短向跨度的 1/400；悬挑网壳的最大位移计算值不应超过悬挑长度的 1/200。

3.2.3　网壳结构的力学分析

对网壳结构进行力学分析时，双层（或多层）网壳结构中构件内力主要以轴力为主，通常采用空间杆单元模型，其结构分析方法采用与网架结构相同的空间桁架位移法。而对于单层网壳，构件之间通常采用以焊接空心球节点为主的刚性节点；同时，从结构受力性能上来看，单层网壳构件中的弯矩和轴力相比往往不能忽略，而且可能成为控制构件设计的主要内力，因此单层网壳的结构分析通常采用空间梁单元模型。即：对于双层（或多层）网壳结构，采用空间杆单元模型进行结构分析的有限单元法——空间桁架位移法；对单层网壳结构，采用空间梁单元模型进行结构分析的有限单元法——空间刚架位移法。

1. 荷载与作用

网壳结构的荷载作用与网架结构一样，主要受永久荷载、可变荷载的作用。网壳结构的永久荷载和屋面活荷载的取值和网架结构相同，此处不再赘述，下面重点阐述雪荷载、风荷载、地震作用几种荷载类型。

（1）雪荷载

雪荷载的标准值计算公式与网架结构相同，但是网壳结构与网架结构相比，应注意风对屋面积雪的影响、屋面坡度对积雪的影响和温度对积雪的影响。曲线型屋面，屋谷附近区域的积雪比屋脊区大，当曲线型屋面为连续多跨或单跨带有挑檐和女儿墙等挡风构件时，他们的屋谷区域都会出现雪的吹积，使屋面局部雪压增加，这种积雪分布一般呈三角形。曲线型屋面的积雪在没有风时也会向屋谷区滑移或缓慢蠕动，使屋谷区域积雪增加，增加幅度与屋面坡度及屋面材料的光滑程度密切相关。这种滑移现象与风的吹积作用，应在确定网壳结构的屋面雪荷载时一并考虑。此外，屋面散热的热量会使积雪融化，由此引起的雪滑移又将改变屋面积雪分布。

（2）风荷载

风荷载标准值的计算应参考《建筑结构荷载规范》GB 50009—2012 确定。μ_z 和 ω_0 的计算和其他结构一样，μ_s 则应根据网壳的体型确定。在荷载规范中给出了封闭式落地拱形屋面、封闭式拱形屋面、封闭式双跨拱形屋面和旋转壳顶四种情况的风荷载体型系数值。对于完全符合表中所列情况的网壳可按表中给出的体型系数采用。对于所处地形复杂、跨度较大的网壳结构以及体型或某些局部不完全符合荷载规范所列情况的网壳结构，应该通过风洞试验确定其风荷载体型系数，以确保结构的安全。β 取值比较复杂，规范中给出的 β 计算方法主要适用于高层、高耸建筑物。网壳结构的 β 值，与结构的跨度、矢高、支撑条件等因素有关。同一标高处 β 值不一定相同，因此对于网壳应计算每一点的风振系数。

（3）地震作用

对于网壳结构，其抗震验算应符合下列规定：1）在抗震设防烈度为 7 度的地区，当网壳结构的矢跨比大于或等于 1/5 时，应进行水平抗震验算；当矢跨比小于 1/5 时，应进行竖向和水平抗震验算。2）在抗震设防烈度为 8 度或 9 度的地区，对各种网壳结构应进行竖向和水平抗震验算。

2. 荷载效应组合

对于非抗震设计，荷载效应组合应按《建筑结构荷载规范》GB 50009—2012 进行计算。在杆件及节点设计中，应采用荷载效应的基本组合，在验算挠度时，按荷载的短期效应组合计算。对于抗震设计，荷载效应组合应按《建筑抗震设计规范》GB 50011—2010（2016 年版）进行计算。

3.2.4 网壳结构的稳定性分析

稳定性分析是网壳结构，尤其是单层网壳结构设计中的关键问题。结构的稳定性可以从其荷载-位移全过程曲线中得到完整的概念。传统的线性分析方法是把结构的强度和稳定问题分开考虑。事实上，从非线性分析的角度，结构的稳定性问题和强度问题是联系在一起的。结构的荷载-位移全过程曲线能够准确地表现结构的强度、稳定性以及刚度的整个变化历程。当考察初始缺陷和荷载分布方式等因素对实际网壳结构稳定性能的影响时，也可通过全过程曲线的规律性变化进行研究。

单层网壳和厚度较小的双层网壳均存在总体失稳（包括局部壳面失稳）的可能性。《空间网格结构技术规程》JGJ 7—2010（后简称《规程》）规定：单层网壳以及厚度小于跨度 1/50 的双层网壳均应进行稳定性计算，设计某些单层网壳时，稳定性还可能起控制作用。对于双曲抛物面网壳（包括单层网壳），从实用角度出发，可以不考虑这类网壳的失稳问题，结构刚度应该是设计中的主要考虑因素。

网壳的稳定性可按考虑几何非线性的有限元法（即荷载-位移全过程分析）进行计算，分析中可假定材料为弹性，也可考虑材料的弹塑性。对于大型和形状复杂的网壳结构宜采用考虑材料弹塑性的全过程分析方法。目前以非线性有限元分析为基础的结构荷载-位移全过程分析可以把结构强度、稳定乃至刚度等性能的整个变化历程表示得十分清楚，可以较成熟地研究结构的稳定性问题。

大量实例分析发现，荷载的不对称分布（实际计算中取活荷载的半跨分布）对球面网壳的稳定性承载力无不利影响；对四边支承的柱面网壳当其长宽比 $L/B \leqslant 1.2$ 时，活荷载的半跨分布对网壳稳定性承载力有一定影响；荷载的不对称分布，对椭圆抛物面网壳和两端支承的圆柱面网壳影响则较大，应在计算中考虑。因此《规程》规定：球面网壳的全过程分析可按满跨均布荷载进行，圆柱面网壳和椭圆抛物面网壳除应考虑满跨均布荷载外，尚应考虑半跨活荷载分布的情况。

网壳缺陷包括节点位置的安装偏差、杆件的初弯曲、杆件对节点的偏心等，而后面两项是与杆件有关的缺陷，在分析网壳稳定性时一般认为网壳所有杆件在强度设计阶段都已经过设计计算而保证了强度和稳定性，故只需考虑网壳初始几何缺陷对稳定性的影响。《规程》规定：进行网壳全过程分析时应考虑初始几何缺陷（即初始曲面形状的安装偏差）的影响，初始几何缺陷分布可采用结构的最低阶屈曲模态，其缺陷最大计算值可按网壳跨度的 1/300 取值。

一般将网壳结构全过程分析求得的第一个临界点处的荷载值，可作为网壳的稳定极限承载力。将临界荷载除以安全系数后即可得到网壳结构的容许承载力标准值，即：

$$[q_{\mathrm{ks}}]=\frac{P_{\mathrm{cr}}}{K} \tag{3-9}$$

式中，安全因数 K 的确定应考虑到下列因素：（1）荷载等外部作用和结构抗力的不确定性可能带来的不利影响；（2）计算中未考虑材料弹塑性可能带来的不利影响；（3）结构工作条件中的其他不利因素。《规程》规定：当按弹塑性全过程分析时，安全系数 K 可取为 2.0；当按弹性全过程分析，且为单层球面网壳、柱面网壳和椭圆抛物面网壳时，安全系数 K 可取为 4.2。《规程》还给出了当单层球面网壳跨度小于 50m、单层圆柱面网壳拱向跨度小于 25m、单层椭圆抛物面网壳跨度小于 30m 时，网壳稳定性计算的容许承载力的近似计算方法，此处不再赘述。

3.2.5　网壳结构的杆件设计

网壳结构杆件材料可以根据《钢结构设计标准》GB 50017—2017 所推荐的 Q235 钢和 Q355 钢选用。其中 Q355 钢由于强度高，宜用于大跨度网壳。一般的网壳结构采用 Q235 钢为多。这两种钢材力学性能、焊接性能均很好，材质也比较稳定。杆件可以采用普通型钢和薄壁型钢，管材宜采用高频焊管或无缝钢管，当有条件时应采用薄壁管截面。

1. 杆件计算长度及容许长细比

由于双层网壳中大多数上、下弦杆均受压，对腹杆的转动约束比网架小，因此网壳杆件的计算长度与网架稍有不同，具体取值见表 3-3。

网壳杆件的计算长度 l_0　　　　**表 3-3**

结构体系	杆件形式	节点		
		螺栓球	焊接球	板节点
双层网壳	弦杆及支座腹杆	$1.0l$	$1.0l$	$1.0l$
	腹杆	$1.0l$	$0.9l$	$0.9l$
单层网壳	壳体曲面内	—	$0.9l$	—
	壳体曲面外		$1.6l$	

注：l 为杆件的几何长度（节点中心间距离）。

网壳杆件的容许长细比不宜超过表 3-4 中规定的数值。

网壳杆件的容许长细比 [λ]　　　　**表 3-4**

网壳类别	受压杆件和受弯杆件	受拉杆件和拉弯杆件	
		承受静力荷载	直接承受动力荷载
双层网壳	180	300	250
单层网壳	150	300	—

2. 杆件截面设计

对于双层网壳，杆件一般按空间杆单元考虑，杆件的内力以轴力为主。此时杆件的截面设计计算与网架结构相同，可以参照本书第 3.1.5 节，此节不再赘述。

对于单层网壳，杆件一般按空间梁单元考虑，所以杆件为压弯或拉弯受力。无论是压弯受力还是拉弯受力，杆件必须满足式（3-10）的强度要求。而对于压弯受力杆还必须满足式（3-11a）、式（3-11b）的稳定性要求。

（1）压弯和拉弯杆件的强度计算

$$\frac{N}{A_n}\pm\frac{M_x}{\gamma_x W_{nx}}+\frac{M_y}{\gamma_y W_{ny}}\leqslant f \tag{3-10}$$

式中：N、M_x、M_y——作用在杆件上的轴向力和两个主轴方向弯矩；

A_n、W_{nx}、W_{ny}——杆件的净截面面积和两个主轴方向净截面系数；

γ_x、γ_y——截面塑性发展系数，根据《钢结构设计标准》GB 50017—2017相应的规定取用，当直接承受动力荷载时，$\gamma_x=\gamma_y=1.0$；

f——钢材的设计强度值。

（2）压弯杆件的稳定性验算

弯矩作用的两个主轴平面内的双轴对称实腹式工字形和箱形截面的压弯杆件，其稳定性按下式验算：

$$\frac{N}{\varphi_x A}\pm\frac{\beta_{mx}M_x}{\gamma_x W_x\left(1-0.8\frac{N}{N_{Ex}}\right)}+\frac{\beta_{ty}M_y}{\varphi_{by}W_y}\leqslant f \tag{3-11a}$$

$$\frac{N}{\varphi_y A}\pm\frac{\beta_{my}M_y}{\gamma_y W_y\left(1-0.8\frac{N}{N_{Ey}}\right)}+\frac{\beta_{tx}M_x}{\varphi_{bx}W_x}\leqslant f \tag{3-11b}$$

式中：φ_x、φ_y——对强轴 x-x 和弱轴 y-y 的轴心受压杆件稳定系数；

φ_{bx}、φ_{by}——均匀弯曲的受弯杆件整体稳定性系数，对于圆形或方形截面，$\varphi_{bx}=\varphi_{by}=1.4$；

M_x、M_y——所计算杆件段范围内对强轴和弱轴的最大弯矩设计值；

N_{Ex}、N_{Ey}——欧拉临界力，$N_{Ex}=\frac{\pi^2 EA}{\lambda_x^2}$，$N_{Ey}=\frac{\pi^2 EA}{\lambda_y^2}$；

W_x、W_y——对强轴和弱轴的毛截面系数；

β_{mx}、β_{my}——等效弯矩系数，无横向荷载时，有：

$$\beta_{mx}=0.65+0.35\frac{M_{2x}}{M_{1x}}\geqslant 0.4 \tag{3-12a}$$

$$\beta_{my}=0.65+0.35\frac{M_{2y}}{M_{1y}}\geqslant 0.4 \tag{3-12b}$$

其中，M_1、M_2——杆端弯矩，使杆件产生同向曲率时取同号；使杆件产生反向曲率时取异号，$|M_1|>|M_2|$；

β_{tx}、β_{ty}——等效弯矩系数，取法同式（3-12）；

γ_x、γ_y——截面塑性发展系数，取法同上。

3.2.6 网壳结构的节点设计

网壳结构的节点主要有焊接空心球节点、螺栓球节点和嵌入式毂节点等，其中应用最为广泛的是前两种。对于网壳结构中的焊接空心球节点和螺栓球节点设计，可参考第

3.1.6 节。

网壳结构的支座节点设计应保证传力可靠、连接简单，并应符合计算假定。通常支座节点的形式有固定铰支座、弹性支座、刚性支座以及可以沿指定方向产生线位移的滚轴支座等。

固定铰支座如图 3-45 所示，适用于仅要求传递轴向力与剪力的单层或双层网壳支座节点。大跨度或点支撑网壳可采用球铰支座［图 3-45（a)］；对于较小跨度的网壳结构可采用弧形铰支座［图 3-45（b)］；对于较大跨度、落地的网壳结构可采用双向弧形铰支座［图 3-45（c)］或双向板式橡胶支座［图 3-45（d)］。

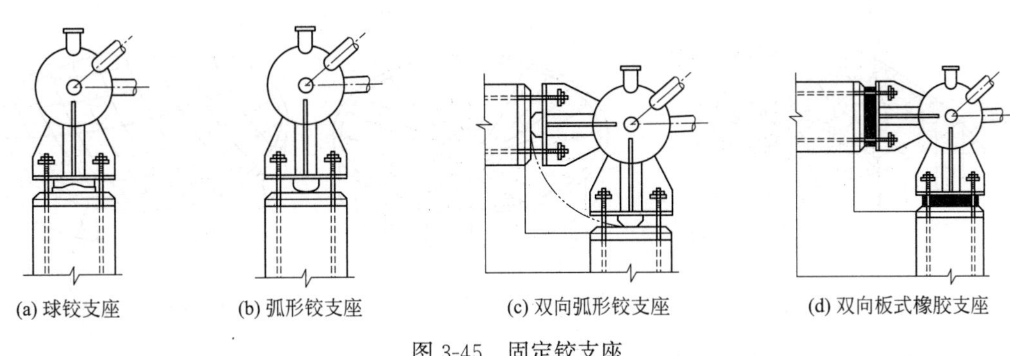

(a) 球铰支座　(b) 弧形铰支座　(c) 双向弧形铰支座　(d) 双向板式橡胶支座

图 3-45　固定铰支座

弹性支座如图 3-46 所示，可用于节点在水平方向产生一定弹性变位且能转动的网壳支座节点。刚性支座如图 3-47 所示，可用于既能传递轴向力又要求传递弯矩和剪力的网壳支座节点。滚轴支座如图 3-48 所示，可用于能产生一定水平线位移的网壳支座节点。网壳支座节点的节点板、支座垫板及锚栓的设计计算和构造等可以参考网架结构的支座节点。

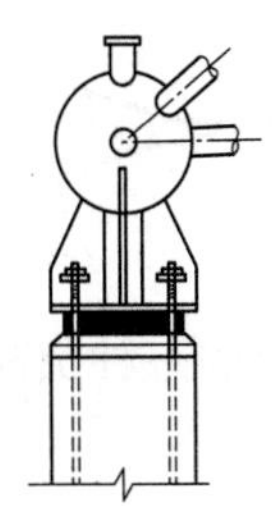

图 3-46　弹性支座

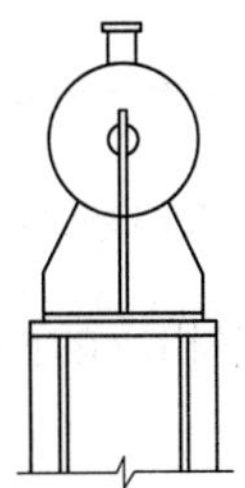

图 3-47　刚性支座

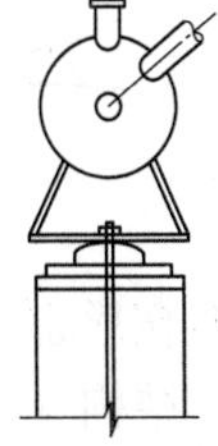

图 3-48　滚轴支座

3.3　悬索结构

悬索结构是以一系列受拉的索作为主要承重构件形成的一种空间结构。这些索按一定规律组成各种不同形式的体系，并悬挂在边缘构件或支承结构上。悬索结构通过钢索的轴向拉伸来抵抗外部作用，边缘构件和下部支承结构的布置必须与拉索的形式相协调，以便有效地承受或传递拉索的拉力。悬索结构具有受力合理、经济性好、施工方便、造型美观等优点，但也存在边缘构件或支承结构受力较大、非线性强等缺点。

3.3.1 悬索结构的分类

悬索结构根据几何形状、组成方法、悬索材料以及受力特点等不同因素，可有多种不同的划分。根据其组成方法和受力特点可将悬索结构分为：单层悬索体系、预应力双层悬索体系、预应力鞍形索网、劲性悬索、预应力横向加劲单层索系与组合悬索结构、预应力索拱体系、悬挂薄壳与悬挂薄膜，以及混合悬挂结构等形式。

单层悬索体系由一系列按一定规律布置的单根悬索组成，索两端锚挂在稳固的支承结构上。单层悬索体系有平行布置、辐射布置和网状布置三种形式（图 3-49～图 3-51）。

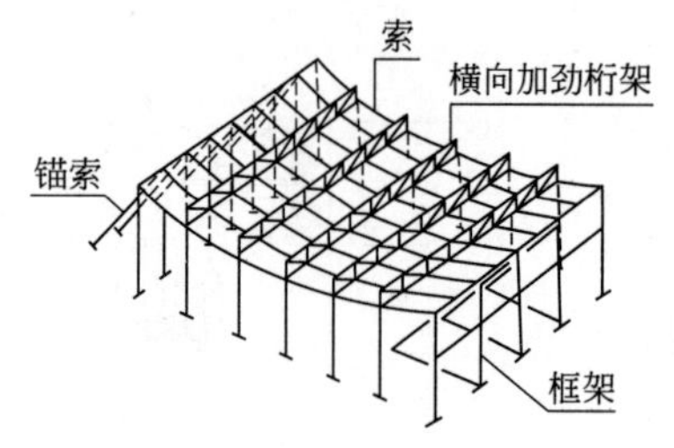

图 3-49 平行布置

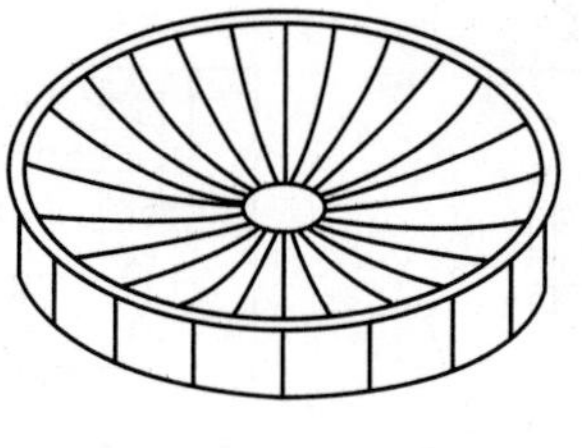

图 3-50 辐射布置

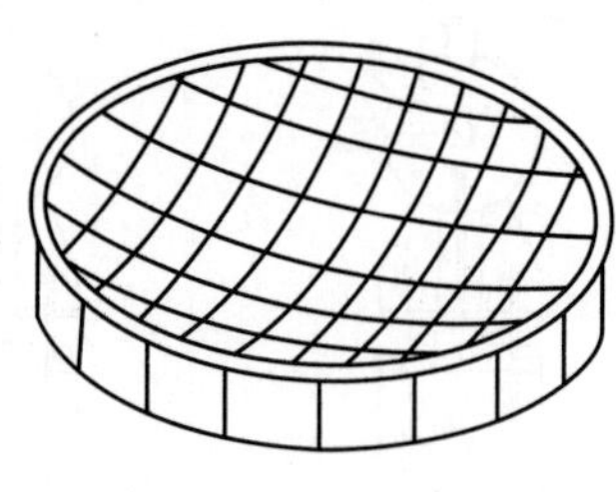

图 3-51 网状布置

预应力双层悬索体系由一系列下凹的承重索和上凸的稳定索，以及它们之间的连系杆（拉杆或压杆）组成，图 3-52 表示双层悬索体系的几种一般形式。双层悬索体系的布置也有平行布置、辐射布置和网状布置三种形式。

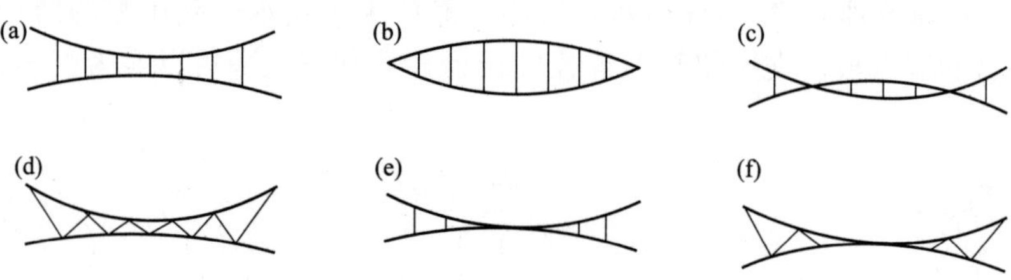

图 3-52 预应力双层悬索体系的一般形式

预应力鞍形索网是由相互正交、曲率相反的两组钢索直接连接形成的一种负高斯曲率的曲面悬索结构（图 3-53）。

3.3.2 拉索的分类

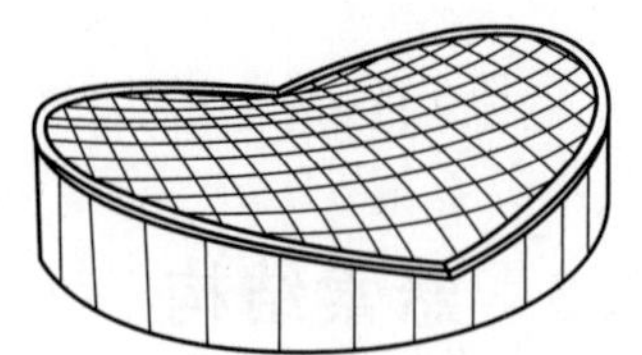

图 3-53 预应力鞍形索网的形式

拉索主要分为钢丝类拉索、平行钢筋拉索、钢拉杆和型钢（图 3-54）。其中钢丝类拉索可以由一个或多个钢丝绳索体、钢绞线索体或钢丝束索体等构成。当拉索的索体由单个索股组成时，其性质与单个索股相同，如（螺旋）钢绞线、密封钢绞线、平行钢丝束和半平行钢丝束。索体为多个索股构成的拉索包括：钢丝绳、平行钢绞线索、半平行钢绞线索等。此外，钢拉杆和型钢也可以作为索体运用到结构中。

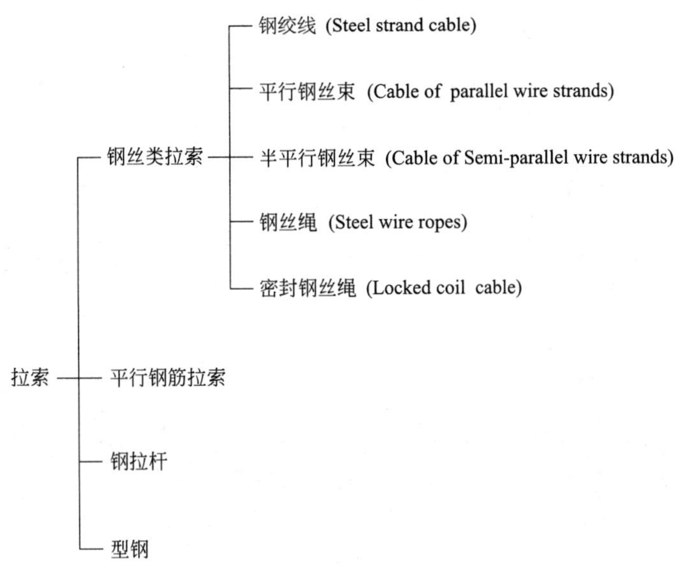

图 3-54　拉索的分类

3.3.3　悬索结构的设计计算

悬索结构设计时除索中预应力外，所考虑的荷载与一般结构相同，包括：恒载、活荷载、风荷载、雪荷载、动力荷载等，具体可参考《建筑结构荷载规范》GB 50009—2012 确定。对于抗震设计，应按《建筑抗震设计规范》GB 50011—2010（2016 年版）确定屋盖重力荷载代表值。

悬索结构的计算应按初始几何状态、预应力状态和荷载状态进行，并充分考虑几何非线性的影响。从 20 世纪 70 年代起，国内外很多学者将非线性有限单元法应用于悬索结构的找形和荷载分析。它的基本思想是将悬索结构离散为若干单元，然后针对悬索结构的小应变大位移状态，应用几何非线性理论，建立节点位移为基本未知量的非线性有限元方程组进行计算。

在确定预应力状态后，应对悬索结构在各种情况下的永久荷载与可变荷载下进行内力、位移计算，并根据具体情况，分别对施工安装荷载、地震和温度变化等作用下的内力、位移进行验算。在计算各个阶段各种荷载情况的效应时应考虑加载次序的影响。悬索结构内力和位移可按弹性阶段进行计算。

悬索结构（单索索网、双层索系、横向加劲索系）的屋盖挠度（自初始预应力状态后）与跨度之比不宜大于 1/200。

3.3.4　悬索结构的节点构造

悬索结构中的节点主要包括钢索与钢索的节点、钢索连接件、钢索与屋面板的连接节点、钢索支撑节点。节点和钢索的连接件的承载力应大于钢索的承载力设计值。节点构造尚需考虑与钢索的连接相吻合，以消除可能出现的构造间隙和钢索的应力损失。本节列出了常用的几种钢索与钢索的连接节点和钢索连接件。

钢索与钢索之间应采用夹具连接，夹具的构造及连接方式可选用：(1) U形夹连接(图3-55)；(2) 夹板连接(图3-56)。

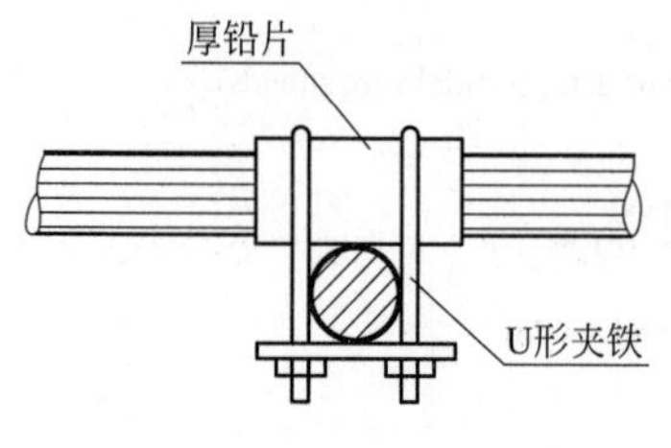

图3-55　U形夹连接

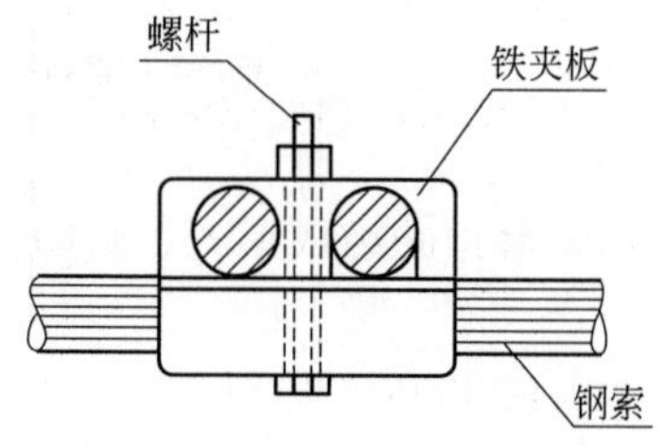

图3-56　夹板连接

钢索连接件可选用下列几种形式：(1) 挤压螺杆(图3-57)；(2) 挤压式连接环(图3-58)；(3) 冷铸式连接环(图3-59)；(4) 冷铸螺杆(图3-60)。

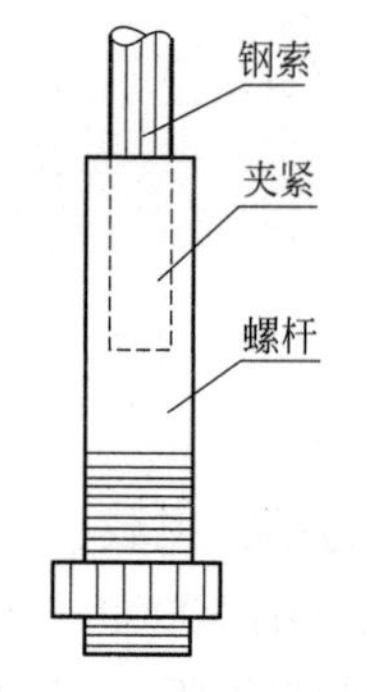

图3-57　挤压螺杆

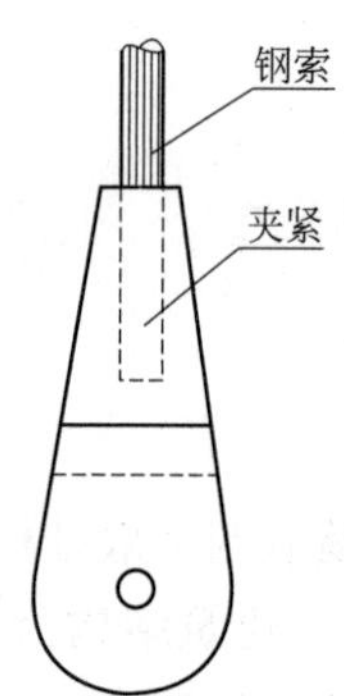

图3-58　挤压式连接环

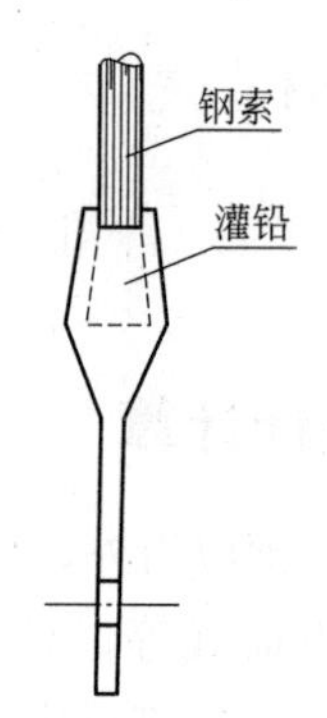

图3-59　冷铸式连接环

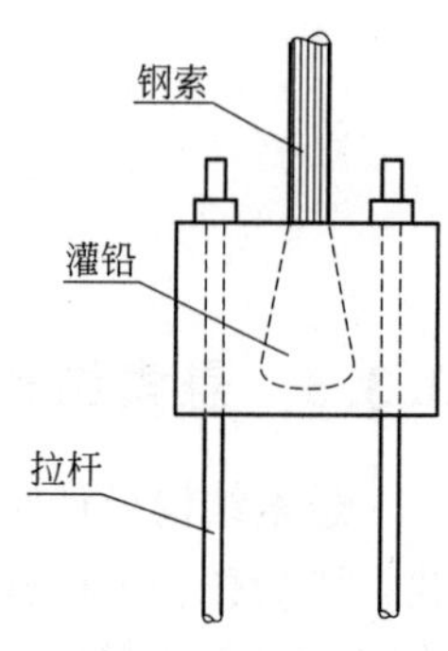

图3-60　冷铸螺杆

3.3.5　悬索结构的施工方法

由于悬索结构自重轻，预制化程度较高，因而施工比较简单，不需要大型起重设备，也不必设置大量脚手架，施工费用较省，而且工期也较短。但需要注意的是：悬索结构的施工与设计联系十分紧密，设计时必须预先考虑施工的步骤，尤其必须预先规定好施加预应力和铺设屋面的步骤。

悬索结构中较为常用的预张力施加方法有：千斤顶张拉法、丝扣旋张法、横向张拉法和电热张拉法等。对索施加预应力时，应按设计提供的分阶段张拉预应力值进行，每个阶段尚应根据结构情况分成若干级，并对称张拉。每个张拉级差不得使边缘构件和屋面构件的变形过大。

3.4　索穹顶结构

索穹顶结构是一种支承于周边受压环梁上的张力集成体系或全张力体系，它通过结构的连续拉、间断压，确保荷载从中央拉力环通过一系列辐射状脊索、斜索和张拉环传至周边压力环。索穹顶是工程中实现的唯一一种张力集成体系，由于整个结构除少数几根压杆外都处于张力状态，充分发挥了钢索的强度，是一种结构效率极高的全张力体系。

索穹顶具有全张力状态、与形状关系密切、自平衡等特点，其成型过程就是施工过程，是一种非保守的结构体系。

3.4.1　索穹顶结构的分类

根据索穹顶的组成形式、封闭情况和覆盖层材料的不同，可以将索穹顶结构分为以下几类：

1. 按网格组成分类

按网格组成可以将索穹顶分为：盖格尔（Geiger）体系索穹顶（图 3-61）、利维（Levy）体系索穹顶（图 3-62）、凯威特（Kiewitt）体系索穹顶（图 3-63）和其他形式的索穹顶（图 3-64）。

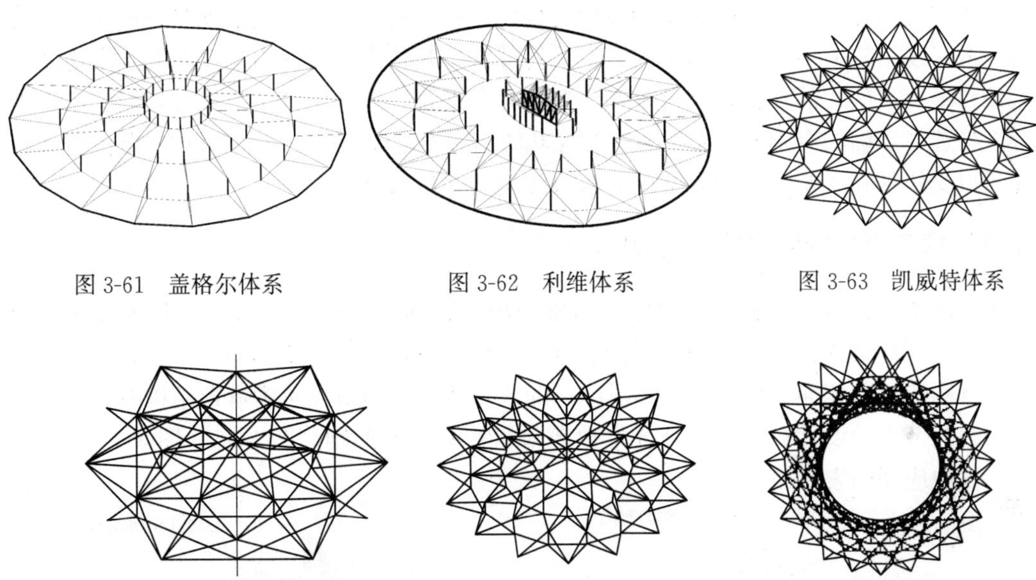

图 3-61　盖格尔体系　　图 3-62　利维体系　　图 3-63　凯威特体系

图 3-64　其他形式的索穹顶体系

2. 按封闭情况分类

按照封闭情况分类，可将索穹顶结构分为全封闭式索穹顶、开口式索穹顶和开合式索穹顶三种。全封闭式索穹顶是索穹顶普遍采用的结构形式，佐治亚肋环型索穹顶、利维体系索穹顶、凯威特体系索穹顶等均为典型的全封闭式索穹顶结构。由于环索不仅是自封闭的，而且也是自平衡的，因而可以作为大开口索穹顶的内边缘构件，适用于体育场的挑篷结构。

3. 按覆盖层材料分类

按照覆盖层材料分类，可将索穹顶划分为薄膜索穹顶和其他材料索穹顶两种。薄膜索穹顶将薄膜铺设在索穹顶的上部钢索之上，并通过一定方式将膜材绷紧产生一定的预张力，以形成某种空间形状和刚度来承受外部荷载。这种薄膜材料一般由柔性织物和涂层复合而成，目前应用最广泛的是 PTFE 膜材。索穹顶的屋面覆盖层除了采用膜材之外，也可以采用刚性材料，如压型钢板、铝合金板、玻璃等。刚性屋面索穹顶虽用钢量略高，但其造价仍相对较低。

3.4.2 索穹顶结构的设计计算

从结构分析的观点看，索穹顶就是索-杆组合的预应力铰接体系。索穹顶一般都具有很强的几何非线性，它和索网结构一样，其分析包括两个重要阶段：一是找形分析阶段，目的是得到自平衡的预应力几何形状；二是受力分析阶段，目的是求出在外部静、动荷载作用下结构的反应。

索穹顶的找形分析包括形态判定和内力判定，它的任务是在给定的结构拓扑条件和边界条件下，既要计算出自平衡预应力的分布，又能满足自应力平衡。目前，对索穹顶结构的找形分析主要是以有限元理论为基础。主要方法包括力密度法、动力松弛法、非线性有限元法等。

完成预应力分布的自平衡状态的找形过程后，剩下的主要计算问题就是荷载态的受力分析。索穹顶结构大多含有内部机构并呈几何柔性，其受力分析的力学模型必须考虑非线性特性和平衡自应力的存在，且自重等分布荷载在索元垂度方向产生的非线性影响不容忽略，应当选择正确的有限元模型对索穹顶结构进行荷载态分析。通常可采用二节点直线杆单元模拟受压杆和受拉杆，建立结构的有限元模型并进行计算。

3.4.3 索穹顶结构的节点设计

索穹顶结构的节点主要分为脊索、斜索与压杆连接节点，斜索、环索与压杆连接节点，索与受压环梁连接节点，中心压杆节点或内拉环节点等。对于不同的工程，索穹顶结构的节点构造各不相同，目前尚未形成统一的节点体系。但节点是索穹顶结构的重要组成部分，因此节点的设计必须同时符合力学准则和结构构造准则。图 3-65～图 3-68 给出了一些工程中应用的索穹顶节点形式。

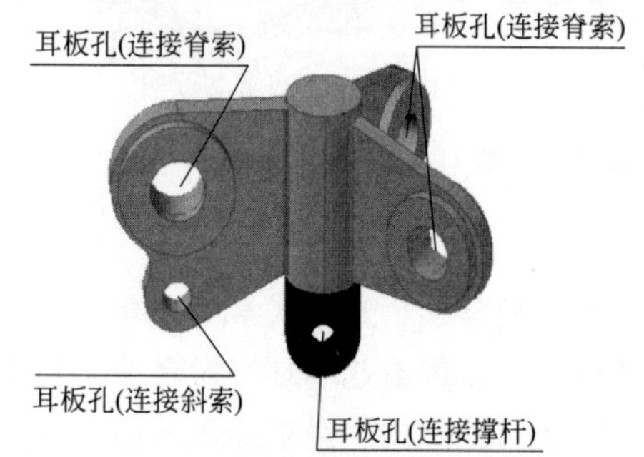

图 3-65 天津理工大学体育馆索穹顶 Levy 式脊索节点

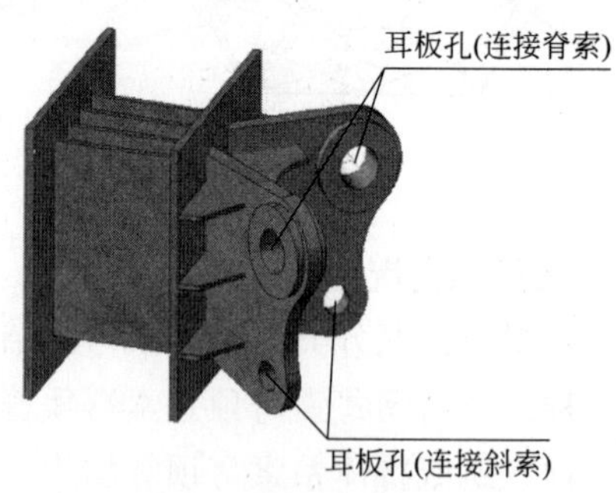

图 3-66 天津理工大学体育馆索穹顶预埋件连接节点

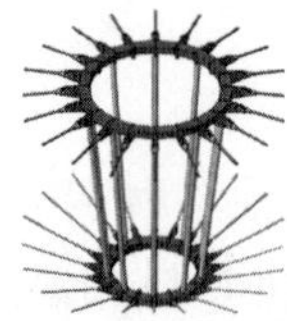

图 3-67 内蒙古鄂尔多斯伊金霍洛旗全民健身体育中心索穹顶内拉力环节点

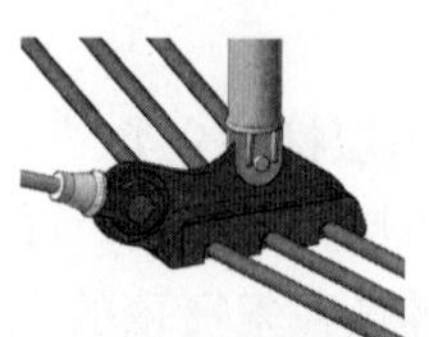

图 3-68 内蒙古鄂尔多斯伊金霍洛旗全民健身体育中心索穹顶索撑节点

3.4.4　索穹顶结构的施工方法

索穹顶结构中的拉索几乎没有自然刚度，结构整体刚度和稳定性依赖于结构施加的预应力，其张拉过程就是结构成型的过程。在施工过程中，结构伴随着预应力分布及结构外形不断更新的自平衡来调整。其施工过程主要包括：拉环的安装、脊索的安装、斜索的安装、环索的安装、立柱的安装和屋面板的敷设等。

由于施工过程中索杆体系发生了大位移和大转角，施工过程模拟和精度控制都较困难。对复杂的索穹顶工程，在施工前应进行专门的施工模拟以确定预应力大小及施加顺序，这是保证实现索穹顶结构设计外形所必须解决的问题。

3.5　张弦结构

张弦结构又称为弦支结构，是将张拉整体索杆引入传统刚性结构（梁、桁架、网壳、网架等），形成的“刚柔并济”的新型结构体系。张弦结构的本质是用撑杆连接上部压弯构件和下部受拉构件，通过在受拉构件上施加预应力，使上部结构产生反挠度，从而减小荷载作用下的最终挠度，改善上部构件的受力形式；同时通过调整受拉构件的预应力，可减小结构对支座产生的水平推力，结构内部自成平衡体系。与传统的空间结构相比，拉索的加入改变了结构的内力分布，优化了力学性能，从而获得了更强的跨越能力。张弦结构具有受力合理、施工方便和选材容易等优点，近些年来被广泛应用在各类大跨度建筑中。

3.5.1　张弦结构的分类

目前，张弦结构的种类较多，可根据张弦结构上层节点刚性、上层结构类型和结构受力特点等对张弦结构进行分类。

1. 按照上层节点刚性分类

按照上层节点刚接或铰接可分为弦支梁式结构和弦支杆式结构。弦支梁式结构的上层构件之间均为刚性连接，即上层构件均为压弯构件，如张弦梁、弦支刚架等。弦支杆式结构的上层杆件均为二力杆，如张弦桁架、弦支网架等。

2. 按照上层结构类型分类

根据上层结构形式的不同，张弦结构可分为张弦梁、张弦桁架、弦支刚架、弦支拱壳、弦支穹顶、弦支筒壳和弦支网架结构等。其中张弦梁的上层结构为梁式结构，包括直梁和曲拱；张弦桁架的上层结构为桁架结构，包括平面桁架和立体桁架形式；弦支刚架、弦支拱壳、弦支穹顶、弦支筒壳和弦支网架的上层结构分别为刚架结构、拱支网壳结构、网壳结构、筒壳结构和网架结构。

3. 按照结构受力特点分类

根据张弦结构受力机理及传力机制，分为平面张弦结构、可分解型空间张弦结构（又称为平面组合型张弦结构）和不可分解型空间张弦结构（弦支穹顶结构、弦支筒壳结构、弦支网架结构、弦支拱壳结构）。

（1）平面张弦结构

平面张弦结构是指结构构件位于同一平面内，并且以平面内受力为主的张弦结构，主要包括张弦梁、张弦桁架和弦支刚架结构等，实际工程中，通常将数榀平面弦支构件平行布置，通过连接构件将相邻两榀平面张弦结构在纵向进行连接，形成整体结构体系，如图 3-69、图 3-70 所示。平面张弦结构具有构造简单、运输方便和造价低等特点，适用于矩形平面。

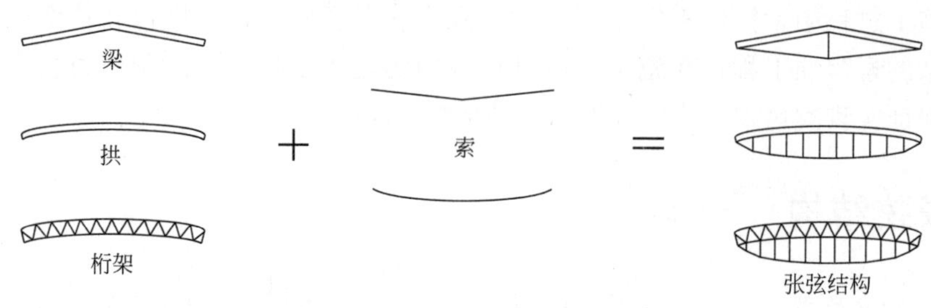

图 3-69　平面张弦结构示意图

（2）可分解型空间张弦结构

可分解型空间张弦结构是指结构可以拆分为多榀平面弦支构件的组合，受力时呈空间结构受力特征。每榀构件都是平面的，根据各榀构件的组合方式，分为双向张弦结构（图 3-71）、多向张弦结构（图 3-72）和辐射式张弦结构（图 3-73）三类。

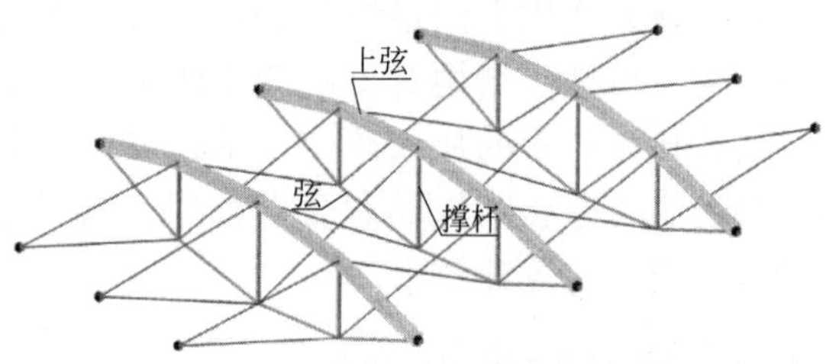

图 3-70　平面弦支结构体系示意图

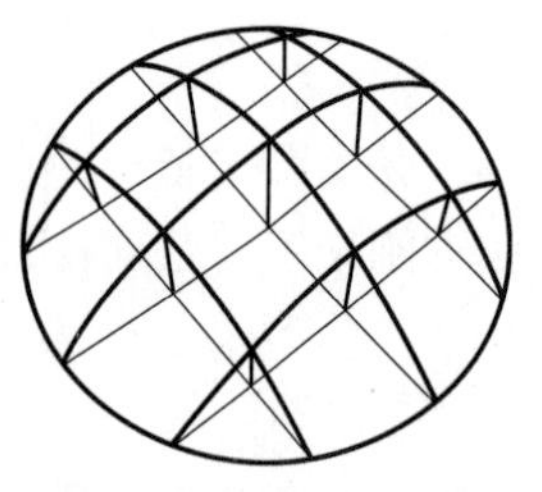

图 3-71　双向张弦结构

图 3-72　多向张弦结构

图 3-73　辐射式张弦结构

（3）弦支穹顶结构

弦支穹顶结构是典型的不可分解型空间张弦结构，由上部网壳和下部的撑杆、索组成，如图 3-74 所示。撑杆上端与网壳对应节点铰接连接，撑杆下端用径向拉索与单层网壳的下一环节点连接，同一环的撑杆下端由环向索连接在一起，使整个结构形成一个完整的结构体系。结构传力路径比较明确，在外荷载作用下，荷载通过上端的单层网壳传到下端的撑杆上，再通过撑杆传给索，索受力后，产生对支座的反向拉力，使整个结构对下端约束环梁的推力大为减小。同时，由于撑杆的作用，使得上部单层网壳各环节点的竖向位移明显减小。

（4）弦支筒壳结构

弦支筒壳结构是在筒壳结构的适当位置设置撑杆以及拉索形成的（图 3-75）。其主要部件包括：柱面网壳、拉索、锚固节点，撑杆、撑杆下节点、支座节点等。一方面由于拉索和撑杆的设置，结构的整体刚度增加，解决了单层筒壳或厚度较小的双层筒壳由于稳定性差而难以跨越较大跨度的问题；另一方面，通过在拉索内设置预拉力，可减小支座水平推力，降低了下部结构的承载负担。

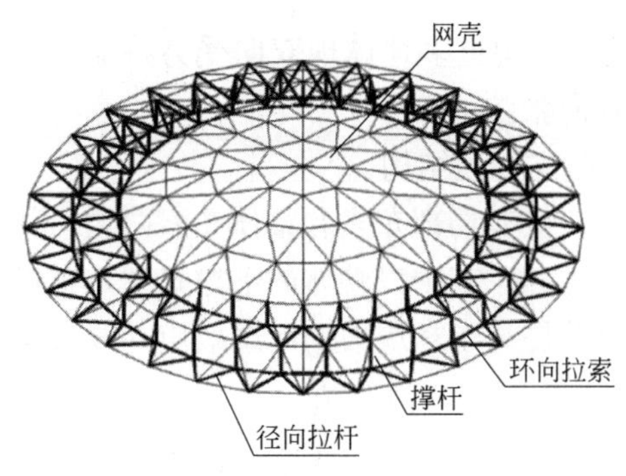

图 3-74　弦支穹顶结构体系简图

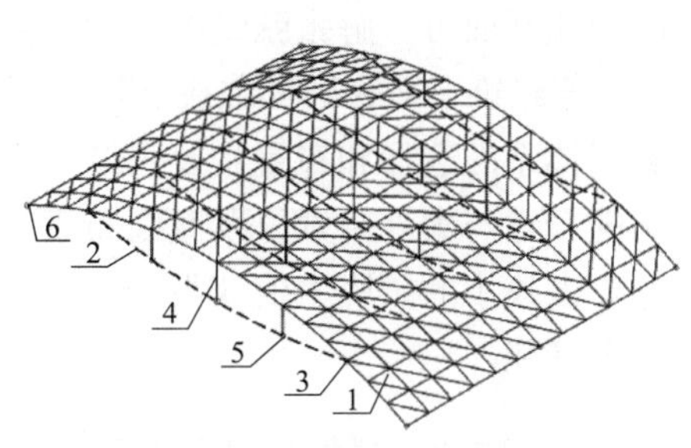

图 3-75　弦支筒壳结构示意图

1—柱面网壳；2—拉索；3—锚固节点；4—撑杆；5—转折节点；6—支座节点

（5）弦支网架结构

弦支网架结构是指由刚性网架结构和柔性索通过撑杆相连而成的一种结构形式，结构包括上层刚性网架、撑杆和下弦拉索等，如图 3-76 所示。根据上层网架结构形式的不同，可以将弦支网架结构分为弦支交叉桁架系网架结构、弦支四角锥体网架结构和弦支三角锥体网架结构三大类。

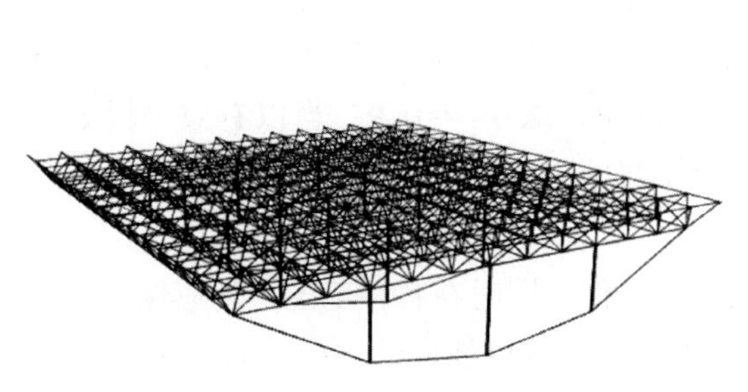

图 3-76　弦支网架结构

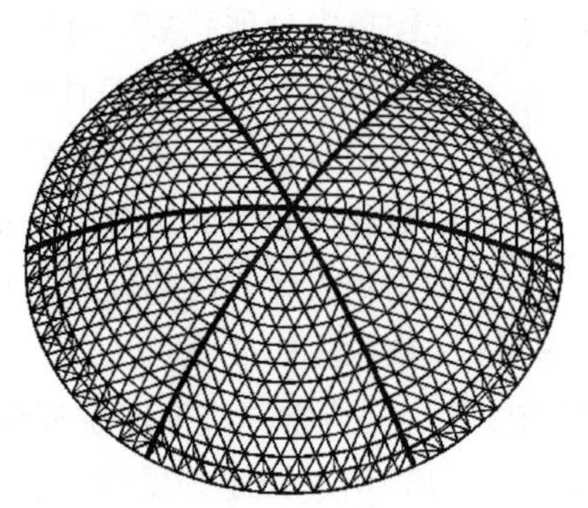

图 3-77　弦支拱壳结构

（6）弦支拱壳结构

拱支网壳结构体系是由单层网壳和拱复合而成的复合结构体系，具有整体平面内刚度大、稳定性好的优点。但是其支座反力较大，给下部结构和支座的设计带来了困难。为解决此问题，将张拉整体的概念引入拱支网壳结构，即在拱支网壳结构下部设置弦支体系并施加预应力，形成弦支拱壳结构，如图 3-77 所示。

3.5.2 张弦结构的选型

张弦结构体系包含多种结构形式，应根据不同的建筑和结构条件选用合适的结构体系，一般可参考以下原则：

(1) 若建筑平面为矩形且长宽比大于 2，此时结构更多地体现单向受力特性，应选用平面型张弦结构，如张弦梁、张弦桁架结构。

(2) 若建筑平面为矩形，且长宽比小于 2，此时结构更多地体现双向受力特征，应选用空间型或平面可分解张弦结构，如弦支网架、双向张弦梁等。

(3) 若建筑平面为圆形或椭圆形等，可以选用弦支穹顶结构。

索杆体系的选择和布置主要由结构特性决定，一般有局部布索和整体布索两类，其中又有廓内布索与廓外布索以及直线布索与折线布索之分，其中以整体的下撑式廓外布索效果最好，以较小的预应力值获得较大的反弯矩，显著提高了预应力的卸载效应并改善了网壳的变形性能。

3.5.3 张弦结构的设计计算

1. 设计原则

张弦结构应采用以概率理论为基础的极限状态设计方法，采用分项系数设计表达式进行计算。施加预应力的技术方案以及选择预应力的阶次和力度，应遵循结构卸载效应大于结构增载消耗，确保结构整体效应增长的原则。预应力效应可按永久荷载效应考虑。

张弦结构按承载能力极限状态进行基本组合计算时，应采用如下设计表达式：

$$\gamma_0(\gamma_G S_{Gk} + \sum_{i=1}^{m} \gamma_{p_i} \gamma_T S_{p_i} + \gamma_{Q_{1k}} S_{Q_{1k}} + \sum_{i=2}^{m} \gamma_{Q_i} \gamma \varphi_{c_i} S_{Q_{ik}}) \leqslant R(\gamma_R, f_k, \alpha_k \cdots) \tag{3-13}$$

式中：γ_{p_i}——预拉力分项系数，对结构有利时取 $\gamma_{p_i}=1.0$，不利时取 $\gamma_{p_i}=1.2$。

γ_T——张拉系数，应根据具体情况选取：当杆件的荷载应力与预应力符号相同，或符号相反但是杆件的预应力值大于荷载应力值时，取 $\gamma_T=1.1$；当杆件荷载应力值大于预应力值且符号相反时，取 $\gamma_T=0.9$；当以有效手段如采用测力计或其他仪表等直接监测预应力张力值时，对所有杆件取 $\gamma_T=1.0$。

S_{p_i}——预拉力标准值。

张弦结构中的拉索，应保证拉索在弹性状态下工作，同时在各种工况下均应保证拉索拉力不为 0（$T>0$）。拉索强度设计值不应大于索材极限抗拉强度的 40%～55%，对于重要拉索取小值，次要拉索取大值。

2. 预应力损失

张弦结构的拉索在张拉过程中以及使用过程中，均会出现预应力损失的现象。安装张拉阶段的预应力损失包括锚固损失、分批张拉损失和摩擦损失；正常使用阶段的预应力损失包括松弛损失、徐变损失和温度损失等。

锚固损失是由于拉索的滑移、锚具变形及垫片压紧等原因造成的预应力损失。锚固损失属于瞬时预应力损失且发生在局部，属于施工直接操作的范围之内。锚固损失不需要在设计中考虑，仅需在施工现场通过超张拉进行补偿。分批张拉损失是指对后张拉索施加的张拉力会对先张拉索中已有预应力产生影响，使预应力值重新分配。分批张拉损失属于整体预应力损失，其计算需要建立结构有限元模型进行非线性分析。可采用循环张拉法和超张拉法进行补偿。

摩擦损失包括两部分：一是张锚体系本身的摩擦损失，在张锚体系中拉索在锚具处要改变方向，在张拉时会出现一定的摩擦力，此种预应力损失可以通过对张锚体系的效率进行标定，采用超张拉的办法进行补偿。二是拉索与撑杆下节点之间的摩擦损失，这种损失一般不是很大，可通过增加张拉点或采用滚动式张拉索节点等方式减小摩擦损失，或利用超张拉方法进行补偿。

应力松弛是指金属材料受力后，在总变形量不变的条件下，由于金属材料内部位错攀移和原子扩散等影响，使一部分弹性变形转变为塑性变形，导致金属材料所受的应力随时间的推移而逐渐降低的现象，应力松弛会使拉索产生预应力损失。相关的研究内容均认为，当初始拉应力不超过拉索抗拉强度的 0.5 倍时，松弛损失可以忽略不计。松弛损失应在设计中予以考虑。

徐变是指在长期荷载作用下，结构或材料承受的应力不变而应变随着时间增长的现象。张弦结构中，由于拉索在部分连接节点处并非完全固定，因此也存在徐变现象。徐变一般和松弛同时存在，且与松弛存在很多的相似之处。一般认为，初始拉应力不超过拉索抗拉强度的 0.5 倍时，徐变现象不显著，可不予考虑。施工时可参考试验数据或相关资料预估损失，在张拉时进行补偿。

温度改变作为一种独立的影响预应力的因素是指材料随温度改变而发生非弹性变形，使结构中的预应力发生改变的现象。结构竣工使用后，温度升高时拉索因膨胀而使预应力减小，温度降低时拉索因收缩而使预应力增大，因温度变化发生于结构各拉索的各个部分，因此也属于整体预应力损失。

3. 形态分析

张弦结构与传统的刚性空间结构不同，其结构形态在施工过程中是不断变化的，因此形态分析是张弦结构设计与施工分析过程中一个不可缺少的环节。形态分析问题最初是基于柔性张拉结构设计的需要而提出的。刚性结构的分析是在已知结构形状的基础上进行的。

张弦结构形态分析包括两个方面：找力分析和找形分析。所谓的“形”就是几何意义上的结构形状，所谓的“态”就是结构的内力分布状态。根据各类张弦结构在施工和使用过程中的作用，均可以将其状态分为以下三个阶段：放样态，整个结构安装就位，但还没有进行张拉时的状态；预应力平衡态，下部弦支部分张拉完毕后，结构在自重和预应力作用下达到的平衡状态；荷载平衡态，张弦结构在预应力和外荷载共同作用下的受力状态（图 3-78）。

找力分析是指在对结构进行力学分析之前，寻找初始预应力设计值，使得结构在预应力平衡态下的索杆内力等于设计值，寻找这组初始预应力值的过程就是找力分析。找形分析的基本任务是确定结构放样态下的几何形状和放样态下索杆的初始缺陷，在放样态下的几何形状上施加索杆体系的初始缺陷后，使得结构在预应力平衡态下的几何形状和预应力分布满足设计要求。

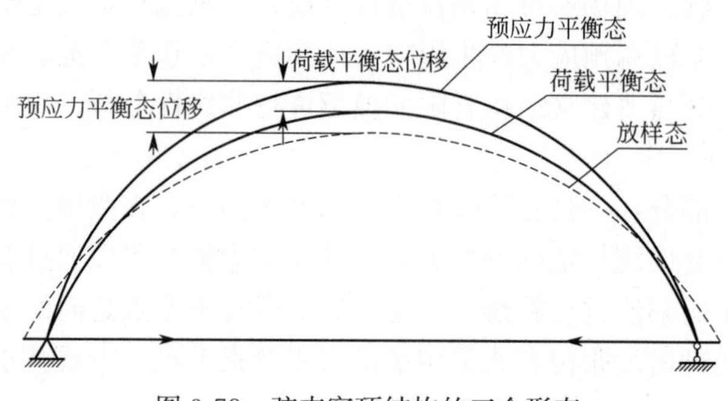

图 3-78　弦支穹顶结构的三个形态

4. 预应力设计

张弦结构体系之所以优越于其他刚性空间结构体系，在于在结构中预先引入预应力，使结构产生与正常使用荷载作用下相反的位移和内力，同时减小支座水平推力。但是结构的预应力不能设置得过大，否则结构上的荷载作用无法与预应力产生的作用相互抵消，从而对结构产生不利影响；预应力也不能设置得过低，否则不能满足结构对刚度的需求。结构的预应力状态应该满足以下基本条件：（1）要保证在张弦结构工作条件下所有的拉索不能松弛；（2）要使施加的预应力状态能保证结构预想的几何形状；（3）在满足上述两个要求的前提下，预应力水平最低。

张弦结构的预应力设计主要方法有平衡矩阵理论和局部分析法，对于平面型张弦结构体系，考虑到预应力的作用主要为减小结构的挠度和减小支座水平推力两个方面，可采用以结构变形来控制的较为简单的预应力近似计算方法。对于不可分解型空间张弦结构，还需要各拉索之间的预应力相互影响，因此要复杂很多。

3.5.4　张弦结构的节点设计

1. 张弦梁（桁架）节点设计

张弦梁（桁架）结构的节点形式主要包括：支座节点、撑杆下节点以及撑杆上节点三种。

支座节点一般设计为一端固定、一端水平滑动，根据现有的工程资料，滑动的实现主要有设置长圆孔和设置人字形摇摆柱两种，如哈尔滨国际会展中心即采用设置人字形摇摆柱的方法。跨度较小时，张弦桁架的支座节点可采用焊接空心球节点，但当跨度较大时，张弦桁架的支座节点多采用铸钢节点，如广州国际会展中心张弦桁架的支座节点。

撑杆下节点应保证下弦拉索与撑杆之间连接固定，使拉索不能滑动，通常采用的节点形式是两个实心半球组成的索球节点或者两个索夹组成的节点扣紧拉索。如设置了面外稳定拉索，一般附加一个索夹以固定该稳定拉索。

撑杆上节点通常应保证撑杆在平面内可转动、平面外限制转动的构造形式。

2. 弦支穹顶节点设计

弦支穹顶结构中的网壳节点受力特点与传统大跨度建筑结构（网架、网壳等）的节点相似，因此在弦支穹顶结构网壳节点的设计过程中，可参考传统大跨度建筑结构的节点形式。

撑杆上节点通常为径向拉索（或拉杆）、撑杆和上部单层网壳构件的汇交节点，一般径向设计成铰接。目前跨度比较大的弦支穹顶结构，通常会采用铸钢节点（图 3-79）。此外，向心关节轴承节点不仅能够实现节点的空间铰接，而且可利用此节点径向可转动、环向可微动的特性改变传统的环索张拉形成预应力的作用机理，已经在工程中得到了广泛应用（图 3-80）。

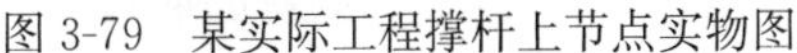

图 3-79　某实际工程撑杆上节点实物图

图 3-80　东亚运动会自行车馆向心关节轴承节点

弦支穹顶结构撑杆下节点通常是由环索、径向拉索（或拉杆）以及竖向撑杆汇交而成。工程中普遍采用铸钢节点来代替螺栓连接用作撑杆下节点，如在常州体育馆、2008 北京奥运会羽毛球馆、济南奥体中心体育馆等工程中的撑杆下节点均为铸钢节点（图 3-81 和图 3-82）。但是弦支穹顶结构中通过张拉环索来对结构施加预应力的结构而言，钢索与撑杆下节点之间存在摩擦，因而撑杆下节点处存在预应力摩擦损失，且损失较大，一般撑杆上节点的平均摩擦损失可达 9%左右。为解决这一问题，一种预应力钢结构滚动式张拉索节点应运而生（图 3-83）。此节点采用滚动摩擦代替节点与索体间的滑动摩擦，可解决张拉中钢拉索与节点间摩擦力的问题。

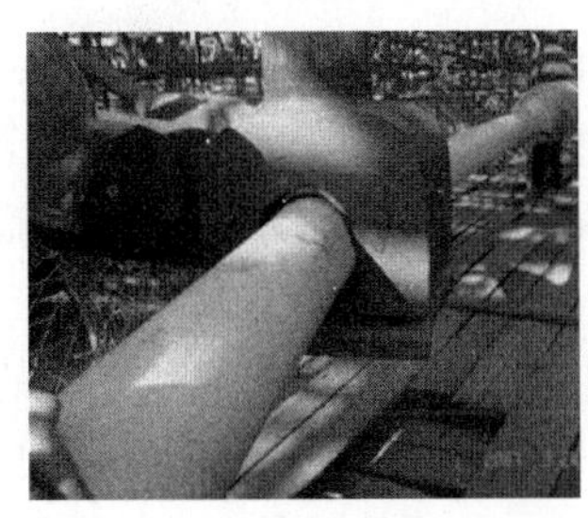

图 3-81　2008 北京奥运会羽毛球馆索撑节点

图 3-82　济南奥体中心索撑节点

图 3-83　滚动式张拉索节点

弦支穹顶中由于下部索撑体系的引入，有效地抵消了结构支座的径向反力。因此弦支穹顶结构的支座设置通常有两种方式，一种是首先在周边环梁上设置一圈加强环桁架结构，然后将弦支穹顶结构支承在环桁架上；另一种是直接连接在周边的支承环梁上。目前应用较多的为第二种。第一种支座节点与传统空间结构基本一致，因此对于目前大跨度建筑结构中使用的节点均可作为弦支穹顶结构的第一类支座，如平板压力或拉力支座、单面弧形压力支座、双面弧形压力支座、板式橡胶支座、球铰压力支座等。第二种弦支穹顶结构的支座由于与径向拉杆相连接，因此其与传统的大跨度建筑结构的节点有所不同。对于这类节点，必须考虑与径向拉杆的连接构造，如常州体育馆弦支穹顶、济南奥体中心体育馆支座节点（图 3-84、图 3-85）等；有时在进行弦支穹顶结构的支座设计时，为释放温度应力，可将支座设计成径向可滑动支座，如茌平体育馆弦支穹顶等（图 3-86）。

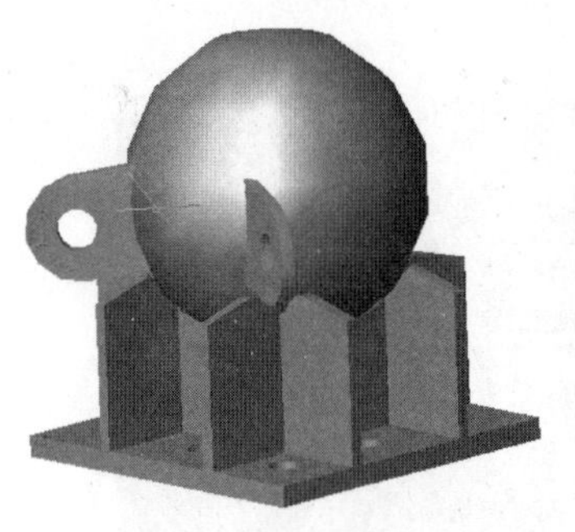

图 3-84 常州体育馆弦支穹顶支座节点

图 3-85 济南奥体中心体育馆支座节点

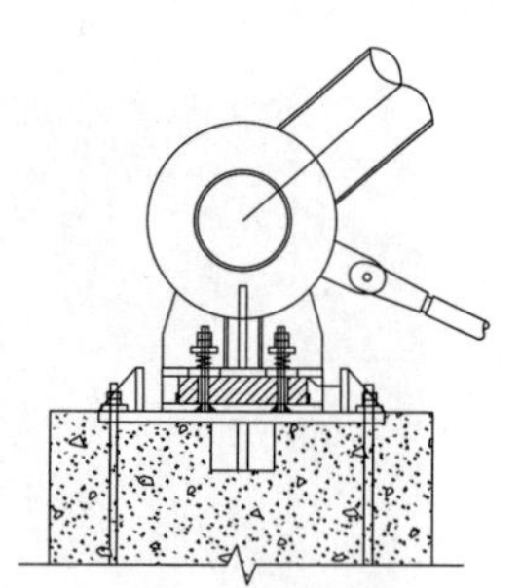

图 3-86 茌平体育馆橡胶支座节点

3.5.5 张弦结构的施工方法

张弦结构下部索杆体系即使不施加预应力，上部结构仍有一定的初始刚度，因此上部结构可以先行安装，然后下部的张拉整体部分的施工成型可以在此基础上进行。需要特别注意的是，张弦结构的张拉施工和设计联系十分紧密，在设计阶段必须预先考虑到施工张拉的步骤，进行必要的施工过程模拟，实际施工时必须严格按照规定的步骤进行，否则可能导致张弦体系整体内力分布与设计状态不符合，造成潜在的危险。

平面张弦结构的施工安装主要包括：构件的工厂制作、上弦构件的现场分段拼装、吊装位整体组装、预应力张拉施工、张弦梁整体吊装、滑移法施工、安装屋面系统。

弦支穹顶的施工步骤通常可分为如下几个阶段：（1）网壳的制作；（2）网壳的拼装；（3）网壳的安装；（4）预应力张拉；（5）防腐、防火处理。其中第(1)～(3)和第（5）个阶段与传统网壳结构施工相同，不再赘述。其中第（4）个步骤预应力张拉主要有三种施工方法：顶升撑杆、张拉环向索和张拉径向索（图 3-87）。

顶升撑杆法是在弦支穹顶结构工程应用初期使用的一种预应力施加方法。这种方法的优点是：撑杆的顶升力较小，可减小顶升装置的吨位；撑杆顶升以自身结构作为反力架，无需另外增加反力架。早期弦支穹顶的跨度较小，且通常仅设置一环张拉整体体系，因此早期的弦支穹顶结构撑杆数量少，预应力水平低，顶升撑杆施加预应力的方法就成为施加预应力的首选方案。

随着弦支穹顶结构工程应用技术的发展和完善，撑杆预应力水平也越来越高，撑杆的数量也越来越多。这样顶升撑杆施加预应力的缺点就越来越显著：撑杆的数量较多，所需要的张拉设备较多，一般不能实现同圈撑杆的同步张拉；施工结束后环向索不在一个水平高度上，影响环向索的线形控制；不易实现径向索、环向索和撑杆三轴线汇交于一点。因此张拉环向索施加预应力的方法逐渐取代了顶升撑杆法。对于弦支穹顶结构而言，通过张拉环向索施加预应力的方法所需要的张拉设备较少，且环向索的线性容易控制，另外撑杆下节点的设计也较为简单。

但施工中逐渐发现环向索与撑杆下节点的预应力摩擦损失比较严重，使得预应力张拉施工完成后环向索预应力分布极为不均匀。另外伴随着预应力张拉施工技术的产业化和企业化，张拉设备的数量也越来越多，因此目前弦支穹顶结构工程中逐渐采用张拉径向索的方法来替代张拉环向索。与张拉环向索施加预应力的方法相比，张拉径向索的方法可有效避免由于环向索与撑杆之间摩擦力引起的预应力损失，使得张拉施工结束后张拉整体部分预应力分布较为均匀。

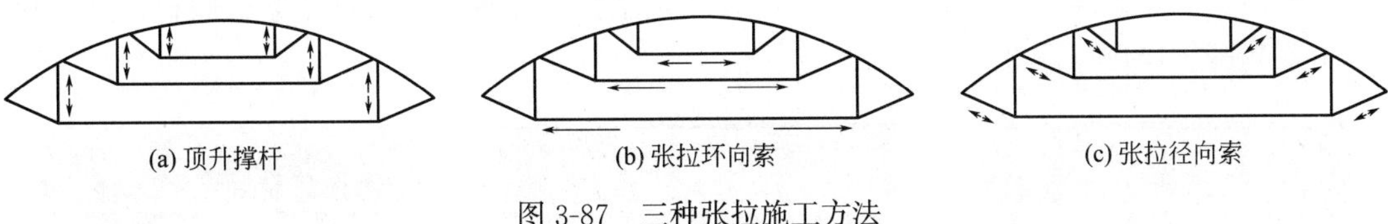

(a) 顶升撑杆　　(b) 张拉环向索　　(c) 张拉径向索

图 3-87　三种张拉施工方法

3.6　膜结构

膜结构是由建筑膜材与支承系统（空气、索、钢架等）相结合形成的曲面形张力结构。具有形状新颖多变、自重轻等优点，适合用于大跨度建筑结构中。

3.6.1　膜结构的分类

按其支承系统可分为：空气支承式、骨架支承式、整体张拉式和索系支承式。

1. 空气支承式膜结构

空气支承式膜结构即充气式膜结构，是靠膜内外的气压差来抵抗外荷载并维持形状稳定的。空气支承式膜结构又可分为：气承式、气肋式、气枕式（图 3-88～图 3-90）和混合式四种。

图 3-88　气承式膜结构

图 3-89　气肋式膜结构

图 3-90　气枕式膜结构

气承式膜结构是由膜材围合成相对密闭的建筑空间，通过对室内充气形成气压差来抵抗荷载、维持形状稳定。气承式膜结构易于建造，对地质条件依赖较小。气肋式膜结构是由管状构件组成，可传递一定的横向力，作用如同梁、拱等，可用于快速拆卸的临时性建筑。气枕式膜结构由若干气囊和钢框架组成，其膜材主要采用 ETFE，我国的“水立方”就是采用的两层气枕式膜结构。混合式膜结构是通过将充气膜结构与索结构相结合，形成的新型、高效结构系统。

2. 骨架支承式膜结构

骨架支承式膜结构是膜材作为覆面材料，支承在钢结构骨架上形成的（图 3-91）。膜的主要作用是降低屋面自重，增大支承骨架的网格尺寸，形成明亮通透的室内空间效果。其优点是造型自由、跨越性强。

3. 整体张拉式膜结构

整体张拉式膜结构是用桅杆或拱等刚性构件提供吊点，将钢索和薄膜悬挂起来，通过张拉索对膜施加预张力，使膜材绷紧形成形状稳定的结构（图 3-92）。

4. 索系支承式膜结构

索系支承式膜结构由空间索系作为主要承重结构，在索系上敷设张紧的膜材，此时膜材主要起围护作用（图 3-93）。

图 3-91　骨架支承式膜结构

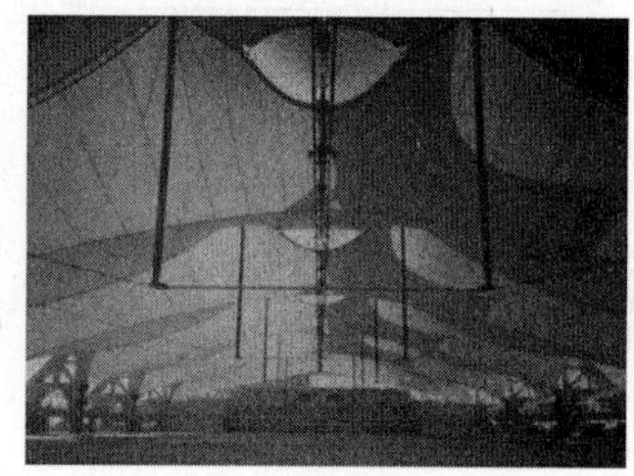

图 3-92　整体张拉式膜结构

图 3-93　索系支承式膜结构

3.6.2　建筑膜材的类型

建筑膜材主要包括织物类膜材和非织物类膜材两种。

1. 织物类膜材

织物类膜材主要采用玻璃纤维、聚酯纤维等基材与涂层材料复合而成，主要包括基层材料、涂层、表面涂层以及胶粘剂等，是一种高强度、柔性好的复合材料，目前应用较广（图 3-94）。常用的织物类膜材包括以下几种：

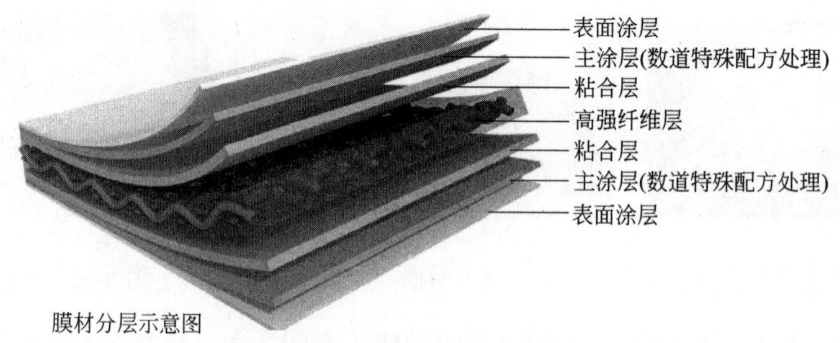

图 3-94　织物类膜材构造图

（1）PVC 膜材：由聚氯乙烯（PVC）涂层和聚酯纤维基层复合而成，应用广泛，价格低廉，但耐老化性、自洁性等方面不够理想。

（2）加面层的 PVC 膜材：在 PVC 膜材表面涂覆聚偏氟乙烯（PVDF）或聚氟乙烯

(PVF)，性能优于 PVC 膜材，提高了耐老化性和自洁性。

(3) PTFE 膜材：由聚四氟乙烯（PTFE）涂层和玻璃纤维基层复合而成，PTFE 膜材品质卓越，抗拉强度高，具有良好的耐老化性和自洁性，但价格也较高。

2. 非织物类膜材

与织物类膜材相比，非织物类膜材由热塑成型，没有基布，薄膜张拉各向同性，抗拉强度相对较低。其中 ETFE 膜材是继 PVC 膜材、PTFE 膜材后用于建筑结构的第三大类产品，因其良好的透光率、抗拉强度、抗老化性、自洁性等逐渐被广泛使用，常采用多层膜材组成气枕的形式作为建筑物的维护结构，但价格较高。“鸟巢”和“水立方”是国内首次采用 ETFE 膜材作为围护材料的工程。此后，ETFE 膜材在国内开始迅速发展，得到广泛应用。

3.6.3　膜结构的选型

膜结构的选型主要包括膜面形状的确定和膜结构支承体系的选择。目前，空气支承式膜结构因为在多雪等恶劣气候条件下的维护较为困难，所以除了在某些特殊领域外，应用较少。目前应用最广的是骨架支承式膜结构，其膜材只作为围护材料。整体张拉式膜结构中的膜材既起到了结构承载的作用，又具有围护功能，充分发挥了膜材的结构功能，造型丰富，富于表现力，常被用于雨棚和景观类建筑。

膜结构属于柔性结构，材料本身不具有刚度和形状，必须通过施加预应力才能获得结构的刚度和形状。因此，膜结构的体型不仅由建筑设计所决定，还受到结构受力状态的制约。此外，膜结构选型时还应根据建筑物的使用特点，合理确定排水坡度，确保膜面排水顺畅；在雪荷载较大的地区，应尽量采用较大的膜面坡度以避免或减少积雪，并采取必要的防积雪和融雪措施。

3.6.4　膜结构的设计

膜结构的设计计算应包括初始形态分析、荷载效应分析与裁剪分析三大部分。初始形态分析指确定结构的初始曲面形状及与该曲面相应的初始预应力分布；荷载效应分析指对结构在荷载作用下的内力、位移进行计算；裁剪分析指将薄膜曲面划分为裁剪膜片并展开为平面裁剪下料图的过程。这三部分的计算分析过程是相互联系、相互制约的，需要从全过程的角度进行分析，通过反复调整，才能最终得到满足建筑、结构要求的膜结构。其中裁剪分析是膜结构特有的分析过程，通常包含裁剪线确定、曲面展平、预应力释放及徐变和残余变形处理等几个步骤。膜结构的设计中还应该注意以下几个问题：

1. 褶皱分析

由于膜材的抗弯刚度几乎为零，在压应力作用下必然会产生局部屈曲，形成所谓的褶皱。褶皱不仅影响膜结构的外观，还会影响其受力性能，使局部刚度弱化。因此在进行荷载效应分析时需要准确预测褶皱发生的位置及范围。目前的褶皱分析方法主要有两大类：基于张力场理论的方法和基于壳体屈曲理论的方法。

2. 形态优化

膜结构的形状通常是根据建筑师的造型建议由结构工程师通过找形分析确定的，虽然在此过程中结构工程师也会进行一定的方案比选，但该过程大多依赖于设计者的经验，很难保证找形结果在给定约束条件下最优。因此考虑刚度、应变能、造价等多重因素的优化对膜结构设计来说是一个必要的过程。

3. 裁剪-找形一体化分析

膜结构的初始形态分析、荷载效应分析和裁剪分析通常是依次进行的，一般进行到裁剪分析则认为整个分析过程结束了，这样就忽略了由裁剪因素引起的误差。建议采用裁剪-找形一体化分析方法，即设计过程应为：找形分析—荷载分析—裁剪分析，再把裁剪后得到的单元材料主轴方向代入原结构模型中，重新进行找形和荷载态分析。

4. 膜结构风振分析

风灾害是膜结构一直没有很好解决的问题，由于膜结构刚度偏低，在强风作用下易发生较大的变形和振动，从而引起膜面内应力急剧增长直至在薄弱部位发生撕裂。因此对膜结构的流固耦合振动机理进行深入探讨，进而对其灾变行为进行控制是膜结构抗风研究的关键问题。目前常用的研究方法有风洞试验方法、CFD 数值模拟方法等。

5. 膜材的松弛与徐变

在膜结构中若膜材出现松弛，会导致结构刚度的降低，在风荷载作用下容易出现剧烈振动，导致整体结构受力的无谓增加，甚至可能导致膜材撕裂。膜材的松弛还会引起褶皱，从而影响膜结构的美观及排水性能。因此在正常使用状态下，膜材不应出现松弛与徐变现象。如果荷载效应分析中发现膜结构出现褶皱，说明形态分析得到的初始预张力分布不能满足膜结构的正常使用要求，需重新进行初始形态分析。

3.6.5 膜结构的节点连接

膜结构的节点连接构造主要分为膜材的连接和膜材与边界的连接。

1. 膜材的连接

膜材连接的基本方法有：缝合连接、焊接连接、热合连接、粘结连接以及组合方式连接。

缝合连接采用工业缝纫机缝制而成，缝纫节点由缝纫线法向作用于膜传递作用力，膜受力不连续，应力集中，易撕裂；焊接连接也称热合连接，工业化程度高，技术质量易保障，是膜结构连接最常用的方式；热合节点防水盒气密性好，利于膜面泄水，膜材之间的主要受力缝宜采用热合连接；粘结连接指由特殊胶水、胶粘剂粘合而成，常用于 PVC/PES 膜现场修补、二次膜安装，受力较小，但费时费钱。膜材之间连接缝的布置，应根据建筑体型、支承结构位置、膜材主要受力方向以及美观性等因素综合考虑。膜材之间的连接可采用搭接或对接方式（图 3-95），搭接连接时应使上部膜材覆盖在下部膜材上。

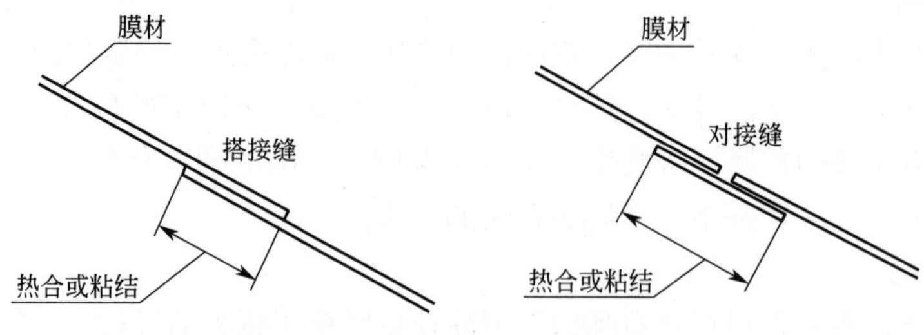

图 3-95　膜材之间的连接示意图

膜单元之间的现场连接可采用编绳连接、夹具连接或螺栓连接等方法（图 3-96～图 3-98）。

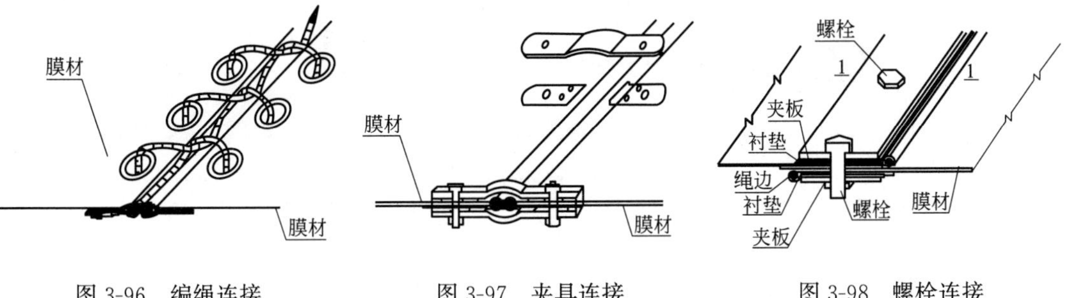

图 3-96　编绳连接　　图 3-97　夹具连接　　图 3-98　螺栓连接

2. 膜材与边界的连接

膜材与刚性边界连接常需要夹具，夹具应连续、可靠地夹住膜材边缘，夹具与膜材之间应设置衬垫（图 3-99～图 3-101）。当刚性边缘构件有棱角时，应先倒角，使膜材光滑过渡。

膜材与柔性索的连接，常采用膜套、束带、U 形夹板等，根据膜材、边缘曲率、受力大小、预张力导入机制等决定（图 3-102～图 3-104）。

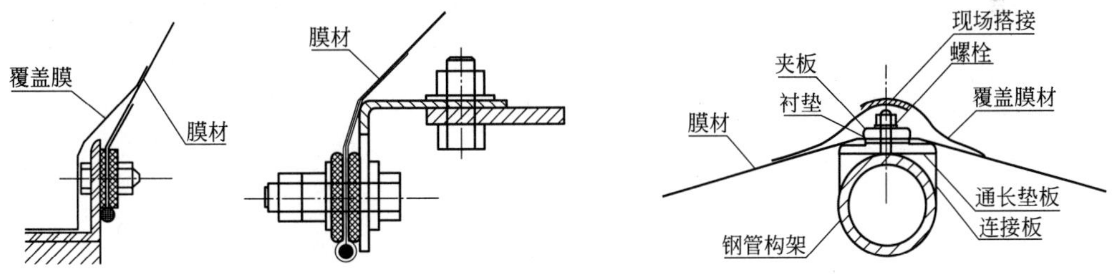

图 3-99　膜材与钢结构边缘构件连接　　图 3-100　膜材与支承骨架连接

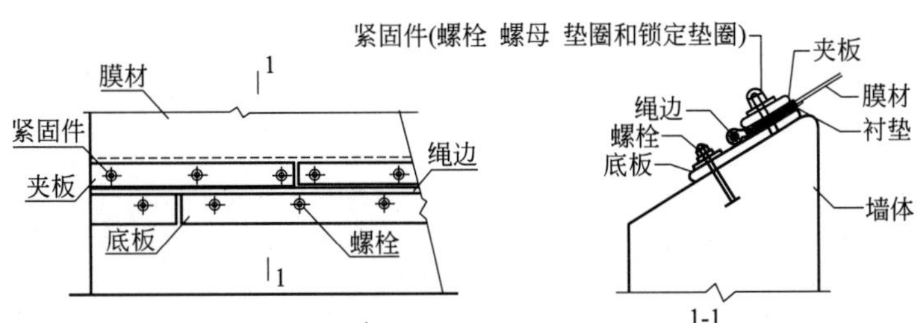

图 3-101　膜材与混凝土边缘构件的连接

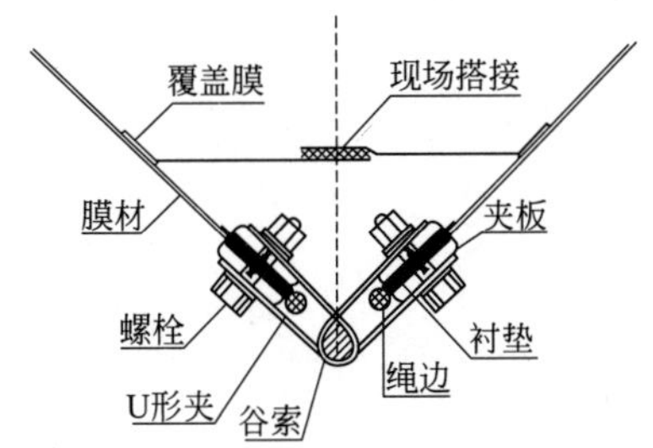

图 3-102　膜材与谷索的连接

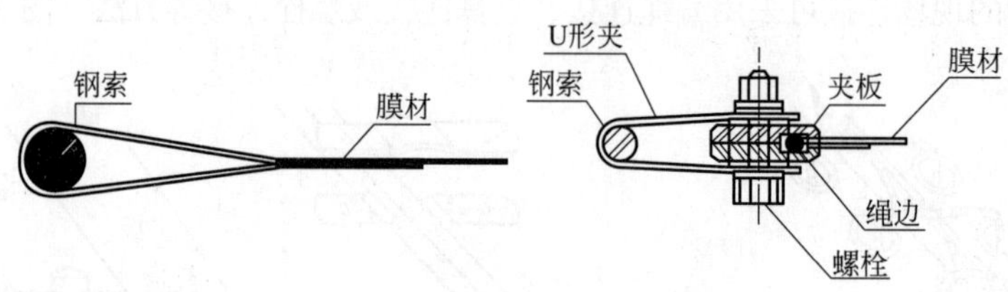

图 3-103　膜材与边索的连接

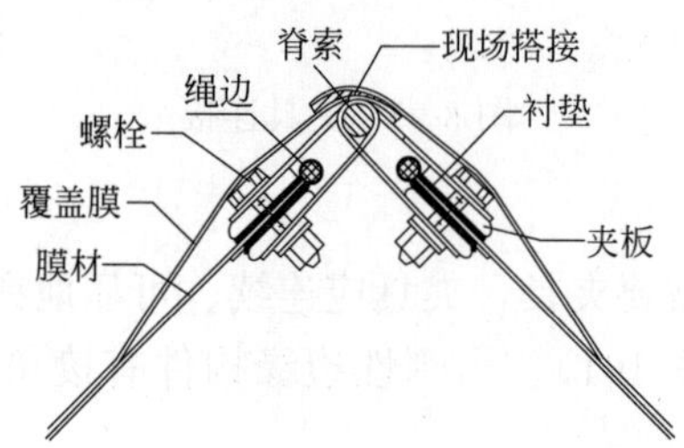

图 3-104　膜材与脊索的连接

第 4 章 多高层房屋钢结构设计

4.1 多高层房屋钢结构体系的特点及选型

依据抵抗侧向荷载作用的原理，可以将多层房屋钢结构分为五类：纯框架结构体系、柱-支撑体系、框架-支撑体系、框架-剪力墙体系和交错桁架体系。《高层民用建筑钢结构技术规程》JGJ 99—2015 规定：10 层及 10 层以上或房屋高度大于 28m 的住宅建筑以及房屋高度大于 24m 的其他民用建筑钢结构为高层房屋结构。高层房屋钢结构可选用的结构体系除纯框架体系、框架-支撑体系外，还可以选用钢框架-混凝土核心筒和钢框筒-混凝土核心筒体系、钢筒体体系、巨型结构体系等。

1. 纯框架结构体系

纯框架结构体系是由梁、柱通过节点的刚性构造或半刚性构造连接而成的多个平面刚接框架结构组成的建筑结构体系（图 4-1）。在纯框架体系中，梁柱节点一般均做成刚性连接，以提高结构的抗侧刚度，有时也可做成半刚性连接。这种结构体系构造复杂，用钢量也较多。纯框架体系的优点是平面布置较灵活，刚度分布均匀，延性较好，具有较好的抗震性能，设计、施工也比较简便。缺点是侧向刚度较小，在高度较大的房屋中采用并不合适，往往不经济。

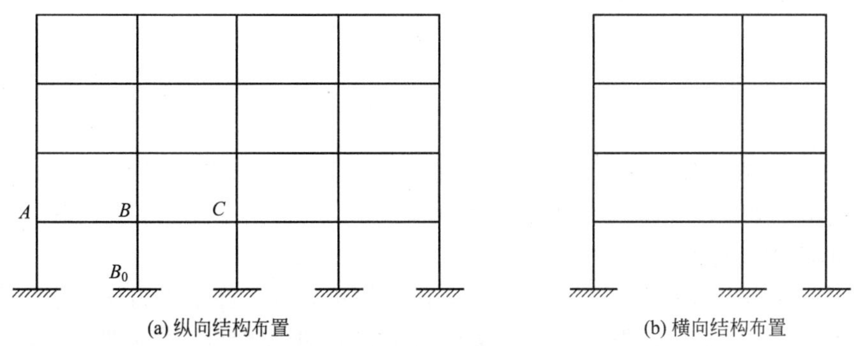

(a) 纵向结构布置　　(b) 横向结构布置

图 4-1　纯框架结构体系

2. 柱-支撑体系

在柱-支撑体系中，所有的梁均铰接于柱侧（顶层梁亦可铰接于柱顶），且在部分跨间设置柱间支撑，以构成几何不变体系，构造简单，安装方便（图 4-2）。

3. 框架-支撑体系

如果结构在横向采用纯框架结构体系，纵向梁以铰接于柱侧的方式将各横向框架连接，同时在部分横向框架间设置支撑，则这种混合结构体系称为框架-支撑体系（图 4-3）。在框架-支撑体系中，带有支撑的框架称为支撑框架，其余纯框架称为框架。支撑框架的抗侧刚度远大于框架。在水平力作用下，支撑框架是主要的抗侧力结构，承受主要的水平

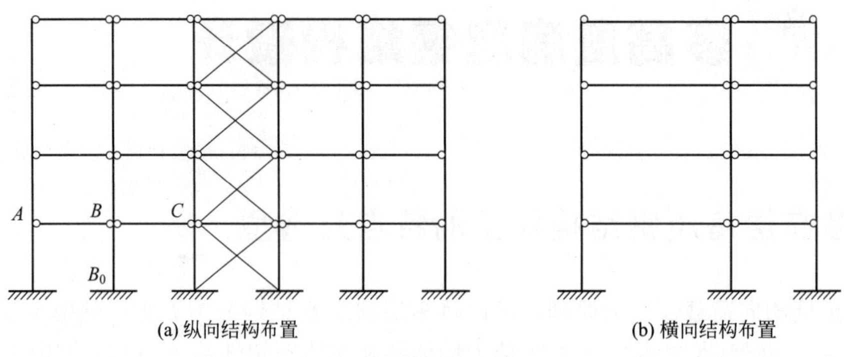

图 4-2 柱-支撑体系

力，而框架只承受很小一部分水平力。由于框架-支撑体系由两种不同特性的结构组成，如设计得法，抗震时可成为双重抗侧力体系。框架-支撑体系的刚度大于纯框架体系，而又具有与纯框架体系相同的优点，因此它在多高层房屋中的应用范围较纯框架体系广阔得多。

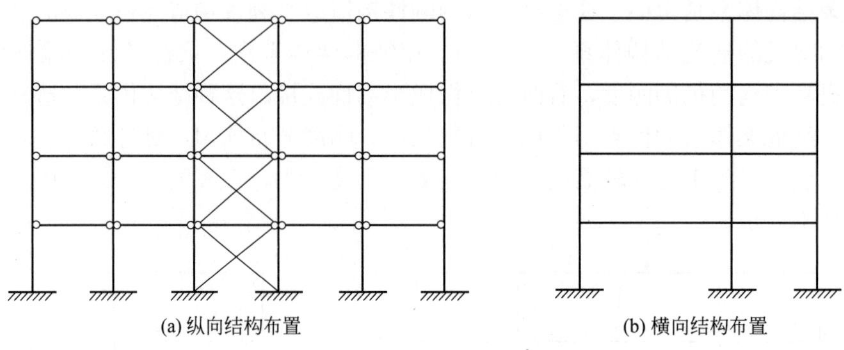

图 4-3 框架-支撑体系

框架-支撑体系根据支撑类型的不同又可分为框架-中心支撑体系、框架-偏心支撑体系、框架-消能支撑体系和框架-防屈曲支撑体系。

(1) 框架-中心支撑体系

框架-中心支撑体系中的支撑轴向受力，因此刚度较大。在水平力作用下，受压力较大的支撑先失稳，支撑压杆失稳后，承载力和刚度均会明显降低，滞回性能不好，体系延性较差。一般用于抗震设防烈度较低的多高层房屋中。位于非抗震设防地区或 6、7 度抗震设防地区的支撑结构体系可采用中心支撑。

中心支撑宜采用交叉支撑［图 4-4（a)］或两组对称布置的单斜杆式支撑［图 4-4（b)］，也可采用图 4-4（c)、(d)、(e）所示的 V 字形、人字形和 K 字形支撑，对抗震设防的结构不得采用图 4-4（e）所示的 K 字形支撑。

(2) 框架-偏心支撑体系

框架-偏心支撑体系中的支撑不与梁柱连接节点相交，而是交在框架横梁上，设计时把这部分梁段做成消能梁段，如图 4-5 所示。在基本烈度地震和罕遇地震作用下，消能梁段首先进入弹塑性达到消能的目的。因此框架-偏心支撑体系有较好的延性和抗震性能，可用于抗震设防烈度等于和高于 8 度的多高层房屋中。

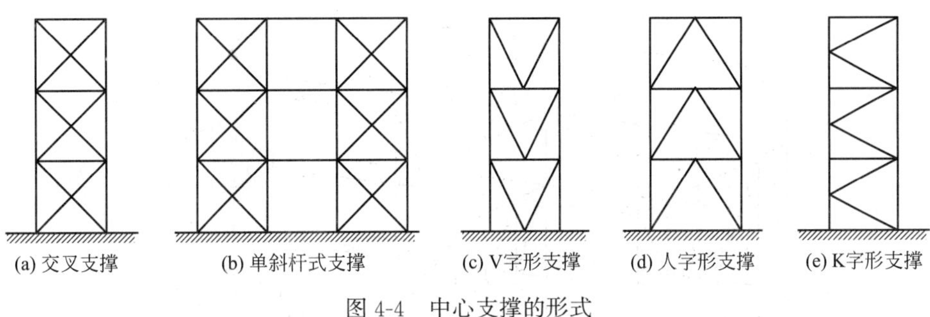

图 4-4　中心支撑的形式

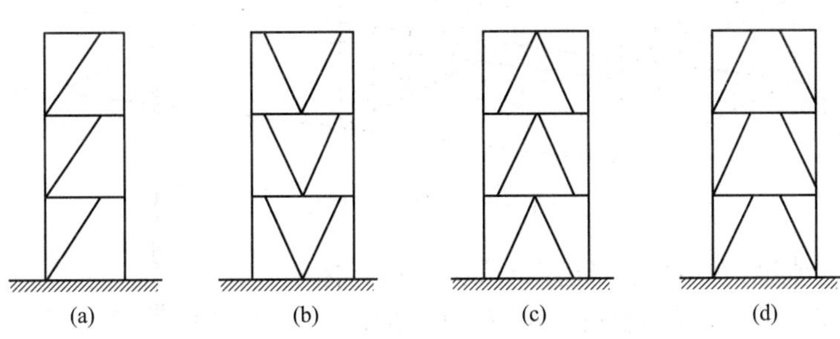

图 4-5　偏心支撑的形式

（3）框架-消能支撑体系

框架-消能支撑体系是在支撑框架中设置消能器。消能器可采用黏滞消能器、黏弹性消能器、金属屈服消能器和摩擦消能器等。

框架-消能支撑体系利用消能器消能，减小大地震或大风对主体结构的作用，改善结构性能，降低材料用量和造价。

框架-消能支撑体系与框架-偏心支撑体系相比，具有以下优点：在大地震作用下体系损坏将发生在消能器上，因此检查、维修都比较方便；缺点是消能器较贵，有时不一定经济。

（4）框架-防屈曲支撑体系

框架-防屈曲支撑体系是在支撑框架中采用一种特殊的防屈曲支撑杆。这种支撑杆在受拉和受压时都只能发生轴向变形，不发生侧向弯曲，因而也不会出现屈曲和失稳。这种支撑利用钢材受拉或受压时的塑性应变消能，其滞回曲线十分饱满，具有极佳的消能性能。

框架-防屈曲支撑体系采用中心支撑的布置形式，设计、制作与安装均较方便，抗震性能也十分好，因此虽然出现不久，在高层房屋中的应用已有迅速推广的趋势。

4. 框架-剪力墙体系

框架体系可以和钢筋混凝土剪力墙组成钢框架-混凝土剪力墙体系。钢筋混凝土剪力墙也可以做成墙板，设于钢梁与钢柱之间，并在上、下边与钢梁连接。

5. 交错桁架体系

交错桁架体系如图 4-6 所示。横向框架在竖向平面内每隔一层设置桁架层，相邻横向框架的桁架层交错布置，在每层楼面形成两倍柱距的大开间。

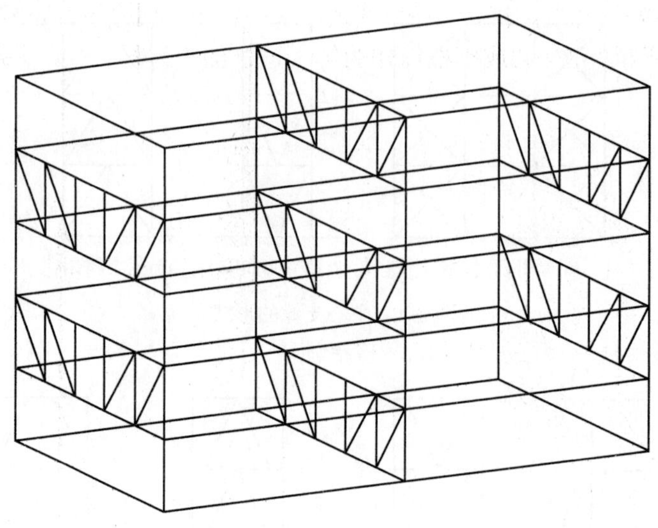

图 4-6　交错桁架体系

6. 钢框架（或框筒）-混凝土筒体（或剪力墙）体系

钢框架-混凝土核心筒和钢框筒-混凝土核心筒体系的结构示意图如图 4-7 和图 4-8 所示。这类体系与框架-剪力墙体系不同，混凝土剪力墙集中在结构的中部并形成刚度很大的筒体，成为混凝土核心筒，在核心筒外则布置钢框架或由钢框架形成的钢框筒。钢框架-混凝土筒体体系，因其造价低于全钢结构而抗震性能又优于钢筋混凝土结构，在我国的高层房屋中被广泛采用，特别在超高层房屋中，往往被作为首选体系。

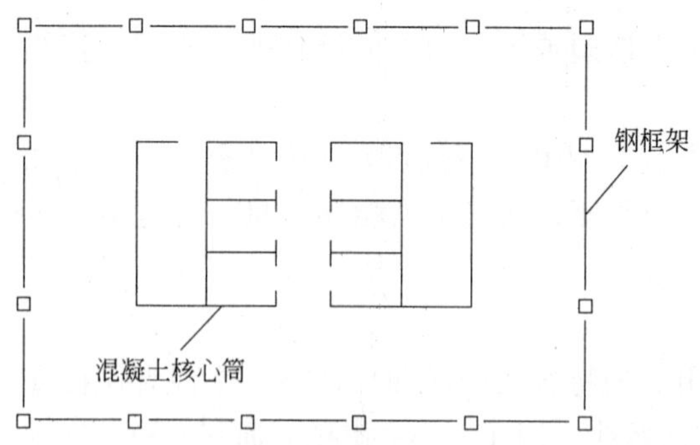

图 4-7　钢框架-混凝土核心筒体系平面示意图

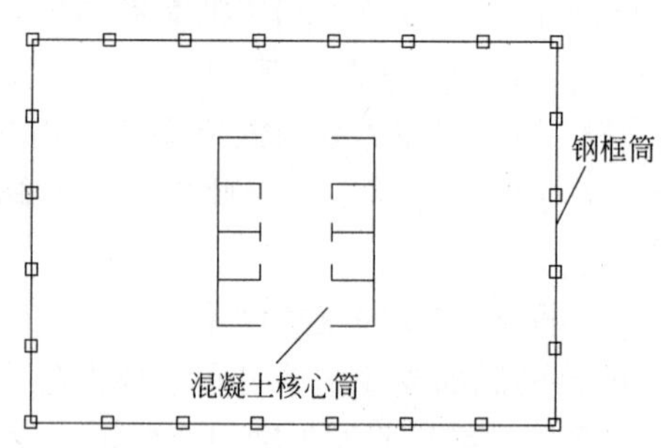

图 4-8　钢框筒-混凝土核心筒体系平面示意图

这类体系由钢和混凝土两种不同材料组成，属于钢-混凝土混合结构体系中的一种。由于钢框架或钢框筒的抗侧刚度远小于混凝土核心筒的抗侧刚度，因此在水平力作用下，混凝土核心筒将承担绝大部分的水平力。钢框架或钢框筒承担的水平力往往不到全部水平力的 20%。另外，混凝土核心筒的延性较差，核心筒在地震水平作用下会出现裂缝，刚度会明显降低，核心筒承担的水平力比例将会降低。核心筒承担剪力的减少部分将向钢框架或钢框筒转移。如果设计不当，则会出现连锁破坏，造成房屋倒塌，因此采用这类体系必须防止这种情况。这类体系一般宜设计成双重抗侧力体系，即混凝土核心筒和钢框架或钢框筒都应是能承受水平荷载的抗侧力结构，其中混凝土核心筒应是主要的抗侧力结构，而且应设计成有较好的延性，在高层房屋受地震水平作用达到弹塑性变形限值时仍能承受不小于 75％的水平力。钢框架或钢框筒作为第二道抗侧力结构，应设计成能承受不小于 25％的水平力。

钢框筒与钢框架的差别是将柱加密，通常柱距不超过 3m，再用深梁与柱刚接，使其受力性能与筒壁上开小洞的实体筒类似，成为钢框筒。

这类体系虽也是双重抗侧力体系，但在抗震性能方面并不十分好，基本上仍属于混凝土筒体的受力性能。在美国和日本的几次大地震中，采用这种体系的房屋均有遭受严重破坏的报道，目前国外在抗震区的高层房屋中几乎已不采用这类体系。因此，在设计时必须十分注意采取提高其延性和抗震性能的严格措施。

在这类体系中，若采用混凝土剪力墙则其抗震性能将更差。这类体系适宜在非抗震设防区的高层和超高层房屋中采用。

7. 钢筒体体系

（1）框筒结构体系

钢框筒结构体系是将结构平面中的外围柱设计成钢框筒，而在框筒内的其他竖向构件主要承受竖向荷载。刚性楼面是框筒的横隔，可以增强框筒的整体性。框筒是一空间结构，具有比框架体系大得多的抗侧刚度和抗扭刚度，承载力也比框架结构大，因此可以用于较高的高层房屋中。图 4-9 是框筒在水平力作用下的柱轴力分布情况。与实体筒不一样，由于框筒在剪力作用下产生的变形的影响，柱内轴力不再是线性分布，角柱的轴力大于平均值，中部柱的轴力小于平均值，这种现象称为剪力滞后。框筒结构体系没有充分利用内部梁、柱的作用，在高层房屋中采用不多。

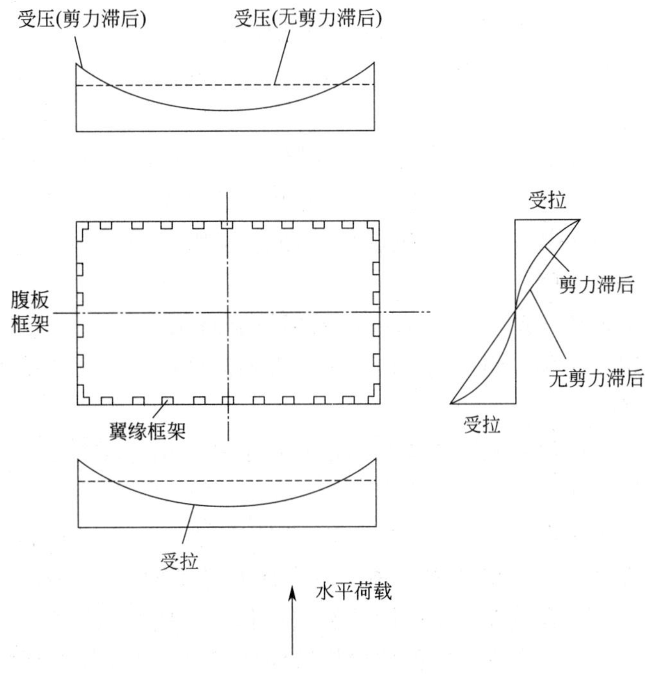

图 4-9　框筒在水平力作用下柱轴力分布

(2) 桁架筒结构体系

桁架筒结构体系是将外围框筒设计成带斜杆的桁架式筒，可以大大提高抗侧刚度。桁架筒与框筒的差别在于筒壁由桁架结构组成，其刚度和承载力均较框筒为大，可以用于很高的高层房屋。

(3) 框架-钢核心筒体系

钢框架-钢核心筒体系与钢框架-混凝土核心筒体系的主要差别就是采用了钢框筒作为核心筒，使体系延性和抗震性能大大改善，但用钢量有所增加。框架-钢核心筒体系属于双重抗侧力体系，有较好的抗震性能，可用于高度较高的高层房屋中。

(4) 筒中筒结构体系

筒中筒结构体系由外框筒和内框筒组成，其刚度将比框筒结构体系大。刚性楼面起协调外框筒和内框筒变形和共同工作的作用。筒中筒体系与钢框筒-混凝土核心筒体系的不同在于筒中筒体系中的内筒也为钢框筒或钢支撑框筒。由于内筒采用了钢结构，其延性和抗震性能均大大改善。筒中筒体系的抗侧刚度和承载力都比较大，且又是双重抗侧力体系，因此常在高度很高的高层房屋中采用。

(5) 束筒体系

束筒体系是将多个筒体组合在一起，具有很大的抗侧刚度，且大大改善了剪力滞后现象，使各柱的轴力比较均匀，增大了结构的承载力，如图 4-10 所示。束筒体系平面布置灵活，而且在竖向可将各筒体在不同的高度中止，丰富立面造型，因此适宜用于超高层房屋。

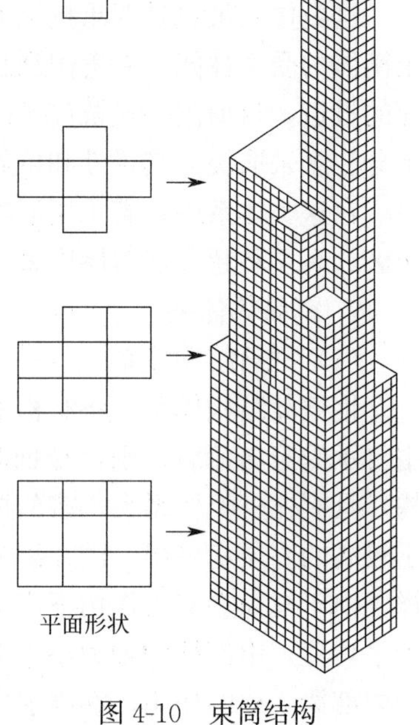

图 4-10　束筒结构

8. 巨型结构体系

一般高层钢结构的梁、柱、支撑为一个楼层和一个开间内的构件，巨型结构则是将梁、柱、支撑由数个楼层和数个开间组成，一般可组成巨型框架结构和巨型桁架结构。巨型结构体系的最大优点是具有较好的抗震性能和抗侧刚度，房屋内部空间的分隔较为自由，可以灵活地布置大空间。

巨型结构体系出现的时间不久，但一经采用就显露出一系列的优点：结构抗侧刚度大，抗震性能好，房屋内部空间利用自由，因此在超高层房屋中得到青睐。

9. 其他结构体系

上述各类体系是高层房屋钢结构体系的最基本形式，由此可以衍生出其他结构体系。目前最常用的是巨型柱-核心筒-伸臂桁架结构体系，如图 4-11 所示。巨型柱一般采用型钢混凝土柱，伸臂桁架采用钢桁架，高度可取 2～3 层层高。

这种体系以核心筒为主要抗侧力体系，巨型柱通过刚度极大的伸臂桁架与核心筒相连，参与结构的抗弯，可有效地减小房屋的侧向位移。当核心筒在水平力作用下弯曲时，刚性极大的伸臂桁架使楼面在它所在的位置保持为平截面，从而使巨型柱在内凹处缩短并产生压力，在外凸处伸长并产生拉力。由于此压力与拉力均处于结构的外围，力臂大，形成了较大的抵抗力矩，减少了核心筒所受的弯矩，增加了结构的抗侧刚度，减少了结构的

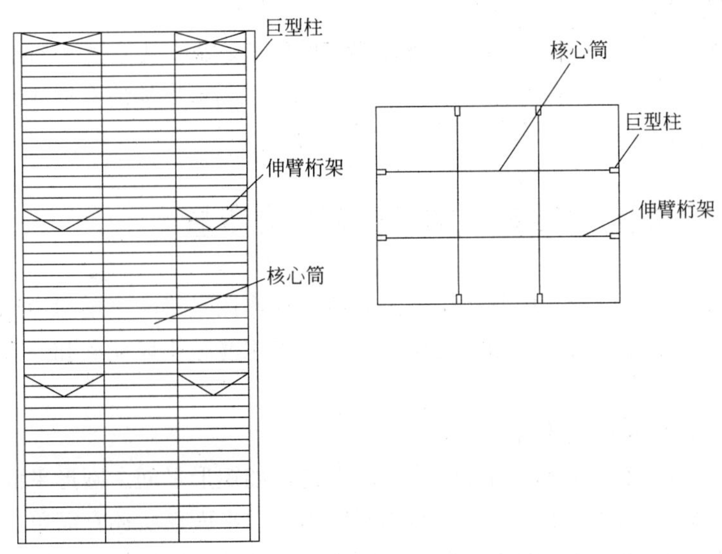

图 4-11　巨型柱-核心筒-伸臂桁架结构体系

侧向位移。但是，伸臂桁架并不能使巨型柱在抵抗剪力中发挥更大的作用，另外，在伸臂桁架处，层间抗侧刚度突然大幅增加，而使与它相连的巨型柱产生塑性铰，这对抗震不利。

这种体系除在外围有巨型柱外，还布置有一般钢柱。由于一般钢柱的截面较小，一般不能分担水平力，只能起传递竖向荷载的作用，但它与楼面梁组成框架后，可以增加结构的抗扭刚度。如在伸臂桁架的同一楼层处周围设置环桁架，可以加强外围一般柱的联系，加强结构的整体性，并使外围各柱能参与承担水平力产生的弯矩和剪力。

非抗震设计和抗震设防烈度为 6 度至 9 度的乙类和丙类高层民用建筑钢结构适用的最大高度应符合表 4-1 的要求。

高层民用建筑钢结构适用的最大高度（m）　　**表 4-1**

结构体系	6 度、7 度（0.10g）	7 度（0.15g）	8 度		9 度（0.40g）	非抗震设计
			0.20g	0.30g		
框架	110	90	90	70	50	110
框架-中心支撑	220	200	180	150	120	240
框架-偏心支撑 框架-屈曲约束支撑 框架-延性墙板	240	220	200	180	160	260
筒体（框筒、筒中筒、桁架筒、束筒），巨型框架	300	280	260	240	180	360

注：1. 房屋高度指室外地面到主要屋面板板顶的高度（不包括局部突出屋顶部分）；
2. 超过表内高度的房屋，应进行专门研究和论证，采取有效的加强措施；
3. 表内筒体不包括混凝土筒；
4. 框架柱包括全钢柱和钢管混凝土柱；
5. 甲类建筑，6、7、8 度时宜按本地区抗震设防烈度提高 1 度后符合本表要求，9 度时应专门研究。

高层民用建筑钢结构适用的最大高宽比：(1) 抗震设防烈度 6 度和 7 度时不超过

6.5；（2）抗震设防烈度 8 度时不超过 6.0；（3）抗震设防烈度 9 度时不超过 5.5。房屋高度不超过 50m 的高层民用建筑可采用框架、框架-中心支撑或其他体系的结构；超过 50m 的高层民用建筑结构，8、9 度时宜采用框架-偏心支撑、框架-延性墙板或屈曲约束支撑等结构。高层民用建筑钢结构不应采用单跨框架结构。

4.2 多高层房屋钢结构的建筑和结构布置

除竖向荷载外，风荷载、地震作用等侧向荷载和作用是影响多层房屋钢结构用钢量和造价的主要因素。因此，在建筑和结构设计时，应采用能减小风荷载和地震作用效应的建筑与结构布置。

1. 建筑平面形体和竖向形体

平面形状宜设计成具有光滑曲线的凸平面形式，如矩形平面、圆形平面等，以减小风荷载。为减小风荷载和地震作用产生的不利扭转影响，平面形状还宜简单、规则、有良好的整体性，并能在各层使刚度中心与质量中心接近。建筑竖向形体宜规则均匀，避免有过大的外挑和内收，各层的竖向抗侧力构件宜上下贯通，避免形成不连续，层高不宜有较大突变。在进行平面和竖向设计时，应尽量避免出现《建筑抗震设计规范》GB 50011—2010（2016 年版）中列出的扭转不规则、凹凸不规则和楼板局部不连续等平面不规则类型以及侧向刚度不规则、竖向抗侧力构件不连续和楼层承载力突变等竖向不规则类型。

高层房屋钢结构的建筑设计应根据抗震概念设计的要求明确设计建筑形体的规则性。不规则的建筑方案应按规定采取加强措施；特别不规则的建筑方案应进行专门的研究和论证，采用特别的加强措施；严重不规则的建筑方案不应采用。

在平面不规则类型中，高层房屋钢结构除了扭转不规则、凹凸不规则和楼板局部不连续不规则外，《高层民用建筑钢结构技术规程》JGJ 99—2015 中规定了偏心布置不规则，即任一层的偏心率大于 0.15 或相邻层质心相差大于相应边长的 15%，偏心率按下式计算：

$$\varepsilon_x = \frac{e_x}{r_{ex}}, \varepsilon_x = \frac{e_x}{r_{ex}} \tag{4-1}$$

$$r_{ex} = \sqrt{\frac{K_T}{\sum K_x}}, r_{ey} = \sqrt{\frac{K_T}{\sum K_y}} \tag{4-2}$$

式中：ε_x、ε_y——该层在 X 和 Y 方向的偏心率；

e_x、e_y——X 和 Y 方向水平荷载合力作用线到结构刚心的距离；

r_{ex}、r_{ey}——X 和 Y 方向的弹性半径；

$\sum K_x$、$\sum K_y$——楼层各抗侧力构件在 X 和 Y 方向的侧向刚度之和；

K_T——楼层的扭转刚度：

$$K_T = \sum(K_x \cdot \bar{y}^2) + \sum(K_y \cdot x^2) \tag{4-3}$$

x、$\bar{y}$——以刚心为原点的抗侧力构件坐标。

当框筒结构采用矩形平面形式时，应控制其平面长宽比小于 1.5，不能满足要求时，宜采用束筒结构。需抗震设防时，平面尺寸关系应符合表 4-2 的要求，表中相应尺寸的几何意义如图 4-12 所示。

L、l、l'、B'的限值　　表 4-2

平面的长宽比		凹凸部分的长宽比		大洞口宽度比
L/B	L/B_{max}	l/b	l'/b	B'/B_{max}
≤5	≤4	≤1.5	≥1	≤0.5

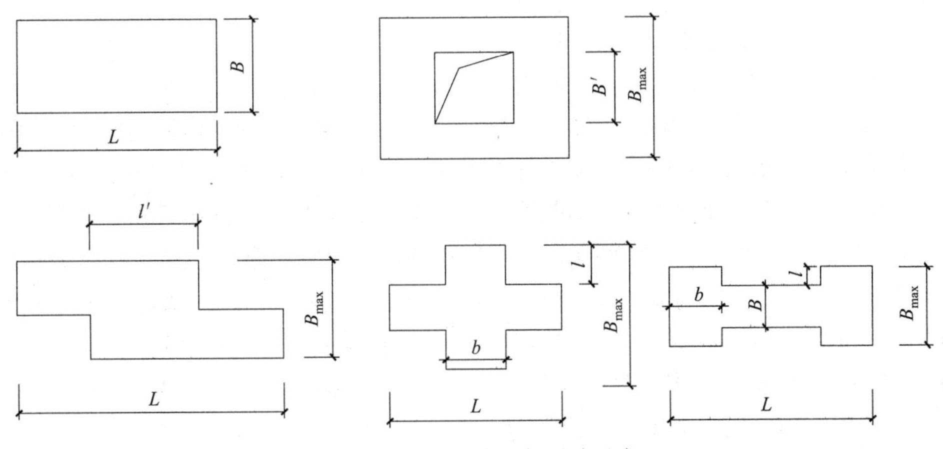

图 4-12　表 4-2 中几何尺寸示意

2. 多高层房屋钢结构的结构布置

（1）多层房屋钢结构梁、柱、支撑的布置原则

1）框架是多层房屋钢结构最基本的结构单元，为了能有效地形成框架，柱网布置应规则，避免零乱形不成框架的布置。框架横梁与柱的连接在柱截面抗弯刚度大的方向做成刚接，形成刚接框架。在另一方向，常视柱截面抗弯刚度的大小，采用不同的连接方式。如柱截面抗弯刚度也较大，也可做成刚接，形成双向刚接框架；如柱截面抗弯刚度较小，可做成铰接，但应设置柱间支撑增加抗侧刚度，形成柱间支撑-铰接框架。在保证楼面、屋面平面内刚度的条件下，可采用隔一榀或隔多榀布置柱间支撑，其余则为铰接框架。

2）处于抗震设防区的多层房屋钢结构宜采用框架-支撑体系，因为框架-支撑体系是由刚接框架和支撑结构共同抵抗地震作用的多道抗震设防体系。采用这种体系时，框架梁和柱在两个方向均做成刚接，形成双向刚接框架，同时在两个方向均设置支撑结构。框架和支撑的布置应使各层刚度中心与质量中心接近。

3）当采用框架-剪力墙体系时，其平面布置也应遵循上述相同的原则，但钢梁与混凝土剪力墙的连接一般都做成铰接连接。

4）结构平面布置中柱截面尺寸的选择和柱间支撑位置的设置，应尽可能做到使各层刚度中心与质量中心接近。结构的竖向抗侧刚度和承载力宜上下相同，或自下而上逐渐减小，避免有抗侧刚度和承载力突然变小，更应防止下柔上刚的情况。

（2）多层房屋钢结构楼层平面布置原则

1）多层房屋钢结构的楼层在其平面内应有足够的刚度，处于抗震设防区时，更是如此。因为由地震作用产生的水平力需要通过楼层平面的刚度使房屋整体协同受力，从而提高房屋的抗震能力。

2）当楼面结构为压型钢板-混凝土组合楼面、现浇或装配整体式钢筋混凝土楼板并与楼面钢梁有连接时，楼面结构在楼层平面内具有很大刚度，可以不设水平支撑。

3）当楼面结构为有压型钢板的钢筋混凝土非组合板、现浇或装配整体式钢筋混凝土楼板但与钢梁无连接以及活动格栅铺板时，由于楼面板不能与楼面钢梁连接成一体，不能在楼层平面内提供足够的刚度，应在框架钢梁之间设置水平支撑。

4）当楼面开有很大洞使楼面结构在楼层平面内无法有足够的刚度时，应在开洞周围的柱网区格内设置水平支撑。

(3) 高层房屋钢结构布置的基本原则

1）高层房屋钢结构的楼板，必须有足够的承载力、刚度和整体性。楼板宜采用压型钢板现浇混凝土楼板、现浇钢筋桁架混凝土楼板或钢筋混凝土楼板，楼板与钢梁有可靠连接。6、7度时房屋高度不超过50m的高层民用建筑，尚可采用装配式钢筋混凝土楼板，也可采用装配式楼板或其他轻型楼盖，应将楼板预埋件与钢梁焊接，或采取其他措施保证楼板的整体性。

2）对转换楼层楼盖或楼板有大洞口等情况，宜在楼板内设置钢水平支撑。

3）建筑物中有较大的中庭时，可在中庭的上端楼层用水平桁架将中庭开口连接，或采取其他增强结构抗扭刚度的有效措施。

4）在设防烈度7度及7度以上地区的建筑中，各种幕墙与主体结构的连接，应充分考虑主体结构产生层间位移时幕墙的随动性，使幕墙不增加主体结构的刚度。

5）暴露在室外的钢结构构件，应采取隔热和防火措施，以减少温度应力的影响。

6）高层建筑基础埋置较深，敷设地下室不仅起到补偿基础的作用，而且有利于增大结构抗侧倾的能力，因此高层钢结构宜设地下室。地下室通常取钢筋混凝土剪力墙或框剪结构形式。

(4) 钢框筒结构体系的布置原则

1）框筒的高宽比不宜小于3，否则不能充分发挥框筒作用。

2）框筒平面宜接近方形、圆形或正多边形，当为矩形时，长短边之比不宜超过1.5。框筒平面的边长不宜超过45m，否则剪力滞后现象会较严重。

3）框筒应做成密柱深梁。柱距一般为1～3m，不宜超过4.5m和层高。框筒的窗洞面积不宜大于其总面积的50%。

4）框筒柱截面刚度较大的方向宜布置在框筒的筒壁平面内，角柱应采用方箱形柱，其截面面积宜为非角柱的1.5倍左右。框筒为方、矩形平面时，也可将其做成切角方、矩形，以减小角柱受力和剪力滞后现象。

5）在框筒筒壁内，深梁与柱的连接应采用刚接。

(5) 钢桁架筒结构体系的布置原则

钢桁架筒的筒壁是一个竖向桁架，由四片竖向桁架围成筒体。竖向桁架受力与桁架相同，其杆件可按桁架的要求布置，柱距可以放大，布置较框筒灵活。但桁架筒结构的高宽比仍不宜小于3，筒体平面也以接近方形、圆形或正多边形为宜。

(6) 钢框架-钢核心筒结构体系的布置原则

钢框架-钢核心筒结构体系中的钢框架柱距大，布置灵活，但周边梁与柱应刚性连接，在周围形成刚接框架。钢核心筒应采用桁架筒，以增加核心筒的刚度。核心筒的高宽比宜在 10 左右，一般不超过 15。外围框架柱与核心筒之间的距离一般为 10～16m。外围框架柱与核心筒柱之间应设置主梁，梁与柱的连接可根据需要，采用刚接或铰接。

（7）钢筒中筒结构体系的布置原则

钢筒中筒结构由钢外筒和钢内筒组成。钢外筒可采用钢框筒或钢桁架筒，钢内筒平面尺寸一般较小，都采用钢桁架筒。

钢筒中筒结构的布置尚应注意以下要求：

1）内筒尺寸不宜过小，内筒边长不宜小于外筒边长的 1/3，内外筒之间的进深一般在 10～16m 之间。内筒的高宽比大约在 12，不宜超过 150。

2）外筒柱与内筒柱的间距宜相同，外、内筒柱之间应设置主梁，并与柱刚接，以提高体系的空间工作作用。

4.3　多高层房屋钢结构的荷载

多高层房屋钢结构的荷载主要包括恒荷载、活荷载、积灰荷载、雪荷载、风荷载、温度作用、地震作用等。其中楼面活荷载和屋顶的活荷载、积灰荷载、风荷载、温度作用的计算应按现行国家标准《建筑结构荷载规范》GB 50009—2012 的规定进行。多高层房屋钢结构一般应考虑活荷载的不利分布。设计楼面梁、墙、柱及基础时，楼面活荷载可按现行国家标准《建筑结构荷载规范》GB 50009—2012 的规定进行折减。多层工业房屋设有吊车时，吊车竖向荷载与水平荷载应按现行国家标准《建筑结构荷载规范》GB 50009—2012 的规定计算。

对无水平荷载作用的多层框架，可考虑柱在安装中因可能产生的偏差而引起的假定水平荷载 P_{Hi}（作用于每层梁柱节点）进行计算：

$$P_{Hi}=0.01\frac{\sum N_i}{\sqrt[3]{n}} \tag{4-4}$$

式中：$\sum N_i$——P_{Hi} 作用的 i 层以上柱的总竖向荷载；

n——i 层的框架柱总数。

相比于多层房屋钢结构，高层房屋钢结构的荷载有如下特点：

（1）水平荷载是设计控制荷载：

高层房屋钢结构承受的主要荷载有恒重产生的竖向荷载、风压或地震作用产生的水平荷载。竖向荷载作用引起的轴力与高层房屋的高度成正比。由水平荷载作用引起的弯矩和侧向位移，若水平荷载的大小沿高度不变，则分别与高度的二次方和四次方成正比。由此可以看出，随着房屋高度的增加，水平荷载将成为控制结构的主要因素。实际上，风压还会随高度的增加而变大，地震作用产生的水平荷载也随高度的增加而增大，因此由水平荷载作用引起的弯矩和侧向位移将会更大，而在结构设计中起主要作用。应该尽可能采用能够减小风荷载的建筑外形和减小地震作用的结构体系。

（2）风荷载或地震作用虽然都是控制水平荷载，但由于两者性质不同，设计时应特别注意其各自的特性及计算要求：

1）风荷载是直接施加于建筑表面的风压，其值和建筑物的体型、高度以及地形地貌有关。而地震作用却是地震时的地面运动迫使上部结构发生振动时产生并作用于自身的惯性力，故其作用力与建筑物的质量、自振特性、场地土条件等有关。

2）高层钢结构属于柔性建筑，自振周期较长，易与风载波动中的短周期成分产生共振，因而风载对高层建筑有一定的动力作用。但可仅在风载中引入风振系数后，仍按静载处理来简化计算。而地震作用的波动对结构的动力反应影响很大，必须按考虑动力效应的方法计算。

3）风载作用时间长、频率高，因此，在风载作用下，要求结构处于弹性阶段，不允许出现较大的变形。而地震作用发生的概率很小，持续时间很短，因此，对抗震设计允许结构有较大的变形。允许某些结构部位进入塑性状态，从而使周期加长、阻尼加大，以吸收能量，达到“小震不坏，中震可修，大震不倒”。

4）扭转特别不规则的结构，应计入双向水平地震作用下的扭转影响；其他情况，应计算单向水平地震作用下的扭转影响。按 9 度抗震设防的高层建筑钢结构，或者按 7 度（0.15g）、8 度抗震设防的大跨度和长悬臂构件，应计入竖向地震作用。

5）风荷载在高层房屋钢结构设计中往往是起控制作用的荷载，在计算时，需要考虑的因素比多层房屋钢结构多，主要表现在以下两个方面：①基本风压应适当提高。对风荷载比较敏感的高层民用建筑，承载力设计时应按基本风压的 1.1 倍采用。②周边高层建筑对体型系数的影响。当多栋或群集的高层民用建筑相互间距较近时，宜考虑风力相互干扰的群体效应。一般可将单栋建筑的体型系数乘以相互干扰增大系数，该系数可参考类似条件的试验资料确定，必要时通过风洞试验或数值技术确定。

4.4 多高层房屋钢结构的内力分析

4.4.1 一般原则

多层房屋钢结构的内力分析有以下原则：

（1）多层房屋钢结构的内力一般按结构力学方法进行弹性分析。

（2）框架结构的内力分析可采用一阶弹性分析，对符合式(4-5）的框架结构宜采用二阶弹性分析，即在分析时考虑框架侧向变形对内力和变形的影响，也称考虑 P-Δ 效应分析。

$$\frac{\sum N \cdot \Delta u}{\sum H \cdot h} > 0.1 \tag{4-5}$$

式中：$\sum N$——所计算楼层各柱轴向压力设计值之和；

$\sum H$——所计算楼层及以上楼层的水平力设计值之和；

Δu——层间相对位移的容许值；

h——所计算楼层的高度。

（3）计算多层房屋钢结构的内力和位移时，一般可假定楼板在其自身平面内为绝对刚性。但对楼板局部不连续、开孔面积大、有较长外伸段的楼面，需考虑楼板在其自身平面内的变形。

（4）当楼板采用压型钢板-混凝土组合楼板或钢筋混凝土楼板并与钢梁有可靠连接时，在弹性分析中，梁的惯性矩可考虑楼板的共同工作而适当放大。对于中梁，其惯性矩宜取 $1.5I_b$，对于仅一侧有楼板的梁可取 $1.2I_b$，I_b 为钢梁的惯性矩。在弹塑性分析中，不考虑楼板与梁的共同工作。

（5）多层房屋钢结构在进行内力和位移计算时，应考虑梁和柱的弯曲变形和剪切变形，可不考虑轴向变形；当有混凝土剪力墙时，应考虑剪力墙的弯曲变形、剪切变形、扭转变形和翘曲变形。

（6）宜考虑梁柱连接节点域的剪切变形对内力和位移的影响。

（7）多层房屋钢结构的结构分析宜采用有限元法。对于可以采用平面计算模型的多层房屋钢结构，可采用近似实用算法。

（8）结构计算中不应计入非结构构件对结构承载力和刚度的有利作用。

高层房屋钢结构结构分析的规定与多层房屋钢结构的基本相同。考虑到高层房屋钢结构的特点，尚有以下规定：

（1）高层房屋钢结构在进行内力和位移计算时，不仅应考虑梁和柱的弯曲变形和剪切变形，还需考虑轴向变形；

（2）应考虑梁柱连接节点域的剪切变形对内力和位移的影响；

（3）水平地震作用计算时，结构各楼层对应于地震作用标准值的剪力 V_{EKi} 应符合下式要求：

$$V_{EKi} \geqslant \lambda \sum_{j=i}^{n} G_{Ej} \tag{4-6}$$

式中：λ——水平地震剪力系数，不应小于表 4-3 规定的值；对于竖向不规则结构的薄弱层，尚应乘以 1.15 的系数。

G_{Ej}——第 j 层的重力荷载代表值。

n——结构计算总层数。

楼层最小水平地震剪力系数　　**表 4-3**

类别	7 度	8 度	9 度
扭转效应明显或基本周期小于 3.5s 的结构	0.016(0.024)	0.032(0.048)	0.064
基本周期大于 5.0s 的结构	0.012(0.018)	0.024(0.032)	0.040

注：1. 基本周期介于 3.5s 和 5.0s 之间的结构，可用线性插值；

2. 7、8 度时括号内数值分别为用于设计基本地震加速度为 $0.15g$ 和 $0.30g$ 的地区。

高层房屋钢结构结构分析中一般应采用空间结构计算模型，并根据需要采用空间结构-刚性楼面计算模型或空间结构-弹性楼面计算模型。因为这种模型能精度较高地反映结构的实际情况，用于受力复杂的高层房屋钢结构比较合适，能较好地保证其安全性。

4.4.2　框架结构的塑性分析

框架结构从理论上讲可以采用塑性分析。但由于我国尚缺少理论研究和实践经验，我国现行国家标准《钢结构设计标准》GB 50017—2017 的有关塑性设计的规定只适用于不直接承受动力荷载的由实腹构件组成的单层和两层框架结构。

采用塑性设计的框架结构，按承载能力极限状态设计时，应采用荷载的设计值，考虑构件截面内塑性的发展及由此引起的内力重分配，用简单塑性理论进行内力分析。采用塑性设计的框架结构，按正常使用极限状态设计时，采用荷载的标准值，并按弹性计算。

由于采用塑性设计后，出现塑性铰处的截面要达到全截面塑性弯矩，且在内力重分配时要能保持全截面塑性弯矩，因此所用的钢材和截面板件的宽厚比应满足下列要求：

（1）钢材的力学性能应满足强屈比 $f_u/f_y \geqslant 1.2$，伸长率 $\delta \geqslant 15\%$，相应于抗拉强度 f_u 的应变 ε_u 不小于 20 倍屈服点应变 ε_y；

（2）截面板件的宽厚比应符合表 4-4 的规定。

板件宽厚比 **表 4-4**

截面形式	翼缘	腹板
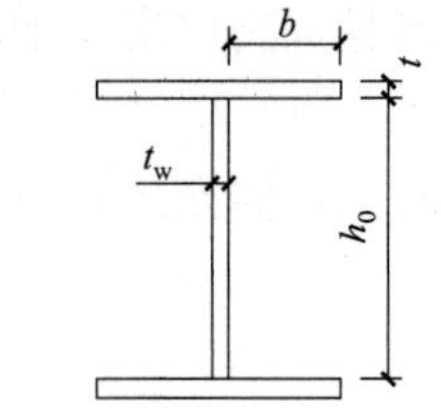 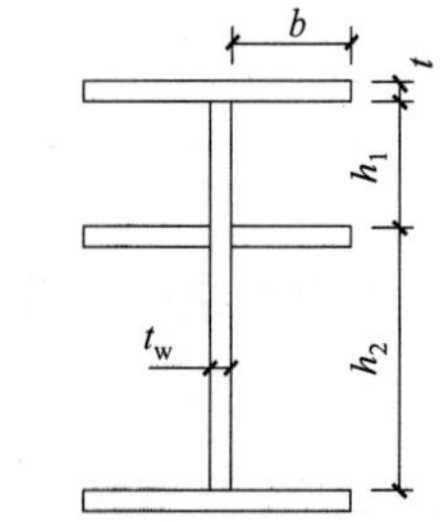 （工字形截面，标注 b、t、t_w、h_0；带中间翼缘的截面，标注 b、t、t_w、h_1、h_2）	$\frac{b}{t} \leqslant 9\sqrt{\frac{235}{f_y}}$	当 $\frac{N}{Af} < 0.37$， $\frac{h_0}{t_w}\left(\frac{h_1}{t_w},\frac{h_2}{t_w}\right) \leqslant \left(72-100\frac{N}{Af}\right)\sqrt{\frac{235}{f_y}}$； 当 $\frac{N}{Af} \geqslant 0.37$， $\frac{h_0}{t_w}\left(\frac{h_1}{t_w},\frac{h_2}{t_w}\right) \leqslant 35\sqrt{\frac{235}{f_y}}$
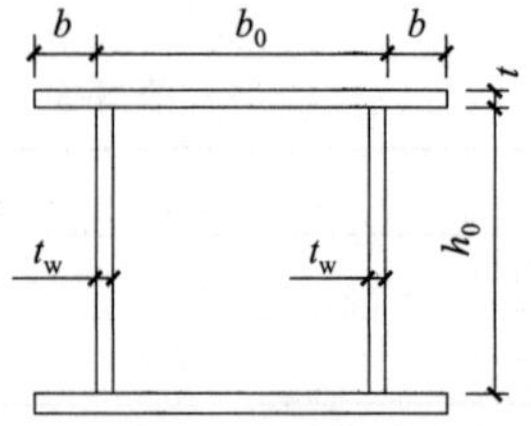 （箱形截面，标注 b、b_0、b、t、t_w、h_0）	$\frac{b_0}{t} \leqslant 30\sqrt{\frac{235}{f_y}}$	

注：1. N 为构件所受的轴心设计值，A 为构件的截面面积；

2. f 为钢材的抗拉、抗压和抗弯强度设计值；

3. f_y 为钢材的屈服点。

4.4.3 地震作用下的结构分析

1. 多高层房屋钢结构在地震作用下结构分析的基本假定

按照我国现行国家标准《建筑抗震设计规范》GB 50011—2010（2016 年版）的规定，多层房屋钢结构在地震作用下应做二阶段分析，即在多遇地震作用下做结构构件承载力验算和在罕遇地震作用下做结构弹塑性变形验算。

2. 多遇地震作用下的分析

多遇地震作用下可采用线弹性理论进行分析。在一般情况下，可采用振型分解反应谱法。振型分解反应谱法用的地震影响系数曲线应按现行国家标准《建筑抗震设计规范》GB 50011—2010（2016 年版）的规定采用。规范中规定的多项不规则的多层房屋钢结构以及属于甲类抗震设防类别的多层房屋钢结构，还应采用时程分析法进行补充计算，取多条（一般不少于 3 条）时程曲线计算结果的平均值与振型分解反应谱法计算结果的较大值。

采用时程分析法时，应按建筑场地类别和设计地震分组选用不少于二组实际强震记录和一组人工模拟的加速度时程曲线，其平均地震影响系数曲线应与振型分解反应谱法所采用的地震影响系数曲线在统计意义上相符，其加速度时程的最大值可按表 4-5 采用。每条时程曲线的计算所得结构底部剪力不应小于振型分解反应谱法计算结果的 65%，多条时程曲线计算所得结构底部剪力的平均值不应小于振型分解反应谱法计算结果的 80%。

计算地震作用所采用的结构自振周期应考虑非承重墙体的刚度影响给予折减。周期折减系数可按下列规定采用：

（1）当非承重墙体为填充空心黏土砖墙时，取 0.8～0.9；

（2）当非承重墙体为填充轻质砌块、轻质墙板、外挂墙板时，取 0.9～1.0。

时程分析所用地震加速度时程曲线的最大值　　**表 4-5**

地震影响	6 度	7 度	8 度	9 度
多遇地震	18	35(55)	70(110)	140
罕遇地震	—	220(310)	400(510)	620

注：括号内数值分别用于设计基本地震加速度为 0.15g 和 0.30g 的地区。

3. 罕遇地震作用下的分析

属于甲类抗震设防类别的多层房屋钢结构应进行罕遇地震作用下的分析，7 度Ⅲ、Ⅳ类场地和 8 度时乙类抗震设防类别的多层房屋钢结构宜进行罕遇地震作用下的分析。

罕遇地震下的分析主要是计算结构的变形，根据不同情况，可采用简化的弹塑性分析方法、静力弹塑性分析方法（也称为推覆分析方法）或弹塑性时程分析法。

多层房屋钢结构的弹塑性位移应按式(4-7）进行验算：

$$\Delta_{\mathrm{P}} \leqslant C_{\mathrm{P}} = [\theta_{\mathrm{P}}]h \tag{4-7}$$

式中：Δ_{P}——在罕遇地震作用下，地震作用与其他荷载组合产生的弹塑性变形；

C_{P}——罕遇地震作用下，结构不发生倒塌的弹塑性变形限值；

$[\theta_{\mathrm{P}}]$——弹塑性层间位移角限值，多层钢结构为 1/250；

h——层高。

高层房屋钢结构具有下列情况之一时，应进行弹塑性变形验算：（1）高度大于 150m；（2）属于甲类建筑或设防烈度为 9 度时的乙类建筑。高层房屋钢结构具有下列情况之一时，宜进行弹塑性变形验算：（1）表 4-6 所列房屋高度范围，且存在竖向不规则类型；（2）7 度Ⅲ、Ⅳ类场地和 8 度时的乙类建筑；（3）高度在 100～150m。

采用时程分析的房屋高度范围　　表 4-6

烈度、场地类别	房屋高度范围(m)
8 度Ⅰ、Ⅱ类场地和 7 度	>100
8 度Ⅲ、Ⅳ类场地	>80
9 度	>60

高层房屋钢结构进行弹塑性变形验算时，宜采用弹塑性时程分析法，也可采用静力弹塑性分析法。弹塑性时程分析法采用的加速度时程曲线应按《建筑抗震设计规范》GB 50011—2010 的规定采用，弹塑性时程分析法和静力弹塑性分析法的具体内容可参阅有关书籍。

4.4.4　风荷载作用下的结构分析

1. 高层房屋钢结构在风荷载作用下结构分析的基本规定

高层房屋钢结构在风荷载作用下应将顺风向风荷载和横风向等效风荷载同时作用在承重结构上，按荷载组合进行承载能力极限状态设计和正常使用极限状态设计。除此之外，对圆形截面的高层房屋应进行横风向涡流共振的验算。对于高度超过 150m 的高层房屋应进行结构舒适度校核。

2. 圆形截面高层房屋的横风向涡流共振验算

(1) 圆形截面高层房屋受到风力作用时，有时会发生旋涡脱落，若脱落频率与结构自振频率相符，就会出现共振。涡流共振现象在设计时应予以避免。

为了避免涡流共振，圆形截面高层房屋钢结构应满足下式要求：

$$V_t \leqslant V_{cr} \tag{4-8}$$

$$V_t = \sqrt{1600\omega_t} \tag{4-9}$$

$$\omega_t = 1.4\mu_H\omega_0 \tag{4-10}$$

$$V_{cr} = \frac{5D}{T_1} \tag{4-11}$$

式中：V_t——顶部风速（m/s）；

ω_t——顶部风压设计值（kN/m^2）；

μ_H——结构顶部风压高度变化系数；

ω_0——基本风压（kN/m^2）；

V_{cr}——临界风速（m/s）；

D——高层房屋圆形平面的直径；

T_1——结构的基本自振周期（s）。

(2) 当高层房屋圆形平面的直径沿高度缩小，斜率不大于 0.02 时，仍可按式(4-8) 验算以避免涡流共振，但在计算 V_t 及 V_{cr} 时，可近似取 1/2 房屋高度处的风速和直径。

(3) 当高层房屋不能满足式(4-8) 时，应加大结构的刚度，减小结构的基本自振频率，使高层房屋能满足式(4-8)。若无法满足式(4-8) 时，可视不同情况按下列规定加以处理：

1) 当 $Re < 3.5\times10^6$ 时，可在构造上采取防振措施或控制结构的临界风速 V_{cr} 不小于 15m/s。

Re 为雷诺数，可按下列公式确定：

$$Re=69000vD \tag{4-12}$$

式中：v——计算高度处的风速（m/s）；

D——高层房屋圆形平面的直径（m）。

2）当 $Re \geqslant 3.5\times10^6$ 时，应考虑横风向风荷载的作用。

在 z 高度处振型 j 的横风向等效风荷载标准值 ω_{czj}，可由下列公式确定：

$$\omega_{czj}=|\lambda_j|V_{cr}^2\varphi_{zj}/(12800\zeta_j) \tag{4-13}$$

式中：λ_j——计算系数，按表 4-7 确定；

φ_{zj}——在 z 高度处的 j 振型系数；

ζ_j——第 j 振型的阻尼比，对第一振型取 0.02，对高振型的阻尼比，也可近似按第一振型的值取用。

λ_j 计算用表　　　　表 4-7

振型序号	H_1/H										
	0	0.1	0.2	0.3	0.4	0.5	0.6	0.7	0.8	0.9	1.0
1	1.56	1.56	1.54	1.49	1.41	1.28	1.12	0.91	0.65	0.35	0
2	0.73	0.72	0.63	0.45	0.19	−0.11	−0.36	−0.52	−0.53	−0.36	0

表 4-7 中，H_1 为临界风速起始点高度：

$$H_1=H\times\left(\frac{V_{cr}}{V_H}\right)^{1/\alpha} \tag{4-14}$$

式中：α——地面粗糙度指数，对 A、B、C、D 四类分别取 0.12、0.16、0.22 和 0.30；

V_H——结构顶部风速（m/s）。

横风向等效风荷载效应 S_C 应与顺风向风荷载效应 S_A 一起作用，即按下式组合：

$$S=\sqrt{S_C^2+S_A^2} \tag{4-15}$$

3. 高度超过 150m 的高层房屋的舒适度校核

高层房屋钢结构的舒适度，按 10 年重现期风荷载下房屋顶点的顺风向和横风向最大加速度不应超过规范中对应的限值，高层房屋顺风向和横风向的顶点最大加速度可按下列规定计算：

（1）当高层房屋不需考虑干扰效应时

1）顺风向最大加速度按下式计算：

$$a_d=\xi\nu\frac{\mu_s\omega_H A}{M} \tag{4-16}$$

式中：a_d——顺风向顶点最大加速度；

ξ、ν——脉动增大系数和脉动影响系数，可按现行国家标准《建筑结构荷载规范》GB 50009—2012 的规定确定；

μ_s——风荷载体型系数，按现行国家标准《建筑结构荷载规范》GB 50009—2012 和现行上海市标准《高层建筑钢结构设计规程》DG/TJ 08-32—2008 的规定确定；

ω_H——10年重现期风压（kN/m²），按现行国家标准《建筑结构荷载规范》GB 50009—2012取用；

M——高层房屋总质量。

2）横风向最大加速度按下式计算：

$$a_w = g_R \frac{H}{M_1} B \omega_H \sqrt{\frac{\pi \theta_m S_F(f_1)}{4(\zeta_{s1}+\zeta_{a1})}} \tag{4-17}$$

式中：a_w——横风向顶点最大加速度（m/s²）；

g_R——共振峰值因子；

H——高层房屋高度；

M_1——一阶广义质量；

B——高层房屋迎风面宽度（m）；

f_1——高层房屋横风向一阶频率；

θ_m——横风向一阶广义风荷载功率谱修正系数；

$S_F(f_1)$——横风向一阶广义无量纲风荷载功率谱；

ζ_{s1}——高层房屋横风向一阶结构阻尼比，可取0.02；

ζ_{a1}——高层房屋横风向一阶气动阻尼比。

（2）当高层房屋需考虑干扰效应时

顺风向顶点最大加速度和横风向顶点最大加速度应分别乘以顺风向动力干扰因子 η_{dx} 和横风向动力干扰因子 η_{dy}。

4.5 多高层房屋钢结构构件

4.5.1 楼面和屋面结构的类型和布置原则

多高层房屋钢结构的楼面、屋面结构由楼、屋面板和梁系组成。

楼面、屋面板可以有以下几种类型：现浇钢筋混凝土板、预制钢筋混凝土薄板加现浇混凝土组成的叠合板、压型钢板-现浇混凝土组合板或非组合板、轻质板材与现浇混凝土组成的叠合板以及轻质板材。

压型钢板-现浇混凝土组合板不仅结构性能好，施工方便，而且经济效益好，从20世纪70年代开始，在多层及高层钢结构中得到广泛应用。

压型钢板与现浇混凝土形成组合板的前提是要压型钢板能与混凝土共同作用。因此，必须采取措施使压型钢板与混凝土间的交界面能相互传递纵向剪力而不发生滑移。目前常用的方法有：（1）在压型钢板的肋上或在肋和平板部分设置凹凸槽；（2）在压型钢板上加焊横向钢筋；（3）采用闭口压型钢板。

压型钢板-现浇混凝土组合板的施工过程一般为压型钢板作为底模，在混凝土结硬产生强度前，承受混凝土湿重和施工荷载，这一阶段称为施工阶段。混凝土产生预期强度后，混凝土与压型钢板共同工作，承受施加在板面上的荷载，这一阶段通常为使用阶段。因此，组合板的计算应分为两个阶段，即施工阶段计算和使用阶段计算。这两个阶段的计算均应按承载能力极限状态验算组合板的强度（图 4-13）和按正常使用极限状态验算组合板的变形。

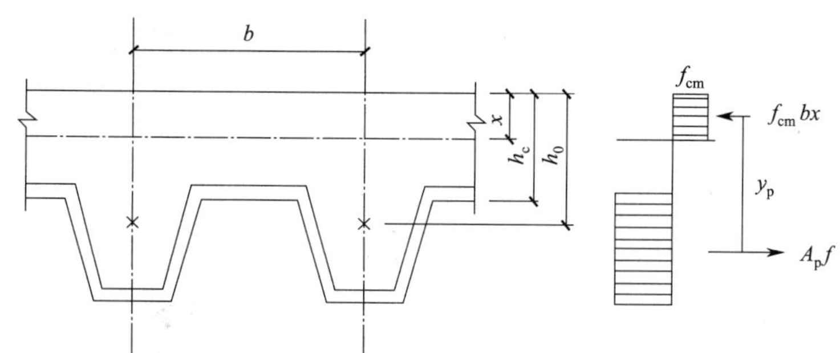

图 4-13　组合板横截面受弯承载力计算图（塑性中和轴在压型钢板顶面以上）

楼面、屋面梁可以有以下几种类型：钢梁、钢筋混凝土梁、型钢混凝土组合梁以及钢梁与混凝土板组成的组合梁。

楼面和屋面结构中的梁系一般由主梁和次梁组成，当有框架时，框架梁宜为主梁。梁的间距要与楼板的合理跨度相协调。次梁的上翼缘一般与主梁的上翼缘齐平，以减小楼面和屋面结构的高度。次梁和主梁的连接宜采用简支连接。

当主梁或次梁采用钢梁时，钢梁的截面形式宜选用中、窄翼缘 H 型钢。当没有合适尺寸或供货困难时也可采用焊接工字形截面或蜂窝梁。钢梁应进行抗弯强度、抗剪强度、局部承压强度、整体稳定、局部稳定、挠度等验算，其计算公式可查阅相关资料，在此不再赘述。

组合梁与钢梁相比，可节约钢材 20%～40%，且比钢梁刚度大，使梁的挠度减小 1/3～1/2，并且可以减少结构高度，具有良好的抗震性能。组合梁按混凝土翼板形式的不同，可以分为 3 类：普通混凝土翼板组合梁、压型钢板组合梁和预制装配式钢筋混凝土组合梁。

组合梁由钢梁与钢筋混凝土板或组合板组成，通过在钢梁翼缘处设置的抗剪连接件，使梁与板能成为整体而共同工作，板成为组合板的翼板。钢梁可以采用实腹式截面梁，如热轧 H 型钢梁、焊接工字形截面梁和空腹式截面梁，如蜂窝梁等。在组合梁中，当组合梁受正弯矩作用时，中和轴靠近上翼板，钢梁的截面形式宜采用上下不对称的工字形截面，其上翼缘宽度较窄，厚度较薄（图 4-14）。

组合梁的强度一般采用塑性理论对截面的抗弯强度、抗剪强度和抗剪连接件进行计算。当组合梁的抗剪连接件能传递钢梁与翼板交界面的全部纵向剪力时，称为完全抗剪连接组合梁；当抗剪连接件只能传递部分纵向剪力时，称为部分抗剪连接组合梁。用压型钢板混凝土组合板作为翼板的组合梁，宜按部分抗剪连接组合梁设计。部分抗剪连接限用于跨度不超过 20m 的等截面组合梁。

4.5.2　框架柱的类型和设计

多层房屋框架柱可以有以下几种类型：钢柱、圆钢管混凝土柱、矩形钢管混凝土柱以及型钢混凝土组合柱。

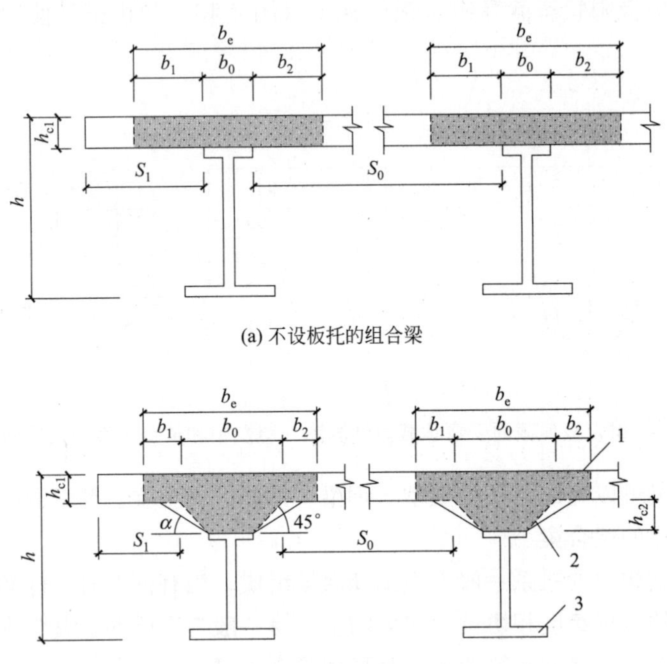

(a) 不设板托的组合梁

(b) 设板托的组合梁

图 4-14　组合梁混凝土翼板的计算宽度示意图

1—混凝土翼板；2—板托；3—钢梁

（1）从用钢量看，钢管混凝土柱用钢量最省，钢柱用钢量最多。

（2）从施工难易看，钢柱及型钢混凝土组合柱最成熟。

（3）从梁柱连接看，当框架梁采用钢梁、钢梁与混凝土板组合梁时，以与钢框架柱连接最为简便，与钢管混凝土柱、特别是圆钢管混凝土柱的连接最为复杂。当框架梁采用型钢混凝土组合梁时，框架柱宜采用型钢混凝土组合柱，也可采用钢柱。

（4）从抗震性能看，钢管混凝土柱的抗震性能最好，型钢混凝土组合柱较差，但比混凝土柱有大幅改善。

（5）从抗火性能看，型钢混凝土组合柱最好，钢柱最差。采用钢管混凝土柱和钢柱时，需要采取防火措施，将增加一定费用。

（6）从环保角度看，应优先采用钢柱，因钢材是可循环生产的绿色建材。

因此，多层房屋框架柱的类型应根据工程的实际情况综合考虑，合理运用。目前常用的是钢柱和矩形钢管混凝土柱。

1. 钢柱设计

钢柱的截面形式宜选用宽翼缘 H 型钢、高频焊接轻型 H 型钢以及由三块钢板焊接而成的工字形截面。钢柱截面形式的选择主要根据受力而定。

钢柱应进行强度、弯矩作用平面内的稳定、弯矩作用平面外的稳定、局部稳定、长细比等的验算，其计算公式可查阅现行国家标准《钢结构设计标准》GB 50017—2017 相关章节。

框架结构在做地震作用计算时，钢框架柱还应符合以下规定：

(1) 有支撑框架结构在水平地震作用下，不作为支撑结构的框架部分按计算得到的地震剪力应乘以调整系数，达到不小于结构底部总地震剪力的 25%和框架部分地震剪力最大值的 1.8 倍二者的较小值；

(2) 应符合强柱弱梁的原则；

(3) 转换层下的钢框架柱，地震内力应乘以增大系数，其值可取 1.5；

(4) 框架柱的长细比，6～8 度设防时，应不大于 $120\sqrt{235/f}$，9 度设防时，应不大于 $100\sqrt{235/f}$；

(5) 框架柱在基本烈度和罕遇烈度地震作用下出现塑性的部位，其截面的翼缘和腹板的宽厚比应不大于相应的限值。

2. 钢管混凝土柱的设计

矩形钢管可采用冷成型的直缝或螺旋缝焊接管或热轧管，也可用冷弯型钢或热轧钢板、型钢焊接成型的矩形管。矩形钢管中的混凝土强度等级不应低于 C30 级。对于 Q235 钢管，宜配 C30 或 C40 混凝土；对于 Q345 钢管，宜配 C40 或 C50 及以上等级的混凝土；对于 Q390、Q420 钢管，宜配不低于 C50 级的混凝土。混凝土的强度设计值、强度标准值和弹性模量应按现行国家标准《混凝土结构设计规范》GB 50010—2010 的规定采用。

矩形钢管混凝土柱还应按空矩形钢管进行施工阶段的强度、稳定性和变形验算。施工阶段的荷载主要为湿混凝土的重力和实际可能作用的施工荷载。矩形钢管柱在施工阶段的轴向应力不应大于其钢材抗压强度设计值的 60%，并应满足强度和稳定性的要求。

矩形钢管混凝土柱在进行地震作用下的承载能力极限状态设计时，承载力抗震调整系数宜取 0.80。

矩形钢管混凝土柱的截面最大边尺寸大于等于 800mm 时，宜采取在柱子内壁上焊接栓钉、纵向加劲肋等构造措施，确保钢管和混凝土共同工作。

在每层钢管混凝土柱下部的钢管壁上应对称开两个排气孔，孔径为 20mm，用于浇筑混凝土时排气以保证混凝土密实和清除施工缝处的浮浆、溢水等，并在发生火灾时，排除钢管内由混凝土产生的水蒸气，防止钢管爆裂。

4.5.3　支撑结构的类型

多高层房屋钢结构的支撑结构可以有以下几种类型：中心支撑、偏心支撑、钢板剪力墙板、内藏钢板支撑剪力墙板、带竖缝混凝土剪力墙板和带框混凝土剪力墙板。

(1) 中心支撑在多层房屋钢结构中用得较为普遍。当有充分依据且条件许可时，可采用带有消能装置的消能支撑。在抗震设防区不得采用 K 字形支撑。因为在大震时，K 字形支撑的受压斜杆屈曲失稳后，支撑的不平衡力将由框架柱承担，恶化了框架柱的受力，如框架柱受到破坏，将引起多层房屋的严重破坏甚至倒塌。为了减小竖向不平衡力引起的梁截面过大，可采用跨层 X 形支撑或采用拉链柱（图 4-15）。

(2) 偏心支撑有时可用于位于 8 度和 9 度抗震设防地区的多层房屋钢结构中。在偏心支撑中，位于支撑与梁的交点和柱之间的梁段或与同跨内另一支撑与梁交点之间的梁段都应设计成消能梁段，在大震时，消能段先进入塑性，通过塑性变形耗能，提高结构的延性和抗震性能。为使消能梁段具有良好的滞回性能，能起到预期的消能作用，消能梁段的腹板应按规定设置加劲肋，如图 4-16 所示。

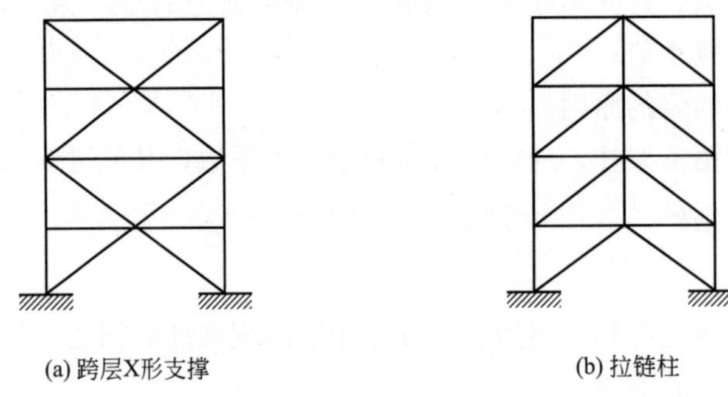

(a) 跨层X形支撑　　(b) 拉链柱

图 4-15　人字形支撑加强

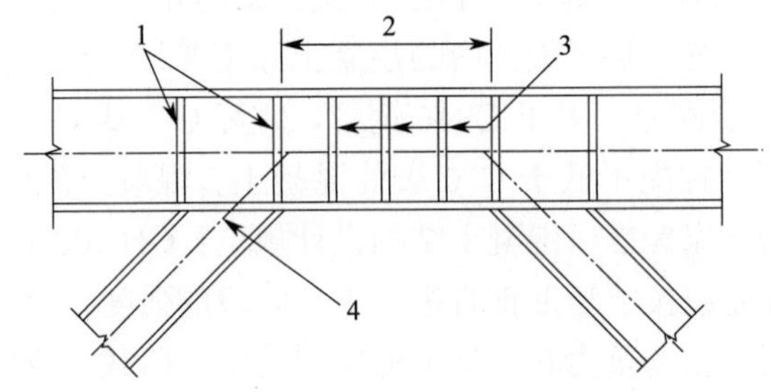

图 4-16　消能梁段的腹板加劲肋设置

1—双面全高设加劲肋；2—消能梁段上、下翼缘均设侧向支撑；3—腹板高大于 640mm 设双面中间加劲肋；4—支撑中心线与消能梁段中心线交于消能梁段内

防屈曲支撑框架体系是一种特殊的中心支撑框架体系，它与中心支撑框架体系的不同在于它的支撑斜杆采用防屈曲支撑构件。防屈曲支撑构件在受压和受拉时均能进入屈服消能，具有极佳的抗震性能。防屈曲支撑构件由核心单元和屈曲约束单元组成，如图 4-17 所示。

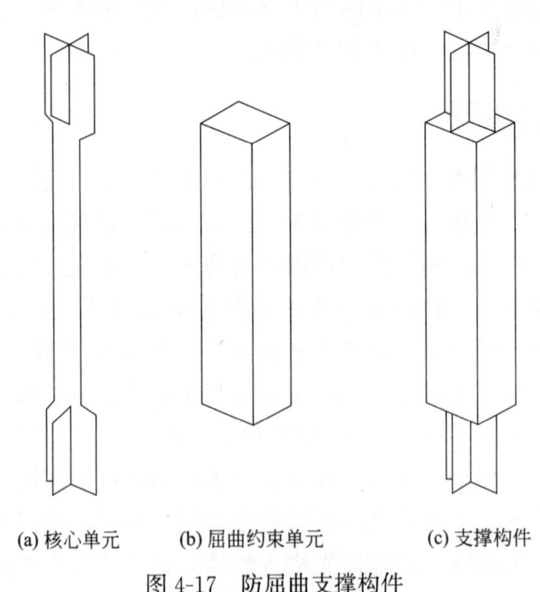

(a) 核心单元　　(b) 屈曲约束单元　　(c) 支撑构件

图 4-17　防屈曲支撑构件

(3) 钢板剪力墙板用钢板或带加劲肋的钢板制成，在 7 度及 7 度以上抗震设防的房屋中使用时，宜采用带纵向和横向加劲肋的钢板剪力墙板。

(4) 内藏钢板支撑剪力墙板是以钢板为基本支撑，外包钢筋混凝土墙板，以防止钢板支撑的压屈，提高其抗震性能。它只在支撑节点处与钢框架相连，混凝土墙板与框架梁柱间则留有间隙。

(5) 带竖缝混凝土剪力墙板是在混凝土剪力墙板中开缝，以降低其抗剪刚度，减小地震作用。带竖缝混凝土剪力墙板只承受水平荷载产生的剪力，不考虑承受竖向荷载产生的压力。

(6) 带框混凝土剪力墙板由现浇钢筋混凝土剪力墙板与框架柱和框架梁组成，同时承受水平和竖向荷载的作用。

4.6　节点类型

4.6.1　框架连接节点

多层框架主要构件及节点的连接应采用焊接、摩擦型高强度螺栓连接或栓-焊组合连接。在节点连接中将同一力传至同一连接件上时，不允许同时采用两种方法连接（如又焊又栓等）。框架梁柱连接节点的类型，从受力性能上分有刚性连接节点（图 4-18）、铰接连接节点（图 4-19）和半刚性连接节点（图 4-20）。从连接方式上分有全焊连接节点、全栓连接节点和栓焊连接节点。

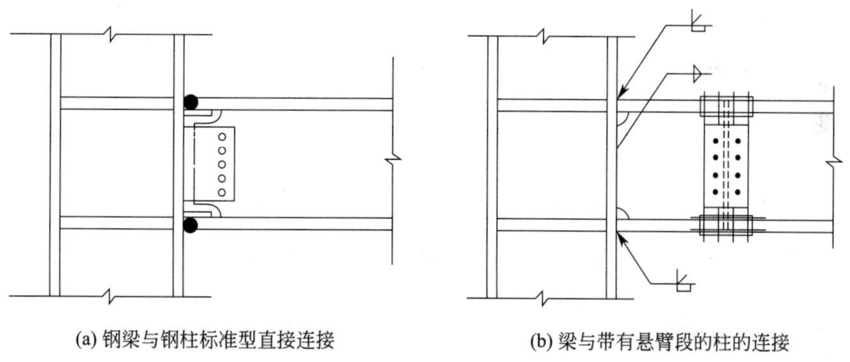

(a) 钢梁与钢柱标准型直接连接　　(b) 梁与带有悬臂段的柱的连接

图 4-18　刚性连接节点

钢梁与钢柱铰接连接时，在节点处，梁的翼缘不传力，与柱不应连接，只有腹板与柱相连以传递剪力。因此在图 4-19(a) 的情况中，柱中不必设置水平加劲肋，但在图 4-19(b) 中，为了将梁的剪力传给柱子，需在柱中设置剪力板，板的一端与柱腹板相连，另一端与梁的腹板相连。为了加强剪力板面外刚度，在板的上、下端设置柱的水平加劲板。连接用高强度螺栓的计算，除应承受梁端剪力外，尚应承受偏心弯矩 $V \cdot e$ 的作用。

半刚性连接节点是指那些在梁、柱端弯矩作用下，梁与柱在节点处的夹角会产生改变的节点形式，因此这类节点大多为采用高强度螺栓连接的节点。

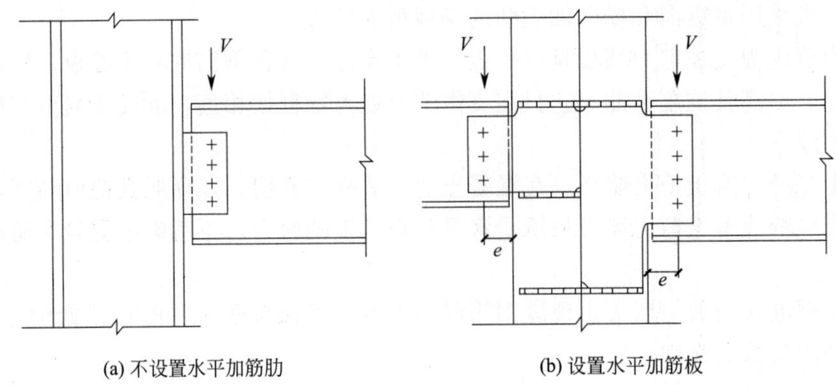

图 4-19　钢梁与钢柱的铰接连接节点

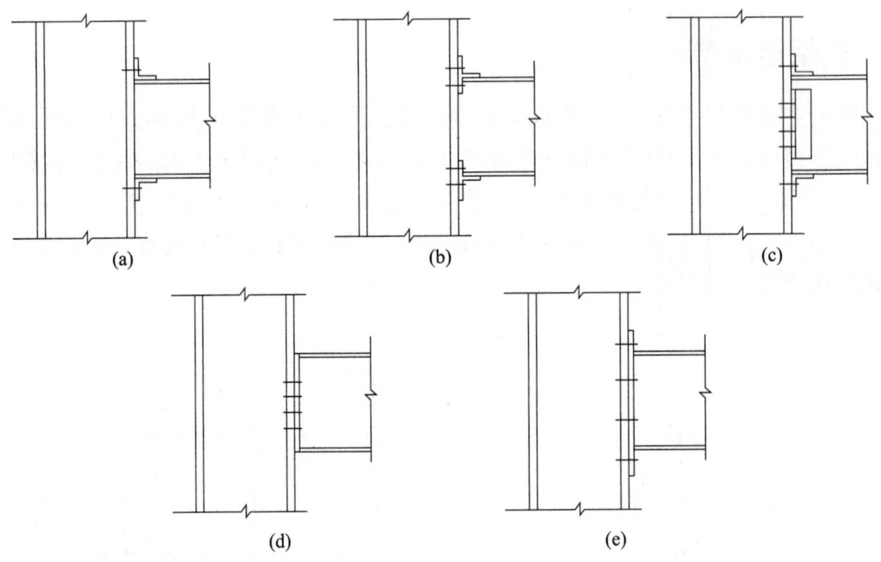

图 4-20　半刚性连接节点的几种形式

4.6.2　构件拼接节点

1. 柱截面相同时的拼接

框架柱的安装拼接应设在弯矩较小的位置，宜位于框架梁上方 1.3m 附近。在抗震设防区，框架柱的拼接应采用与柱子本身等强度的连接，一般采用坡口全熔透焊缝，也可用高强度螺栓摩擦型连接（图 4-21）。

2. 柱截面不同时的拼接

柱截面改变时，宜保持截面高度不变，而改变其板件的厚度。此时，柱子的拼接构造与柱截面不变时相同。当柱截面的高度改变时，可采用图 4-22 的拼接构造。图 4-22(a) 为边柱的拼接，计算时应考虑柱上下轴线偏心产生的弯矩，图 4-22(b) 为中柱的拼接，在变截面段的两端均应设置隔板。图 4-22(c) 为柱接头设于梁高度处时的拼接，变截面段的两端距梁翼缘不宜小于 150mm。

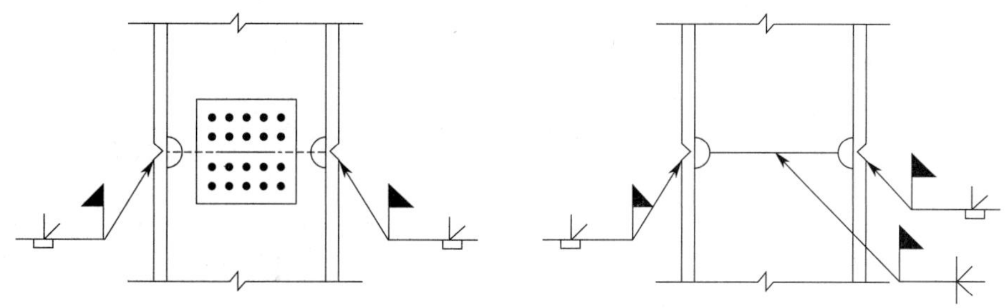

图 4-21　工字形柱工地接头

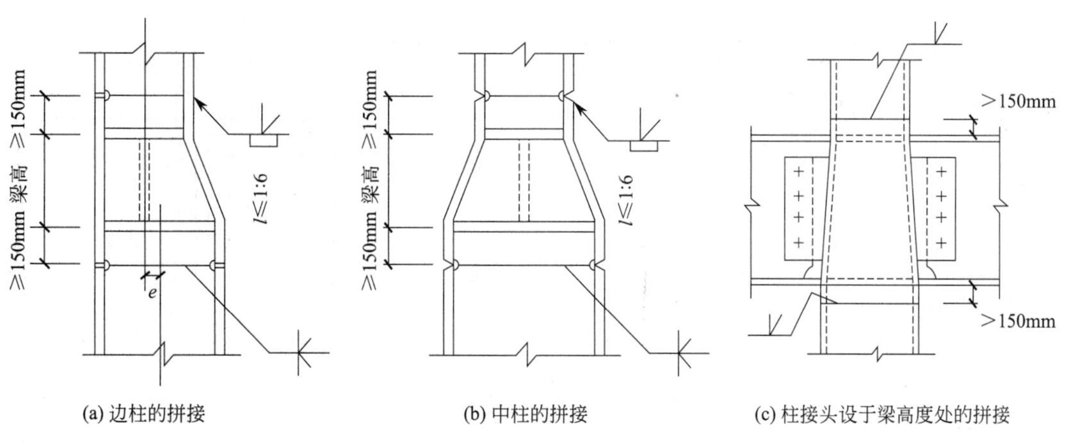

图 4-22　柱的变截面连接

3. 梁与梁的拼接

梁与梁的工地拼接可采用图 4-23 所示的形式。图 4-23(a）为栓焊混合连接的拼接，梁翼缘用全熔透焊缝连接，腹板用高强度螺栓连接。图 4-23(b）为全高强度螺栓连接的拼接，梁翼缘和腹板均采用高强度螺栓连接。图 4-23(c）为全焊缝连接的拼接，梁翼缘和腹板均采用全熔透焊缝连接。

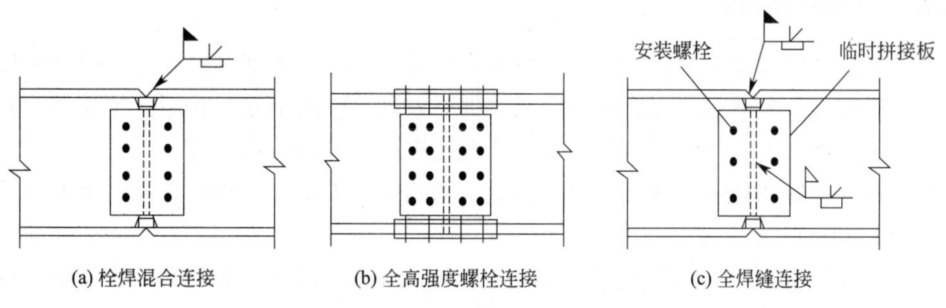

图 4-23　梁与梁的工地拼接形式

主梁与次梁的连接有简支连接和刚性连接。简支连接即将主次梁的节点设计为铰接，次梁为简支梁，这种节点构造简便，制作安装方便，是实际工程中常用的主次梁节点连接形式（图 4-24），如果次梁跨数较多、荷载较大，或结构为井子架，或次梁带有悬挑梁，则主次梁节点宜为刚性连接（图 4-25），可以节约钢材，减少次梁的挠度。

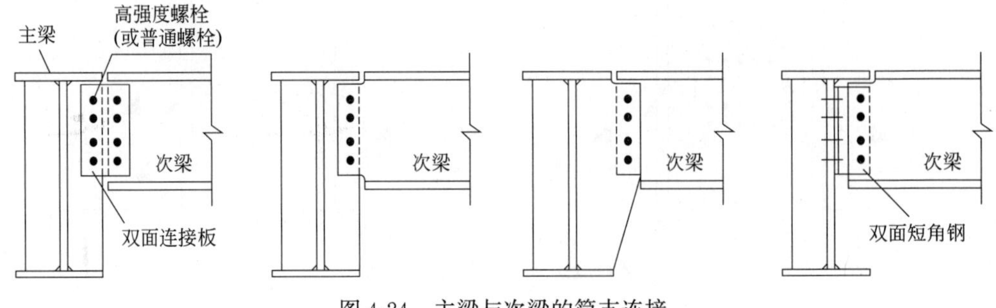

图 4-24　主梁与次梁的简支连接

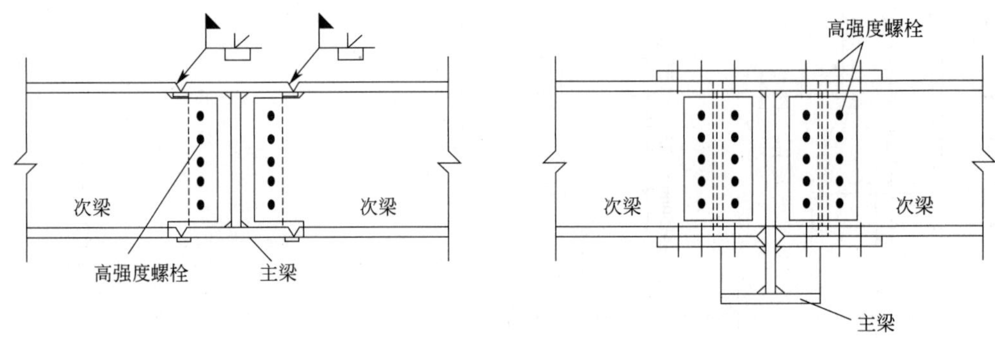

图 4-25　主梁与次梁的刚性连接

4. 抗震剪力墙板与钢框架的连接

钢板剪力墙与钢框架的连接，宜保证钢板墙仅参与承担水平剪力，而不参与承担重力荷载及柱压缩变形引起的压力。因此，钢板剪力墙的上下左右四边均应采用高强度螺栓通过设置于周边框架的连接板，与周边钢框架的梁与柱相连接。

钢板剪力墙连接节点的极限承载力，应不小于钢板剪力墙屈服承载力的 1.2 倍，以避免大震作用下，连接节点先于支撑杆件破坏。

4.6.3　柱脚的形式

在多层钢结构房屋中，柱脚与基础的连接宜采用刚接，也可采用铰接。刚接柱脚要传递很大的轴向力、弯矩和剪力，因此框架柱脚要求有足够的刚度，并保证其受力性能。刚接柱脚可采用埋入式、外包式和外露式。外露式柱脚也可设计成铰接。

埋入式柱脚是将钢柱底端直接插入混凝土基础或基础梁中，然后浇筑混凝土形成刚性固定基础，如图 4-26 所示。

外包式柱脚将钢柱柱脚底板搁置在混凝土基础顶面，再由基础伸出钢筋混凝土短柱将钢柱柱脚包住，如图 4-27 所示。

由柱脚锚栓固定的外露式柱脚作为铰接柱脚构造简单、安装方便，仅承受轴心压力和水平剪力。图 4-28 是常用的铰接柱脚连接方式。

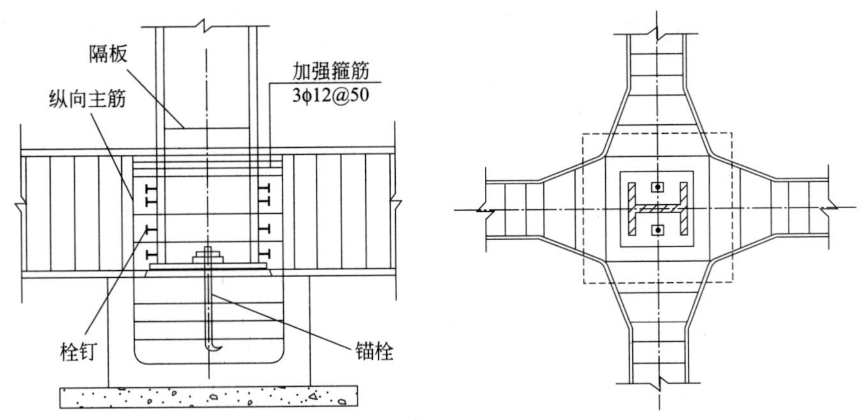

图 4-26　埋入式柱脚

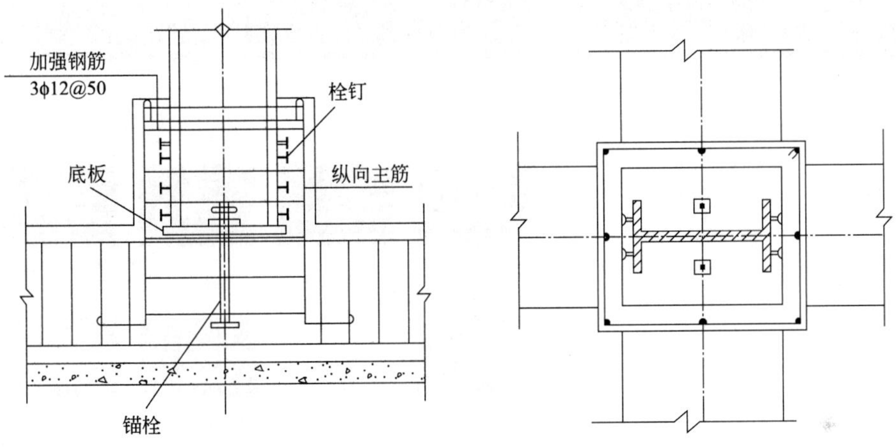

图 4-27　外包式柱脚

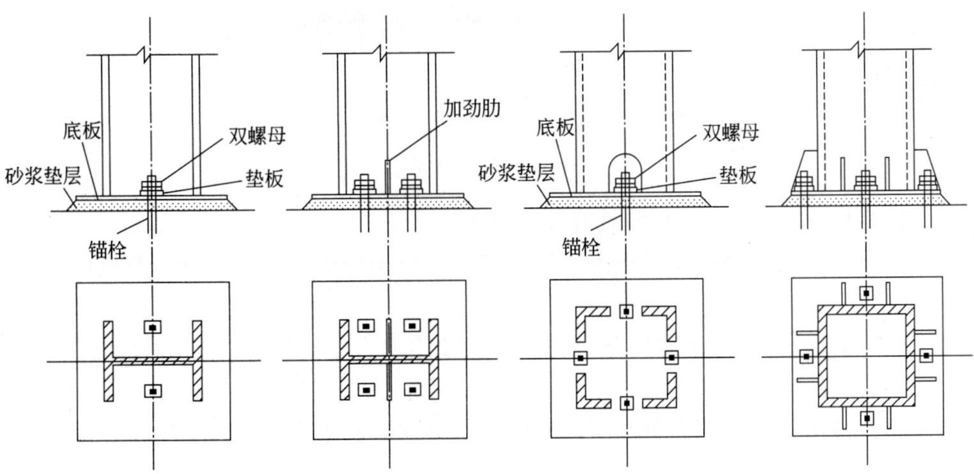

图 4-28　外露式柱脚铰接连接形式

第 5 章　STS 软件在钢结构设计中的应用

5.1　二维设计

钢结构 CAD 软件 STS 是 PKPM 系列的一个功能模块，既能独立运行，又可与 PKPM 其他模块数据共享（图 5-1）。其中钢结构二维设计模块涵盖了门式刚架、排架、平面桁架、平面框架、支架等形式的快速设计功能，同时也能对任意的平面杆系结构进行交互建模及计算。

图 5-1　软件界面

专业钢结构一体化 CAD 软件具有如下功能：

（1）可以完成钢结构的模型输入、截面优化、结构分析和构件验算、节点设计与施工图绘制。

（2）软件提供了 70 多种常用截面类型，以及用户自绘制的任意形状截面，常用钢截面，包括各类型的热轧型钢截面、冷弯薄壁型钢截面、焊接组合截面（含变截面）、实腹式组合截面、格构式组合截面等类型。程序自带型钢库，用户可以对型钢库进行编辑和扩充（图 5-2）。

（3）可以计算“单拉杆件”；可以定义互斥活荷载；进行风荷载自动布置；吊车荷载包括桥式吊车荷载、双层吊车荷载、悬挂吊车荷载；可以考虑构件采用不同钢号；通过定

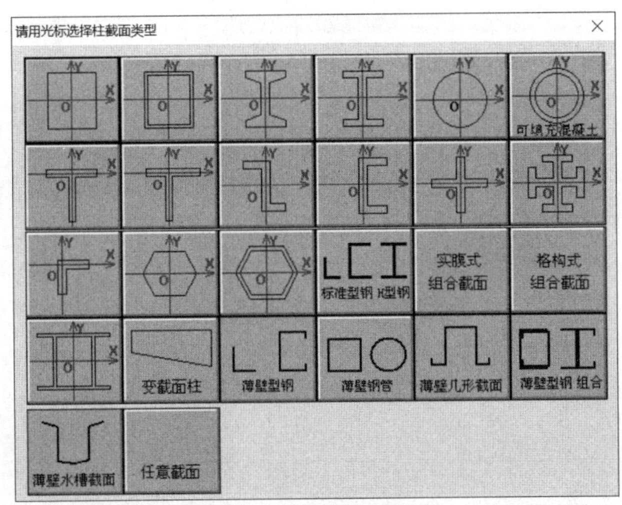

图 5-2　常用截面类型

义杆端约束实现滑动支座的设计；通过定义弹性支座实现托梁刚度的模拟；通过定义基础数据实现独立基础设计。

(4) 内力分析采用平面杆系有限元方法；可以考虑活荷载的不利布置；可以自动计算地震作用（包括水平地震和竖向地震）；荷载效应可以自动组合。

(5) 可以根据《钢结构设计标准》GB 50017—2017、《门式刚架轻型房屋钢结构技术规范》GB 51022—2015、《冷弯薄壁型钢结构技术规范》GB 50018—2002 等标准进行构件强度和稳定性计算，输出各种内力图、位移图、钢构件应力图和混凝土构件配筋图，输出超限信息文件、基础设计文件、详细的计算书等文档。

(6) 可以进行截面优化，根据构件截面形式，软件可以自动确定构件截面优化范围，用户也可以指定构件截面优化范围，软件通过多次优化计算，确定用钢量最小的截面尺寸。

对于门式刚架结构，提供了三维设计模块和二维设计模块。STS 模块的门式刚架三维设计，集成了结构三维建模、屋面墙面设计、刚架连接节点设计、施工图自动绘制、三维效果图自动生成功能。三维建模可以通过立面编辑的方式建立主刚架、支撑系统的三维模型；通过吊车平面布置的方法自动生成各榀刚架吊车荷载；通过屋面墙面布置建立围护构件的三维模型。自动完成主刚架、柱间支撑、屋面支撑的内力分析和构件设计，自动完成屋面檩条、墙面墙梁的优化和计算，绘制柱脚锚栓布置图，平面、立面布置图，主刚架施工详图，柱间支撑、屋面支撑施工详图，檩条、墙梁、隅撑、墙架柱、抗风柱等构件施工详图。通过门式刚架三维效果图程序，可以根据三维模型，自动铺设屋面板、墙面板以及包边；自动生成门洞顶部的雨篷；自动生成厂房周围道路、场景设计；交互布置天沟和雨水管；快速生成逼真的渲染效果图，可以制作三维动画。门式刚架二维设计，可以进行单榀刚架的模型输入、截面优化、结构分析和构件设计、节点设计和施工图绘制（图 5-3、图 5-4）。

对于平面框架、桁架（角钢桁架和钢管桁架）、支架，STS 模块可以接力分析结果，设计各种形式的连接节点，绘制施工图。节点设计提供多种连接形式，由用户根据需要选

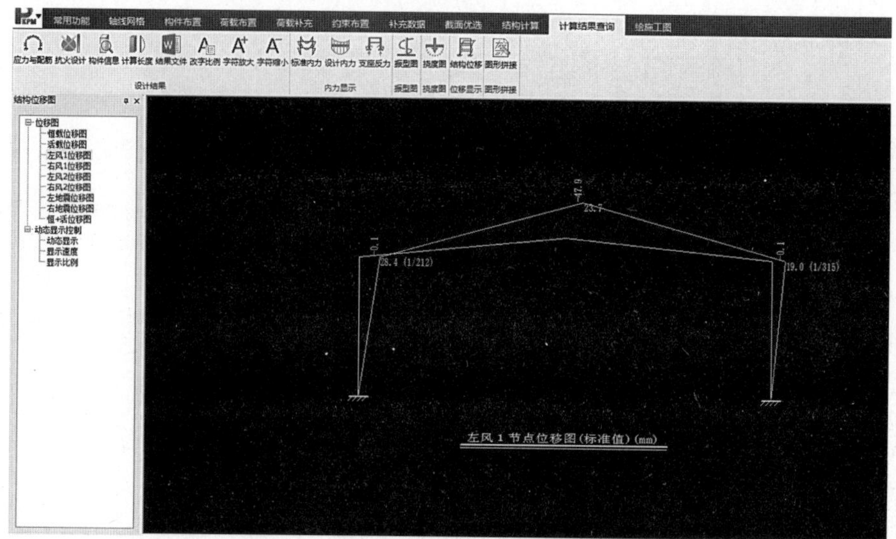

图 5-3　节点位移图

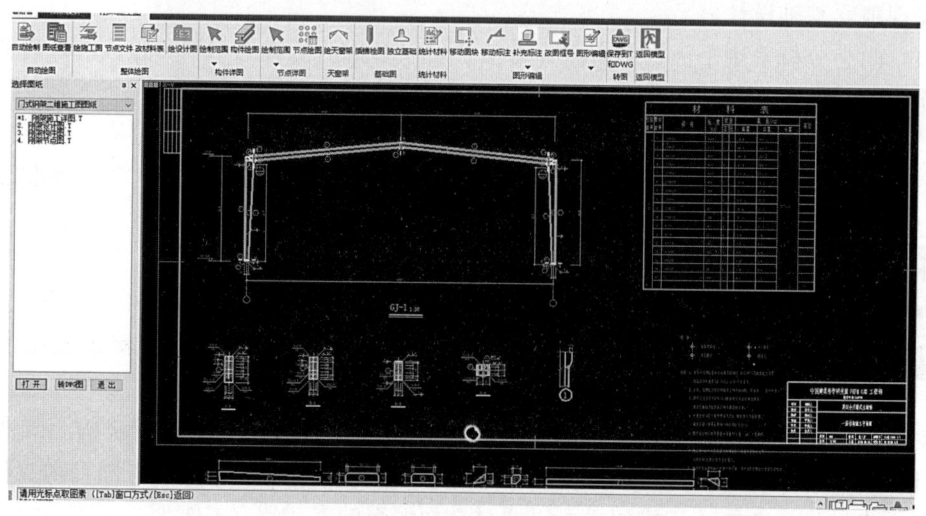

图 5-4　刚架施工图

用。软件绘制的施工图有构件详图和节点图，可以达到施工详图的深度。

软件自动布置施工图图面，同时提供方便、专业的施工图编辑工具，用户可用鼠标随意拖动图面上的各图块，进行图面布局。可用鼠标成组地拖动尺寸、焊缝、零件编号等标注，大大减少了修改图纸的工作量。

5.2　三维框架设计

利用 PMCAD、SATWE 和 STS 三个模块的接力组合，可以完成常规的钢框架的建模、计算及施工图设计。

PMCAD 软件采用人机交互方式，引导用户逐层地布置各层平面和各层楼面，再输入层高就建立起一套描述建筑物整体结构的数据（图 5-5）。PMCAD 具有较强的荷载统计和传导计算功能，除计算结构自重外，还自动完成从楼板到次梁、从次梁到主梁、从主梁到承重的柱墙、再从上部结构传到基础的全部计算，加上局部的外加荷载，PMCAD 可方便地建立整栋建筑的荷载数据。由于建立了整栋建筑的数据结构，PMCAD 成为 PKPM 系列结构设计各软件的核心，它为各分析设计模块提供了必要的数据接口。

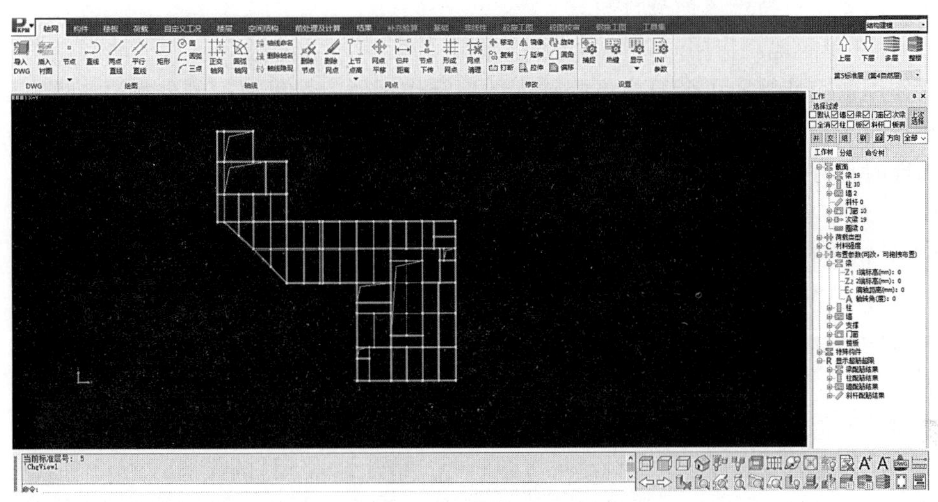

图 5-5　建模界面

SATWE 是专门为多、高层建筑结构分析与设计而研制的空间结构有限元分析软件，适用于各种复杂体型的高层钢筋混凝土框架、框剪、剪力墙、筒体结构等，以及钢-混凝土混合结构和高层钢结构。

SATWE 的基本功能如下：

（1）可自动读取经 PMCAD 建立的模型数据、荷载数据，并自动转换成 SATWE 所需的几何数据和荷载数据格式。

（2）程序中的空间杆单元除了可以模拟常规的柱、梁外，通过特殊构件定义，还可有效地模拟铰接梁、支撑等。特殊构件记录在 PMCAD 建立的模型中，这样可以随着 PMCAD 建模变化而变化，实现 SATWE 与 PMCAD 的互动。

（3）随着工程应用的不断拓展，SATWE 可以计算的梁、柱及支撑的截面类型和形状类型越来越多。梁、柱及支撑的截面类型在 PMCAD 建模中定义。混凝土结构的矩形截面和圆形截面是最常用的截面类型；对于钢结构来说，工字形截面、箱形截面和型钢截面是最常用的截面类型。除此之外，PKPM 的截面类型还有如下重要的几类：常用异型混凝土截面，如 L、T、+、Z 形混凝土截面；型钢混凝土组合截面；柱的组合截面；柱的格构柱截面；自定义任意多边形异型截面；自定义任意多边形、钢结构、型钢的组合截面。对于自定义任意多边形异型截面和自定义任意多边形、钢结构、型钢的组合截面，需要用户用人机交互的操作方式定义，其他类型的定义都是用参数输入，程序提供针对不同类型截面的参数输入对话框，输入非常简便。

（4）SATWE 也适用于多层结构、工业厂房以及体育场馆等各种复杂结构，并实现了在三维结构分析中考虑活荷载不利布置功能、底框结构计算和吊车荷载计算。

（5）自动考虑了梁、柱的偏心和刚域影响。

（6）自动判断钢框架有无侧移。

（7）具有较完善的数据检查和图形检查功能，及较强的容错能力。

（8）具有模拟施工加载过程的功能，并可以考虑梁上的活荷载不利布置作用。

（9）可任意指定水平力作用方向，程序自动按转角进行坐标变换及风荷载导算；还可根据用户需要进行特殊风荷载计算。

（10）在单向地震作用时，可考虑偶然偏心的影响；可进行双向水平地震作用下的扭转地震作用效应计算；可计算多方向输入的地震作用效应；可按振型分解反应谱方法计算竖向地震作用；对于复杂体型的高层结构，可采用振型分解反应谱法进行耦联抗震分析和动力弹性时程分析。

（11）对于高层结构，程序可以考虑 P-Δ 效应。

（12）可进行吊车荷载的空间分析和配筋设计。

（13）SATWE 计算完成以后，可接力施工图设计软件绘制梁、柱、剪力墙施工图；接力钢结构设计软件 STS 绘制钢结构施工图。

（14）可为 PKPM 系列中基础设计软件 JCCAD、BOX 提供底层柱、墙内力作为其组合设计荷载的依据，从而使各类基础设计中的数据准备工作大大简化。

STS 可以接力 SATWE 的设计结果（图 5-6），结合 PMCAD 的模型信息，完成钢框架全楼的梁柱连接、主次梁连接、拼接连接、支撑连接、柱脚连接以及钢梁和混凝土柱或剪力墙等节点的自动设计和归并，绘制施工图。提供的三维模型图可以从任意角度观察节点实际模型（图 5-7）。可以统计全楼高强度螺栓用量和钢材用量，绘制钢材订货表。可根据不同设计单位的出图要求，绘制设计院需要的设计图（包括基础锚栓布置图，平面、立面布置图，节点施工图等），绘制加工单位需要的施工详图（包括布置图，梁、柱、支撑构件施工详图）。

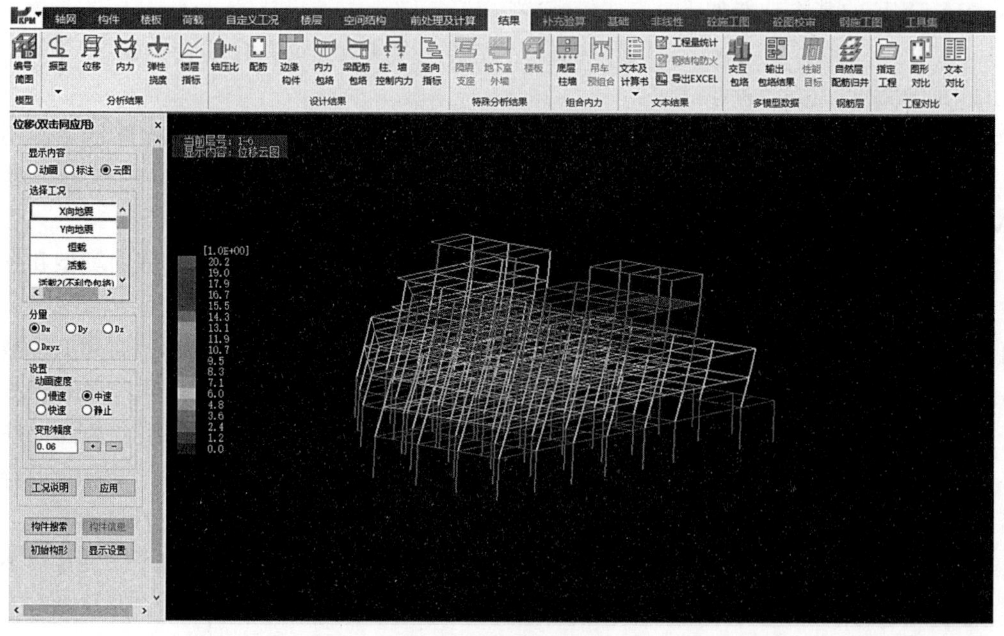

图 5-6　分析结果查看

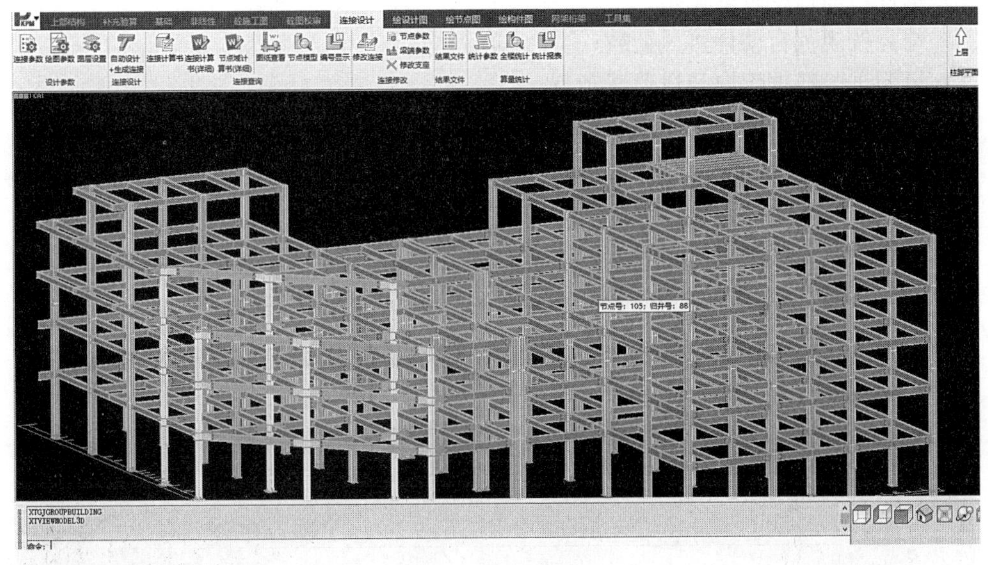

图 5-7　三维模型图

5.3　工具箱

STS 工具箱可以完成基本构件、围护构件，连接节点、吊车梁以及其他钢结构相关构件和零件的验算、设计和施工图绘制。

对于一些不便在主结构中进行分析的部分，或者一些只需要做局部验算的构件或连接，都可以使用工具箱进行设计。相对于主结构分析需要走完整的建模-设计-施工图的流程，且需要不少的等待时间，工具箱就凸显了其灵活性和简洁性。

5.4　空间结构设计

大跨空间结构形式多样，主要包括网架结构、网壳结构、空间管桁架结构、索膜结构等。在众多结构形式中，网架、网壳与空间管桁架在实际工程中应用最为广泛。PKPM 在 2014 年首次推出网架网壳设计软件 STWJ，并于 2017 年进行了全面升级，陆续推出了 STWJ V3.2、STWJ V4.1、STWJ V4.2、STWJ V4.3 四个新版本。2018 年 PKPM V4.2 版本发布了空间管桁架设计软件 STGHJ，对 V4.3 版本进行了产品升级，此款软件是 PKPM 在空间结构设计领域的进一步扩展。

软件分为两大功能模块：

(1)“大跨空间结构设计”——大跨空间结构单独精细化设计（图 5-8)。功能组织紧密围绕网架网壳结构、管桁架结构设计，包括网架网壳、管桁架的快速建模，荷载定义，约束布置，设计参数选项，截面库的设定与网架网壳、管桁架截面自动优选，网架网壳、管桁架设计结果查看，网架网壳、管桁架节点与施工图绘制，材料统计等功能。特色功能如下：

1）基于梁、杆有限元的设计分析；

2）网架网壳、管桁架的参数化建模；

3）构件截面角度自动调整；
4）球壳按规范自动计算风荷载；
5）风洞试验数据读取与风荷载布置；
6）进行多方向角的地震作用分析；
7）进行截面优选和网架高度优选；
8）进行屈曲分析和时程分析；
9）生成图文并茂的计算书；
10）进行螺栓球、焊接球节点和相贯节点的设计，生成施工图。

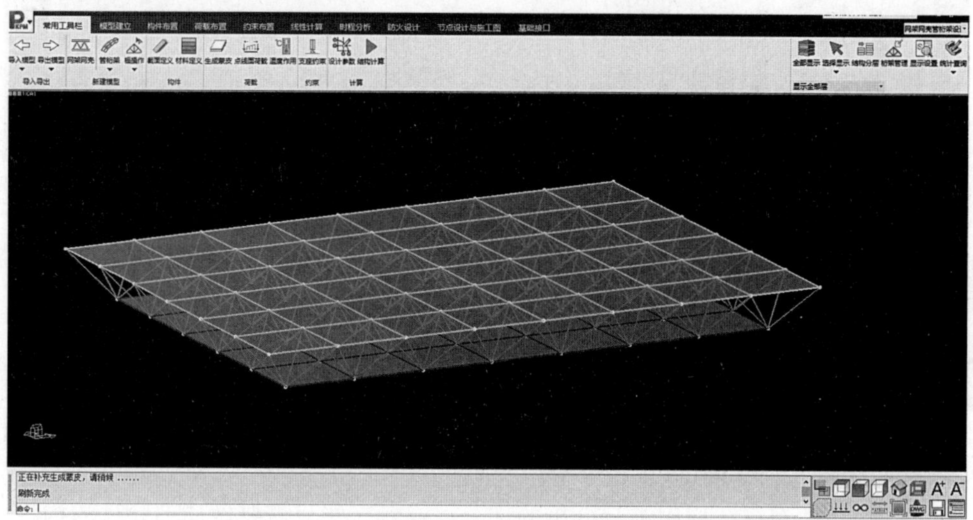

图 5-8　大跨空间结构设计

（2）“整体分析与网架网壳、管桁架设计”（以下简称整体分析）（图 5-9）。功能组织

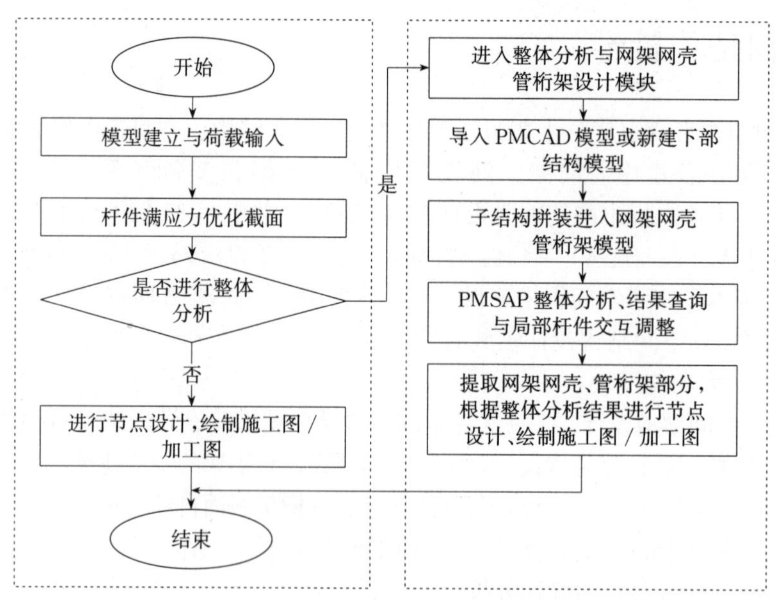

图 5-9　整体分析与网架网壳、管桁架设计

涵盖了下部结构设计与网架网壳、管桁架设计，包括下部结构建模与 PMCAD 模型导入、空间结构模型拼装、整体设计参数选项、PMSAP 结构整体分析功能、结构整体指标控制与下部结构设计、结构构件设计、网架网壳、管桁架节点与施工图绘制、材料统计等功能。

大跨空间结构与下部结构整体分析时，通过通用支座功能，设定大跨空间结构与下部结构之间的连接支座形态，可以设定普通铰支座、单向滑动支座、双向滑动支座、弹簧支座、带阻尼的弹簧支座等，实现上部结构与下部结构连接支座的模拟分析。

5.5　钢结构深化设计

深化设计软件 DetailWorks 能够完成钢结构和钢筋混凝土结构的三维模型输入（图 5-10），根据设计图，快速地建立节点连接，向建筑施工或制造加工单位提供用于加工和安装的施工图纸。

软件适用于钢结构及钢筋混凝土结构施工详图设计。

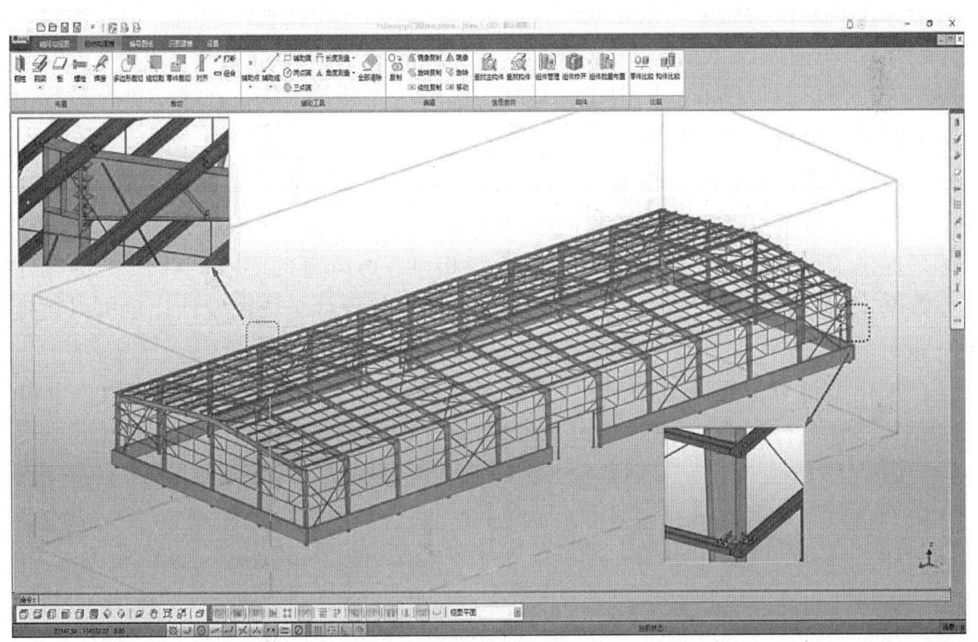

图 5-10　深化设计软件 DetailWorks

结构三维模型输入提供两个方法，即门式刚架三维模型输入方法和框架三维模型输入方法。门式刚架三维模型输入方法采用以标准立面建立、复制的建模方式，适用于门式刚架、立面比较相似的框架结构，以及框架顶层为门式刚架的结构。框架三维模型输入方法采用以标准层建立、复制、组装的建模方式，适用于各种框架结构，以及复杂结构的建模。

门式刚架三维模型输入方法和框架三维模型输入方法建立的结构模型，都可以直接进行结构详图设计。门式刚架三维模型输入方法建立的结构模型，也可以在框架三维模型输入中打开、编辑修改，如添加屋面水平支撑或柱间支撑等。

深化详图设计的主要功能是：可以人机交互快速建立柱脚、梁柱连接、主次梁连接等节点连接数据；也可以输入构件端部设计内力，自动进行节点连接设计；节点连接数据建立后，可以进行全楼归并；自动绘制平面布置图、立面布置图；自动绘制全楼节点施工图；自动绘制全楼构件加工详图；自动绘制零部件加工详图和材料清单；自动管理平面布置图、立面布置图、加工详图等图纸资料。主要特点如下：

（1）补充建模。详图设计是在结构三维模型的基础上建立的，但是三维建模时，只包含了主要的结构构件，如梁、柱、支撑等主结构构件。软件通过补充建模的功能，来读取门式刚架围护结构构件信息，输入楼梯、栏杆等次要结构构件信息，还可以对主要结构构件的属性进行编辑修改，例如修改梁、柱、支撑构件的布置角度、偏心、错层等数据，达到和实际模型完全一致的程度。

（2）连接创建。连接的创建工作在“节点设计与修改”中完成，该功能主要是建立所有的连接数据，也可以根据工程情况，进行反复的连接建立与修改。

人机交互快速创建的连接类型涵盖了框架结构、工业厂房结构的常用节点形式；自动创建连接的功能，能够根据输入的内力，自动完成连接设计，产生连接零件。

自定义创建连接功能可以根据软件提供的交互工具（设置工作平面、构件接合、构件切割，创建编辑连接板、焊缝、螺栓群等），创建各种复杂的连接零件。

（3）连接编辑。提供的连接创建、复制、编辑功能高效快捷，在连接创建过程中可以进行图纸查看、节点三维模型查看、碰撞检查。

（4）自动成图。根据三维模型，可以自动绘制平面布置图、立面布置图、构件详图、零件下料图、安装节点图、零件清单等图纸及资料。

（5）提供了与 PKPM 结构设计软件的无缝接口：可以直接读取 PKPM 结构设计软件的模型数据、三维分析内力结果，自动进行全楼的连接设计与详图设计；也可以直接接力 PKPM 设计软件 PKPM-PS 的全楼连接设计结果进行详图设计。

（6）深化设计软件 DetailWorks（提供单机版和网络版）可以单独使用，也可以和 PKPM 结构设计软件配合使用。

第 6 章 钢结构设计案例解析

【例题】 两层钢结构体系，首层为普通框架结构，二层为门式刚架结构。首层和二层的平面图如图 6-1 所示。其中首层层高 3.3m，二层檐口高 5.5m，屋面坡度 10%。楼面

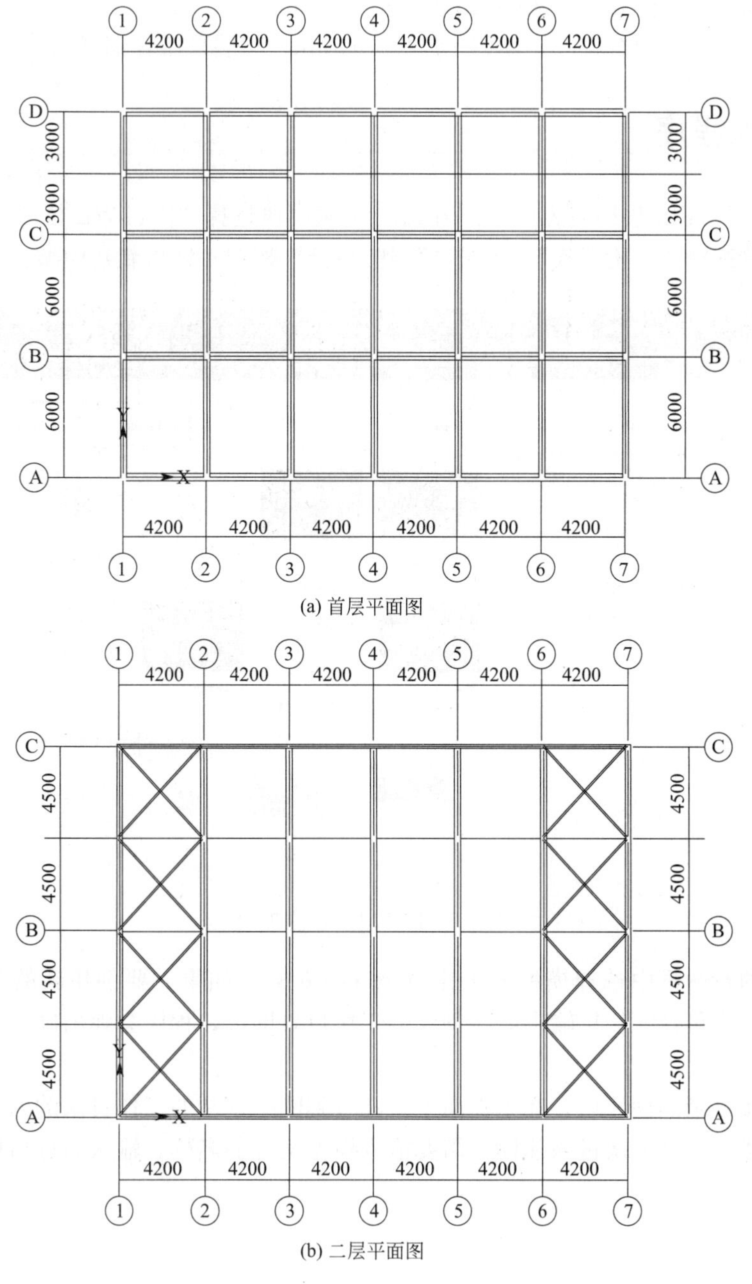

图 6-1 首层和二层平面图（单位：mm）

恒荷载 3.0kN/m²，活荷载 3.0kN/m²；屋面恒荷载 0.5kN/m²，活荷载 0.3kN/m²；基本风压 0.35kN/m²；7 度区。

柱截面：焊接 H 型钢 400mm×300mm×10mm×14mm、国标 H 型钢 HW400mm×400mm。

梁截面：焊接 H 型钢 300mm×200mm×8mm×12mm、焊接 H 型钢 300mm×250mm×10mm×14mm、焊接 H 型钢 450mm×300mm×10mm×14mm、圆管 120mm×8mm。

支撑截面：国标热轧等边角钢∟110mm×8mm。

楼板：一层采用组合楼盖，肋以上厚度 100mm；二层采用轻钢屋面。

6.1 进入程序

首先打开 PKPM 程序主界面（图 6-2），左侧模块选择“SATWE 核心的集成设计”，右侧下拉菜单选择“结构建模”，点击“新建/打开”按钮，即可新建模型。

图 6-2　PKPM 程序主界面

在弹出的对话框中选择模型的工作目录（图 6-3）。如果需要创建新的工作目录，则只需要在“工作路径”栏里输入需要创建的工作目录即可，程序会弹出确认对话框，确认即完成创建。

完成工作目录的创建后，在主界面上就能看到刚刚创建的工作目录的名字，双击该图标即可进入建模。第一次进入建模，需要输入模型文件的名称，输入名称后即进入正式建模（图 6-4）。

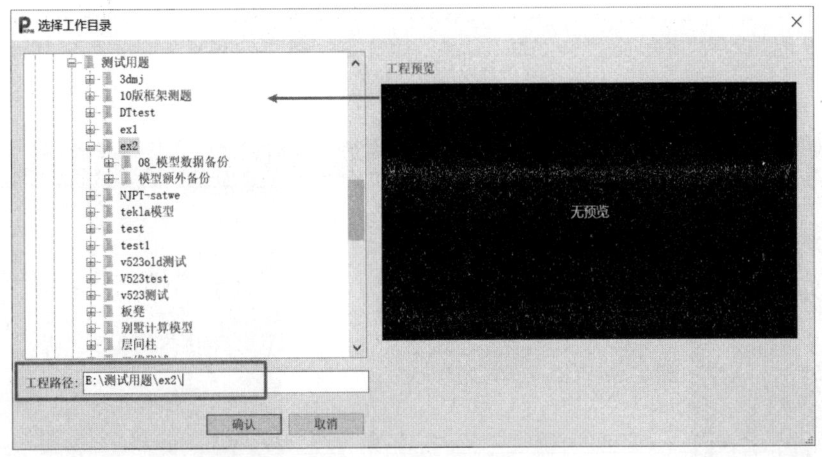

图 6-3　选择工作目录对话框

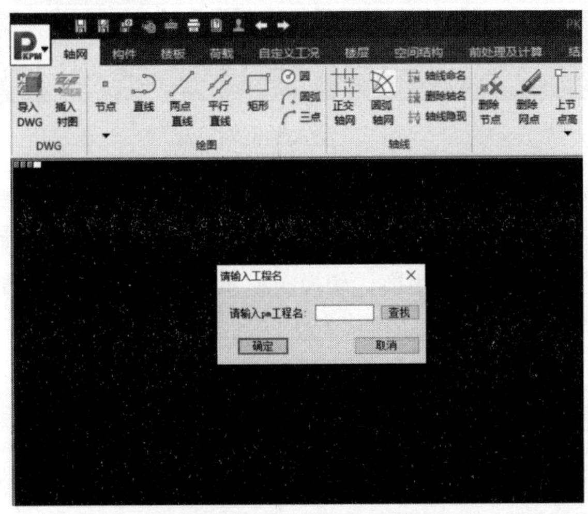

图 6-4　进入建模对话框

6.2　建模

6.2.1　轴线

1. 快速生成

点击菜单上的“正交轴网”按钮，出现输入轴网对话框（图 6-5）。从一层平面图来看，整体的轴网规则，可以按间距×重复数的方式来输入轴网信息，所以在“下开间”的行中，输入 4200×6，代表按 4200mm 的轴网间距，重复 6 遍。如果轴网间距不规则，则可以用“+”来表达多个不同的轴网间距。比如轴网是两个 4200mm 间距和一个 5000mm 间距，则可以输入 4200×2+5000。这里左进深我们输入 6000×3。

这里需要注意一下的是，默认轴线命名是不打开的，因为一旦打开后，所有的轴线都

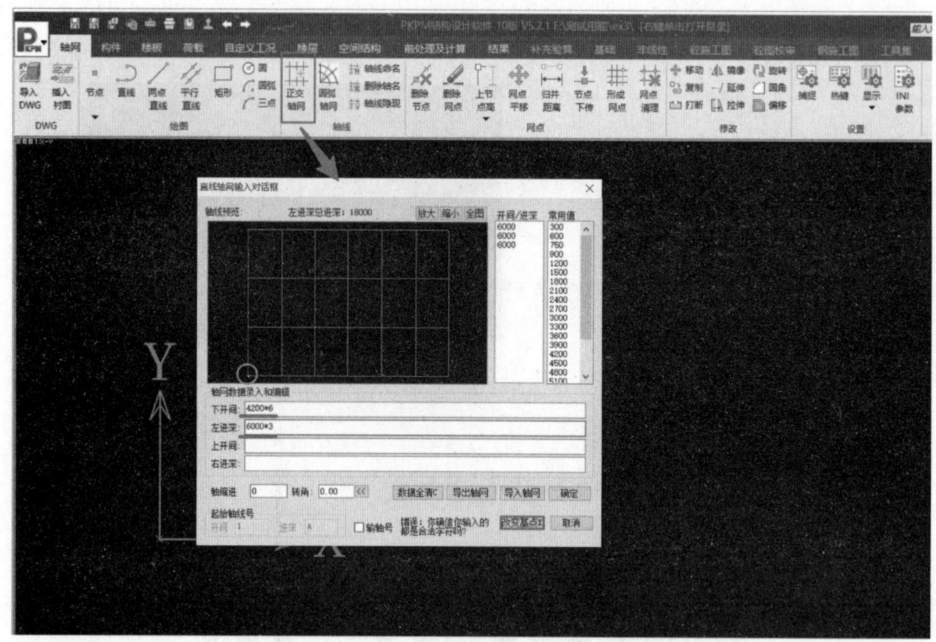

图 6-5　输入轴网对话框

会按规则进行命名，如果有不需要命名的轴线，后期进行交互修改就会比较繁琐。

默认轴网的插入点在网格的左下方，也就是绿色圈中高亮的点。如果需要切换插入点，可以点击“改变基点”的按钮进行切换，切换时显示插入位置的高亮点会实时变化。当我们完成轴线的输入后，点击“确定”，就可以把轴网动态地插入到平面上了（图 6-6）。

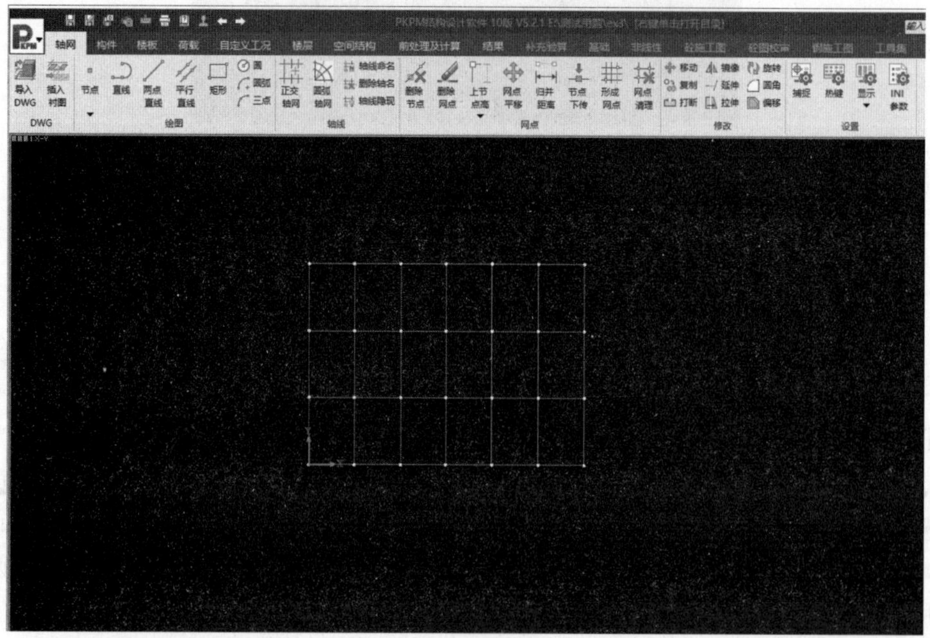

图 6-6　轴网插入

从一层平面上我们可以注意到，在左上角处有一道局部的次梁。这部分的次梁我们可以通过绘图功能来补充轴线。选择“两点直线”功能，默认状态下，程序会自动捕捉轴线的中点，两端中点相连，就生成了该处的轴线（图 6-7）。绘制完轴线后，程序不会马上形成相交处的网点，如果需要看到网点，可以点击“形成网点”的菜单来强制生成。

图 6-7　补充轴线

在完成了第一标准层的轴网创建后，我们可以通过标准层下拉切换的菜单来创建一个新的标准层（图 6-8、图 6-9），新标准层只复制下一层的网格就可以。

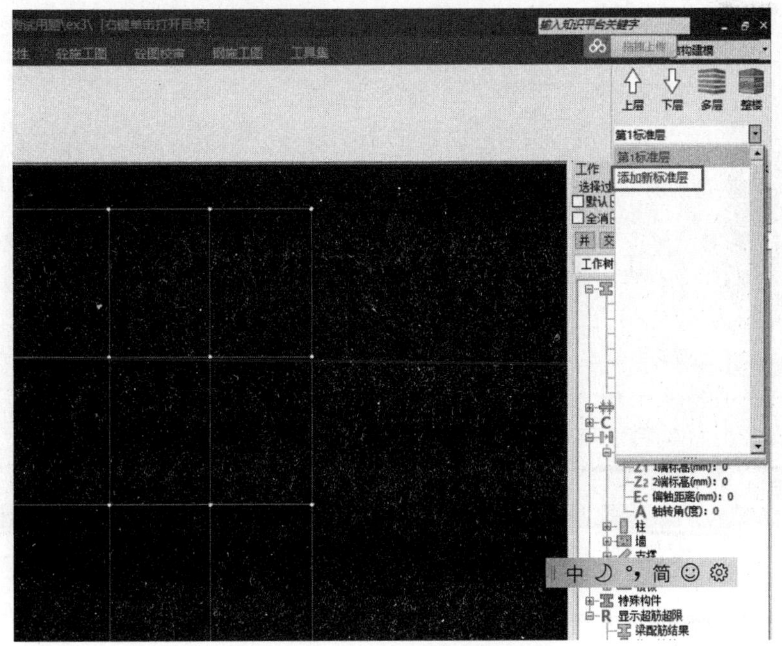

图 6-8　标准层下拉切换菜单

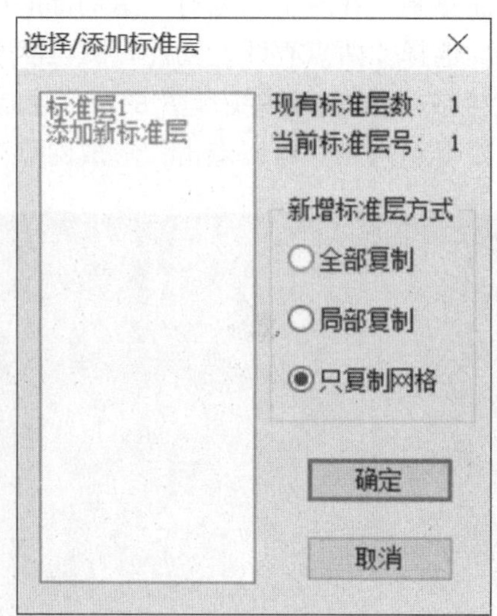

图 6-9 选择/添加标准层

从前面的平面布置图来看，二层平面只有周圈的柱网，所以需要删除多余的轴线和网点。选择“轴网→删除网点”功能，然后从右往左框选，此时的选择方式为框内和与框相交的轴线都被选中，选中后按右键确认删除（图 6-10）。

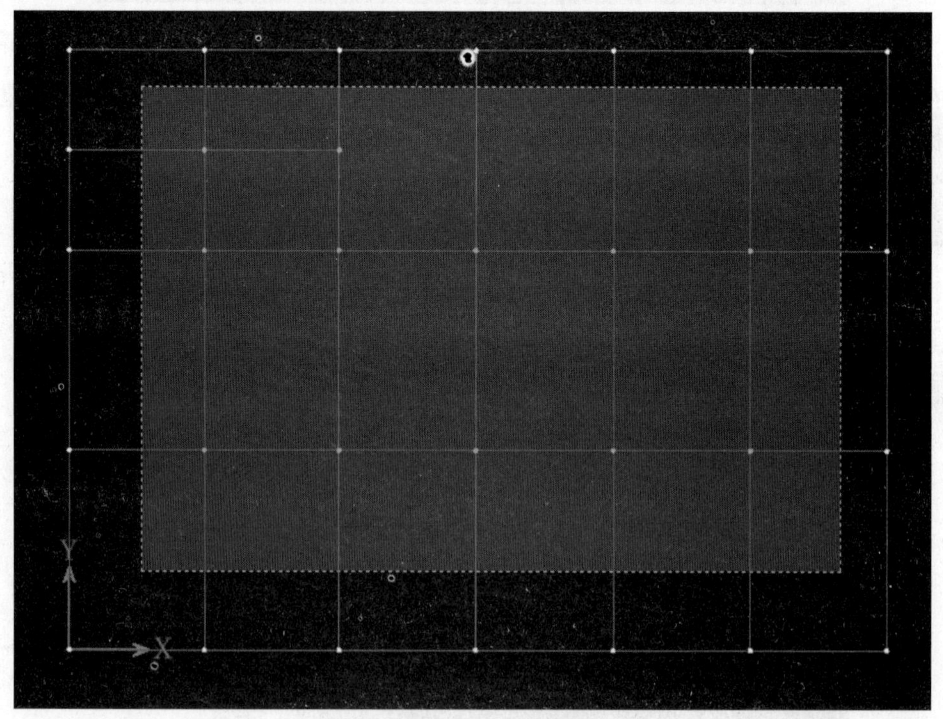

图 6-10 删除多余的轴线和网点

同样，使用“删除节点的功能”，对多余的节点进行删除（图 6-11）。

最后，采用“两点直线”的功能补完剩余的轴线（图 6-12）。

图 6-11　删除多余的节点

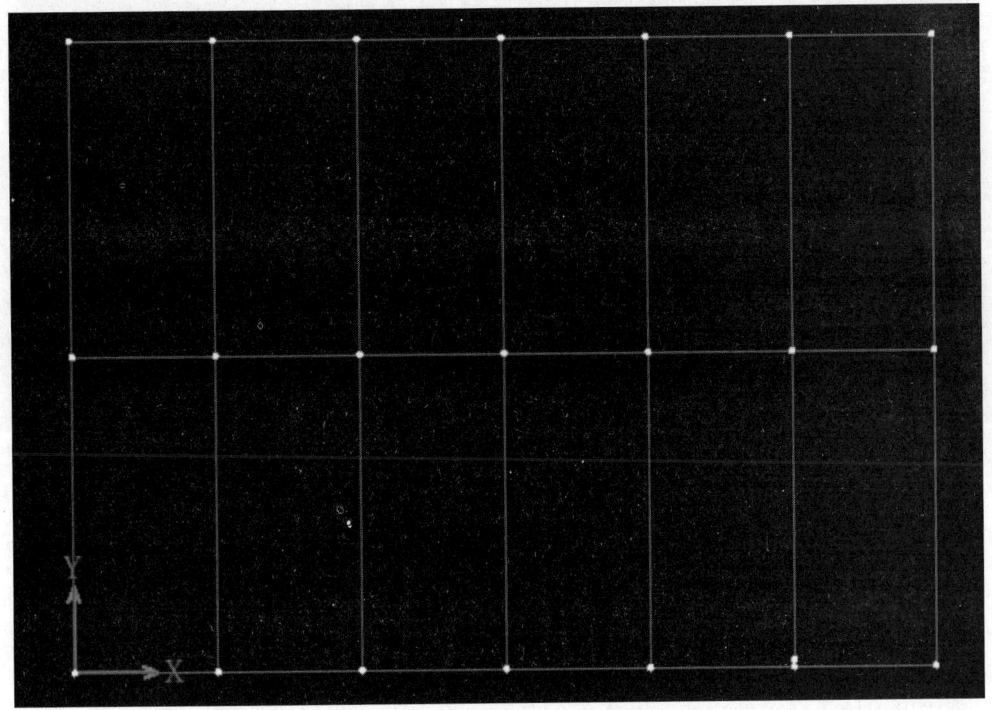

图 6-12　补充剩余的轴线

2. 轴线命名

程序默认轴线是可以不用命名的，也不会影响计算。但是后面接力施工图时，如果没有轴线名称，程序就无法生成对应轴线的立面图。所以如果有施工图需要的话，还是应该对轴线进行命名。

点击“轴线命名”按钮，进入命名状态。这里需要注意一下的是，程序一些功能除了会在弹出对话框中有提示外，很多功能都会在下部的命令栏给出提示（图 6-13）。在这个功能中，就会在命令栏中给出提示。我们可以按提示，按“Tab”键进入批量选择状态，然后选择起始轴线，程序就会自动高亮该方向上的所有可命名的轴线（这里要注意一下，程序按照制图标准，批量轴线的方向是按从左往右、从下往上的顺序进行命名的，所以选择起始轴线的时候应该选择左侧或者下侧的第一根）。按命令栏提示，选择不需要的轴线，因为这个模型中没有，直接按“ESC”进入下一步。接着输入起始的轴线名称，这里是纵向的轴线，按照习惯，以数字命名，输入“1”。

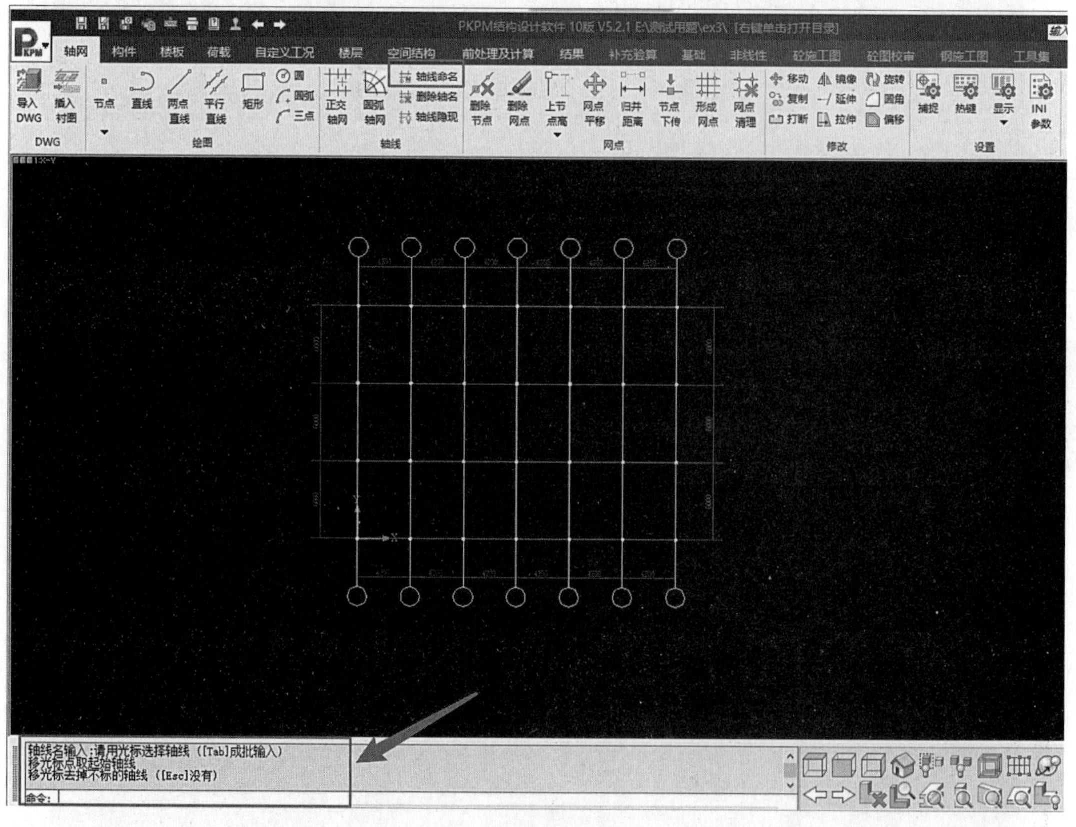

图 6-13　轴线命名

横向轴线的输入方式也同上，但是要注意一下，由于程序会自动识别所有的横向轴线，所以在批量输入的时候，次梁处也会自动识别为轴网。这里需要在提示“移光标去掉不标的轴线”时，点选框中的轴线进行删除，此后再进行编号即可（图 6-14）。

完成以上输入后，就完成了整个轴网的建立和命名工作了，效果如图 6-15 所示。

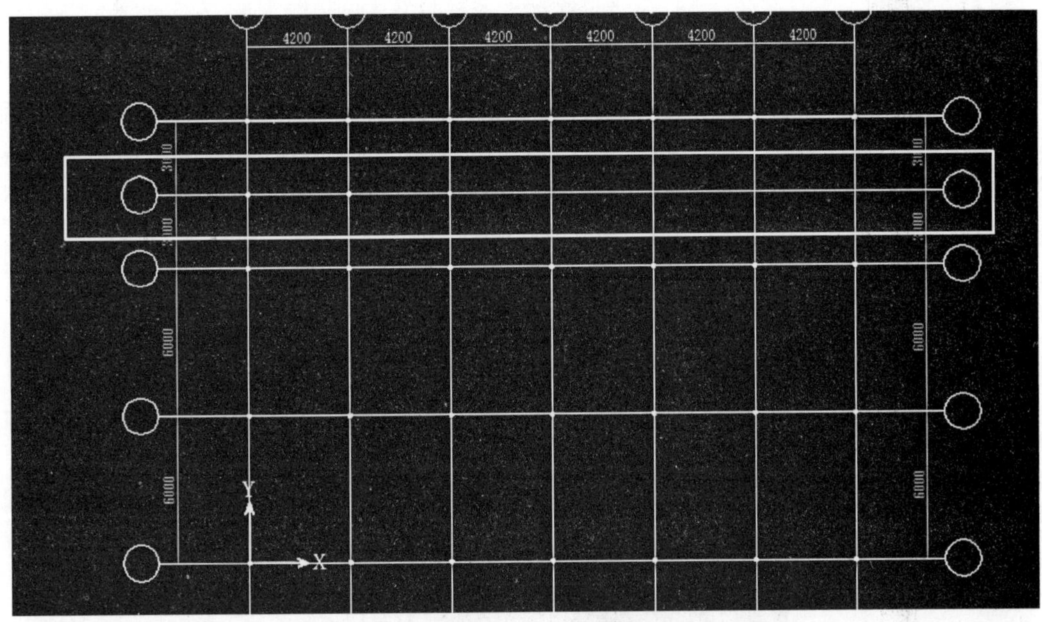

图 6-14　横向轴线的输入

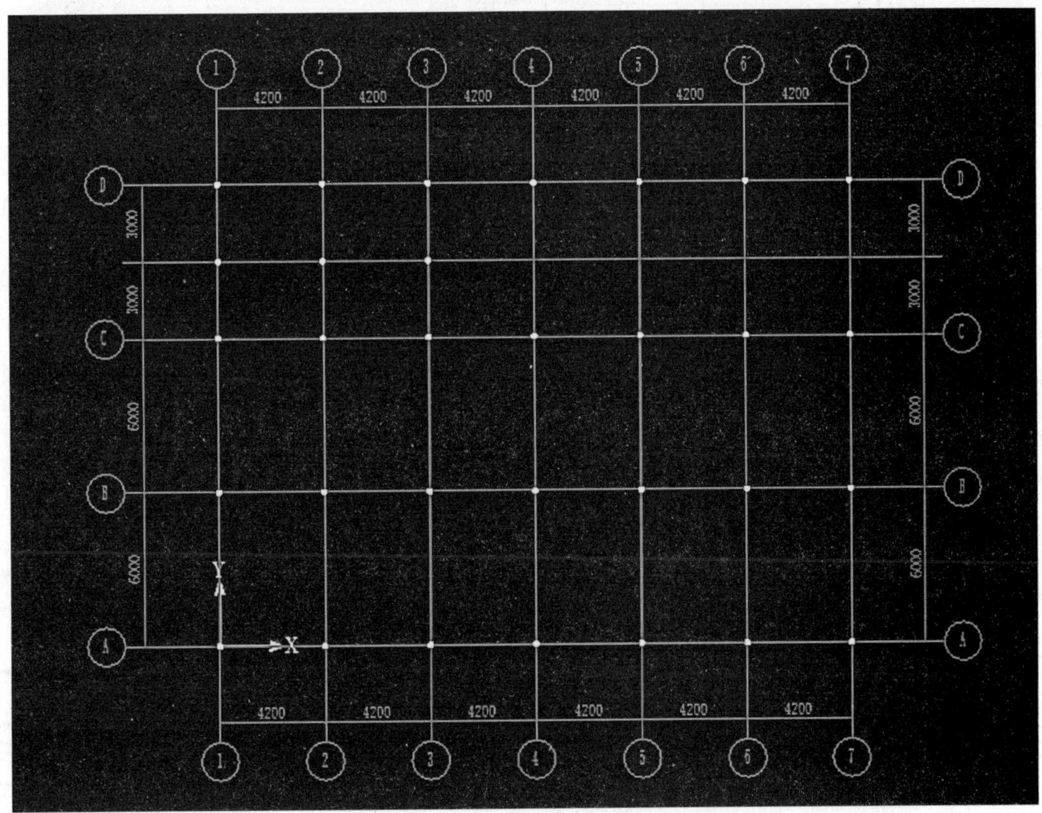

图 6-15　整个轴网的建立和命名

6.2.2 构件

1. 概要

完成轴网的设置后，就可以进行构件的布置了。钢构件的特点就是截面比较复杂，而且类型较多，所以在输入时需要搞清楚所用截面的类型。比如 H 型钢就分为焊接 H 型钢和国标 H 型钢以及国外 H 型钢几种，这几种在程序中的输入和截面特性上都是有区别的（图 6-16、图 6-17）。

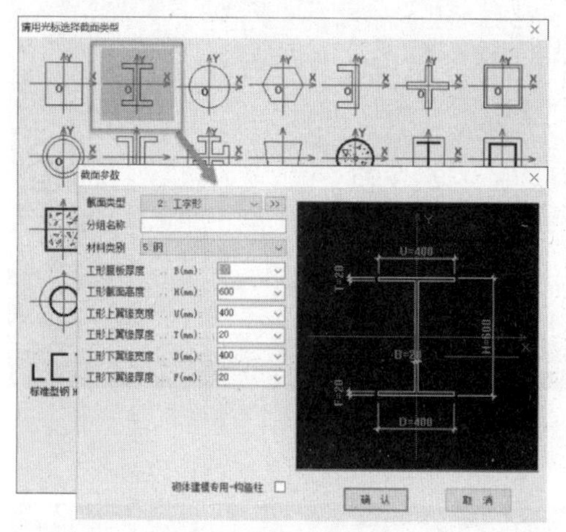

图 6-16　焊接 H 型截面

图 6-17　国标 H 型截面

2. 柱

第一层的外圈柱采用焊接 H 型截面，尺寸为 400mm × 300mm × 10mm × 14mm（图 6-18）。一般像焊接 H 型截面的表达都是“截面高×截面翼缘宽×腹板厚×翼缘厚”，这里我们按截面的尺寸输入对话框中。同样的，内部的柱子采用的是国标 H 型钢

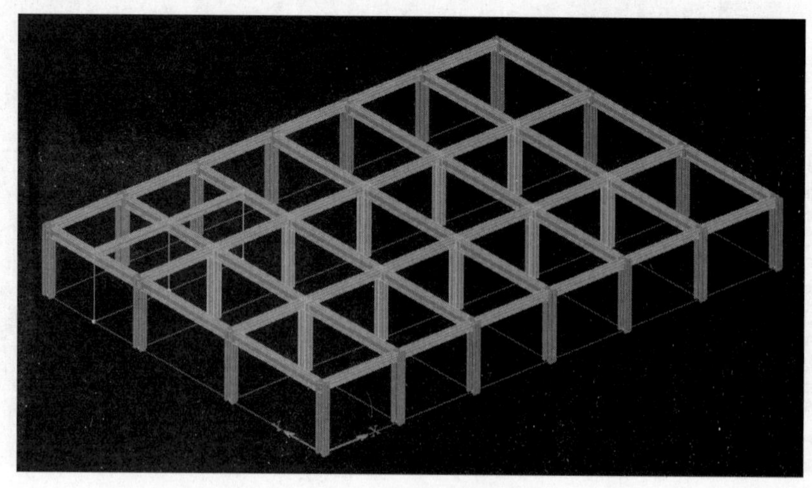

图 6-18　第一层柱效果图

HW400mm×400mm。国标 H 型钢的表达方法略有不同，一般以 H 开头，第二个字母是截面特殊形式的缩写，像宽翼缘是 W，中翼缘是 M，窄翼缘是 N。而名称一般只表达截面的外围尺寸，具体尺寸和截面特性根据《热轧 H 型钢和剖分 T 型钢》GB/T 11263—2017 确定。二层全部采用焊接 H 型截面 400mm×300mm×10mm×14mm（图 6-19）。

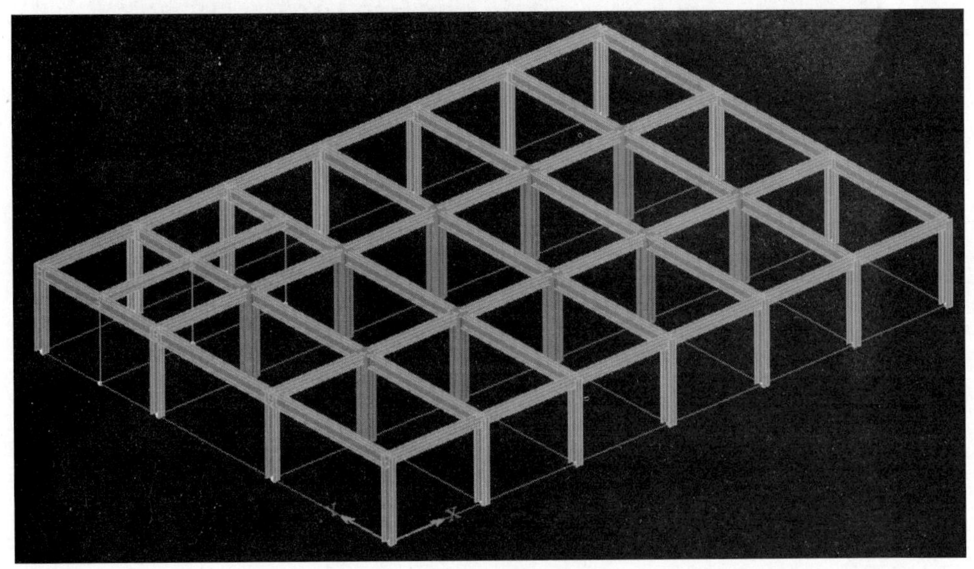

图 6-19　第二层柱效果图

在柱截面布置时，注意布置参数是可以实时调整的，在截面列表的右上方就是具体的布置参数（图 6-20），修改后实时起效，布置下一个的时候就会按此参数来控制。

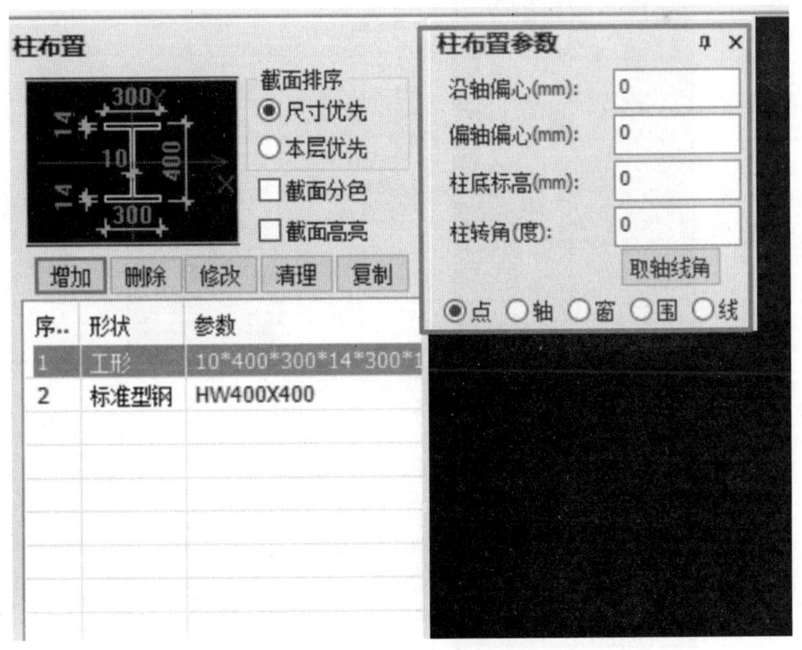

图 6-20　柱布置参数

而在实时布置中，程序采用的是点选框选二合一的方式，即如果你直接点取节点，则是单个布置的方式；如果你按住鼠标左键不放，则进入框选状态，可以同时布置多个杆件（图 6-21）。

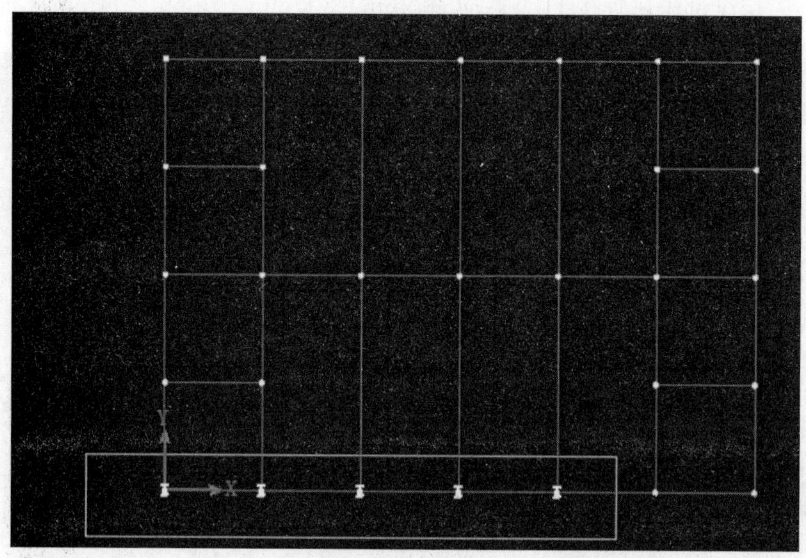

图 6-21　框选方式

如果对已经布置完毕的构件进行修改，则可以在构件上点击右键，此时构件高亮，同时弹出构件属性对话框（图 6-22）。在属性对话框中，可以修改布置信息以及截面信息。

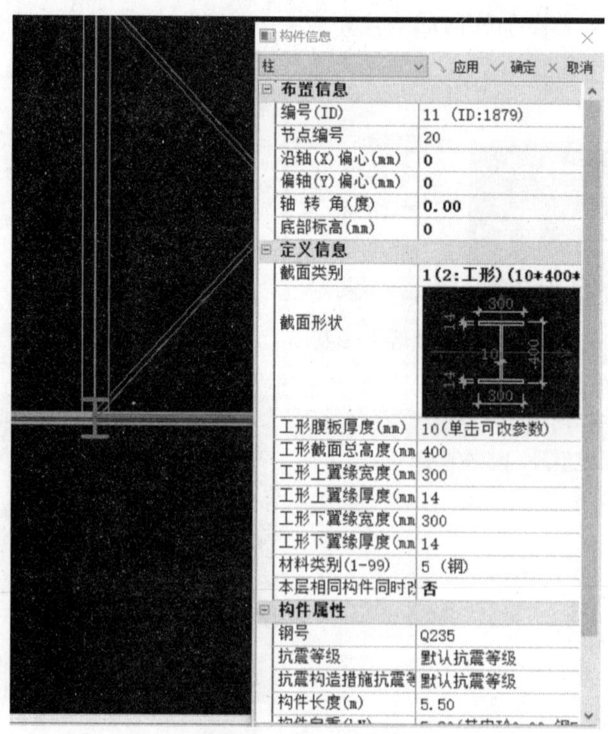

图 6-22　构件属性对话框

3. 梁

梁的布置基本同柱，区别就在于梁布置时需要依赖于轴线，且在框选布置时区分选择框左拉和右拉（左拉为完全框住才算选择，右拉为与框相交即为选择）。图 6-23 所示为一层、二层梁的布置及梁截面特性。其中一层的局部有次梁，次梁端部的铰接需要在后面设置。

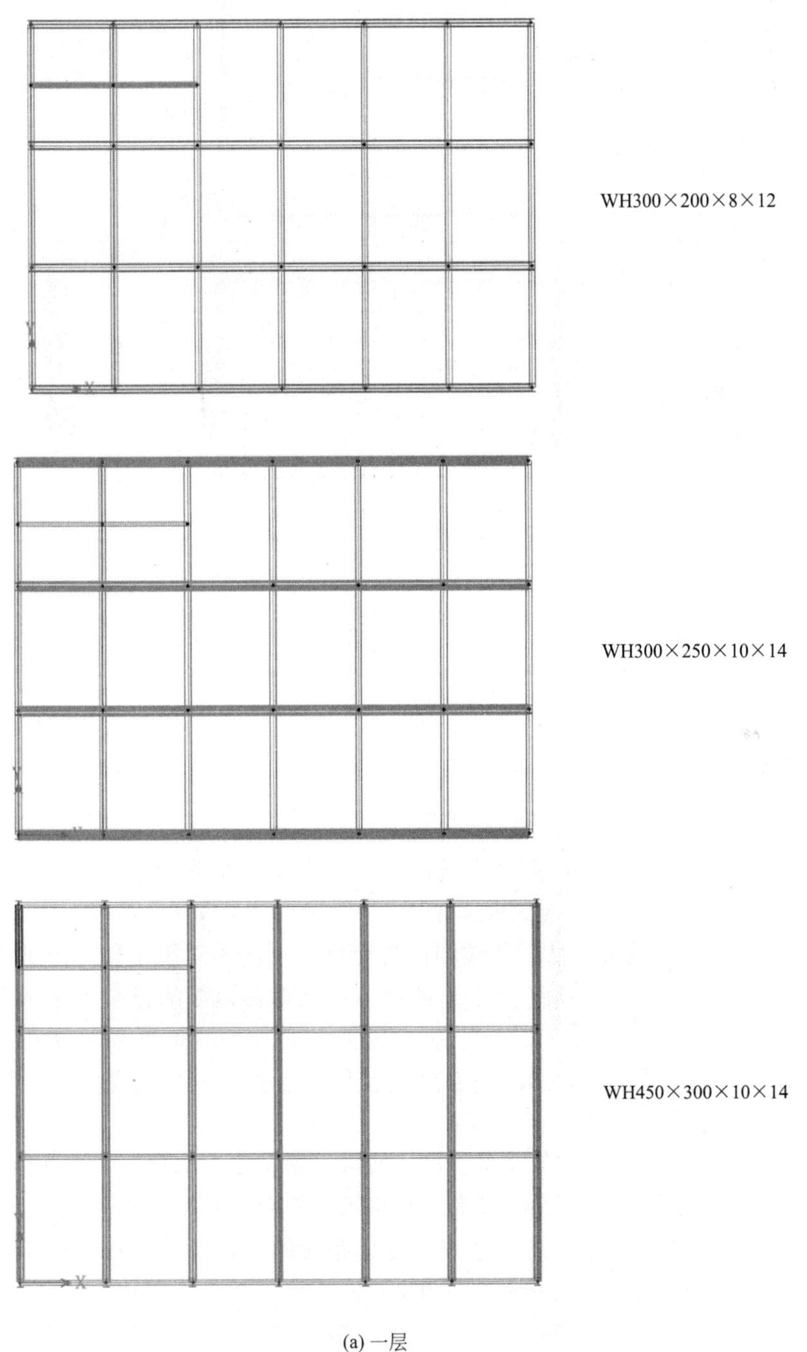

(a) 一层

图 6-23　一层、二层梁布置及截面特性（单位：mm）（一）

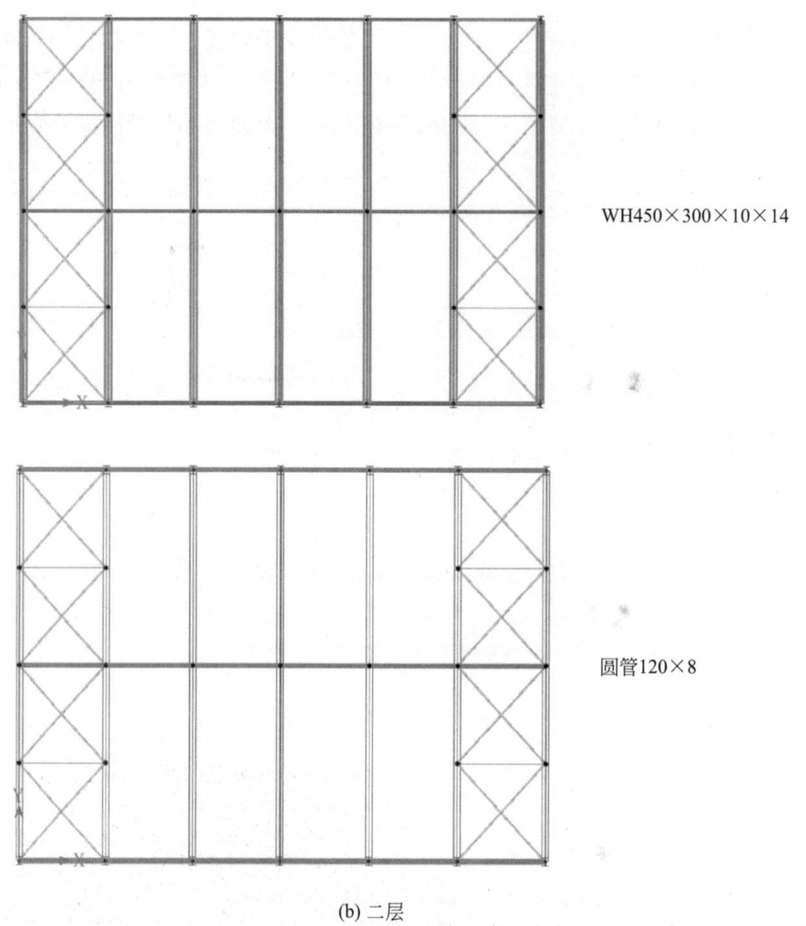

(b) 二层

图 6-23　一层、二层梁布置及截面特性（单位：mm）（二）

4. 支撑

支撑相对比较特殊一些，截面定义同梁柱，但是在布置和定位上有很大区别。传统的两点布置斜杆的功能只需要定位斜杆的两个端点位置即可（图 6-24）。所以在布置时，需要确定斜杆两端的信息。两端的信息分别是端部相对于定位节点的 X、Y 两个方向的偏移和 Z 方向的绝对标高。X、Y 两个方向的偏移遵循的是全局坐标系，即模型显示时，左下角处的坐标系（图 6-25）。而 Z 方向有两个特殊的数需要注意一下：一个是 0，代表高度在层底；一个是 1，代表高度在层高。这也可以通过勾选/不勾选下面的“与层高同”的选项来实现。

这里我们要布置的是层间的交叉支撑，所以设置一端为层顶，一端为层底，X、Y 不做偏移处理。布置时注意左下角处的命令行提示，分别点取两个端点。建议在布置时将视角转到三维视角上，这样能够动态地查看支撑布置的效果（动态转动视角可以同时按住“Ctrl”键和鼠标的中键，进行转动），如图 6-26 所示。

程序除了按点布置的功能外，还提供了按网格布置的功能，有兴趣的读者可以自己尝试一下网格布置的方式。当完成一层支撑布置时的效果如图 6-27 所示。

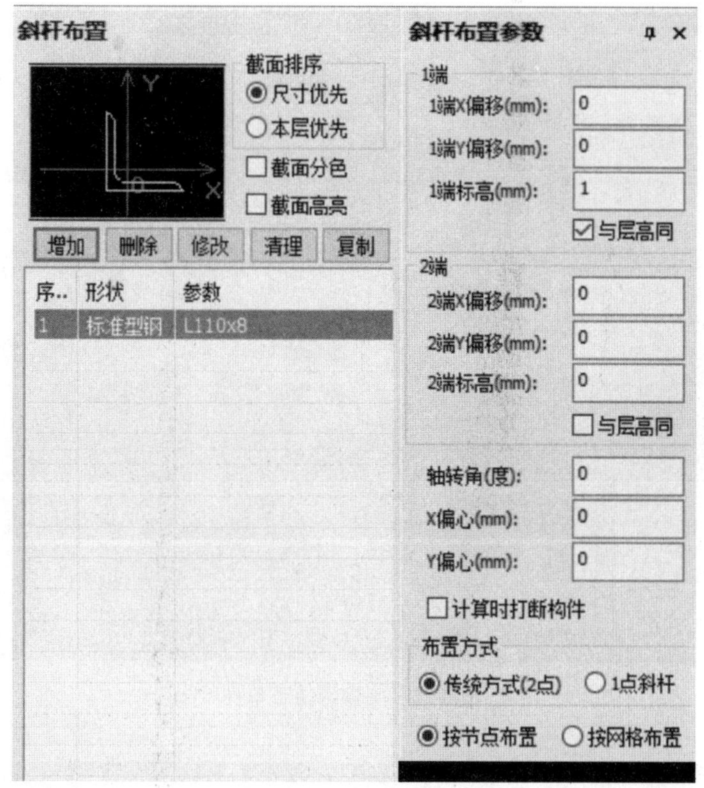

图 6-24　斜杆布置

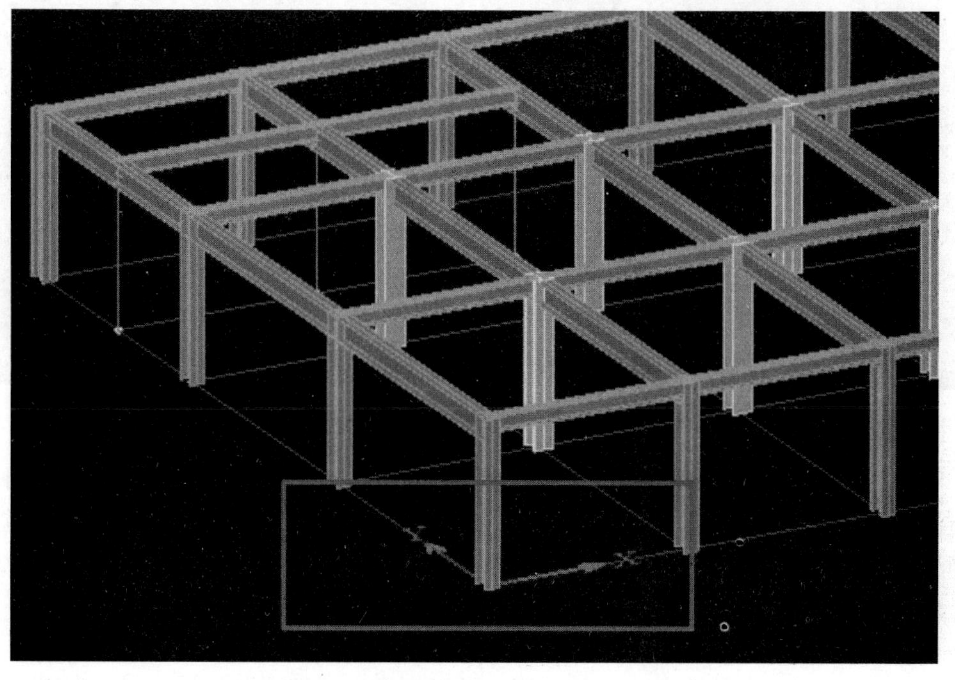

图 6-25　全局坐标系，与斜杆布置的 X、Y 同向

图 6-26　支撑的动态布置

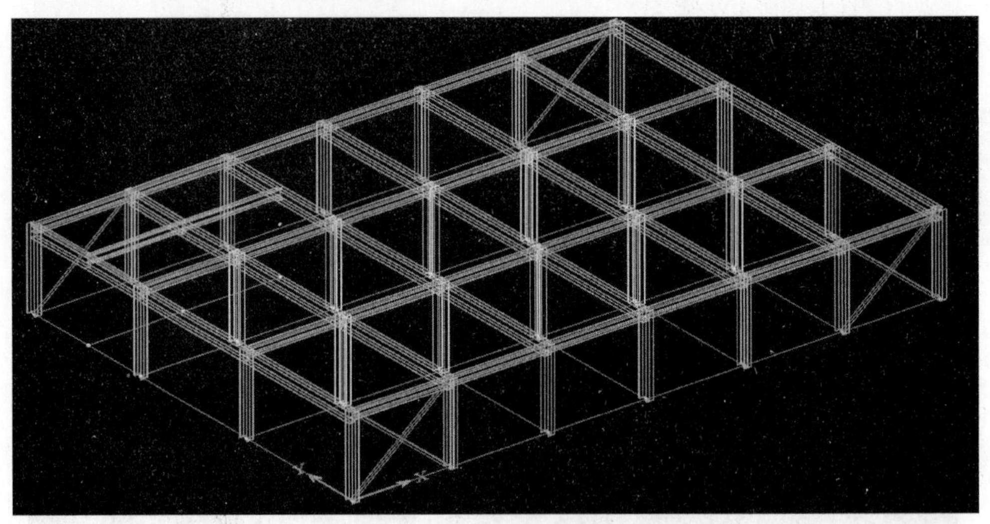

图 6-27　一层支撑布置效果图

同样的方法，可以完成二层的支撑布置。注意二层的支撑除了柱间的垂直支撑外，还有屋面的水平支撑。水平支撑的两个端部都在层顶位置，所以布置时注意两端都勾选“与层高相同”。最终布置完成的效果如图 6-28 所示。

5. 上节点高

从前面布置完成的效果来看，二层其实还存在问题。前面建筑的基本情况是里面二层的檐口是 5.5m 高，但是还有 10％的坡度，所以模型中还需要调整梁和屋面支撑的 Z 方向的高度，实现 10％的坡度。

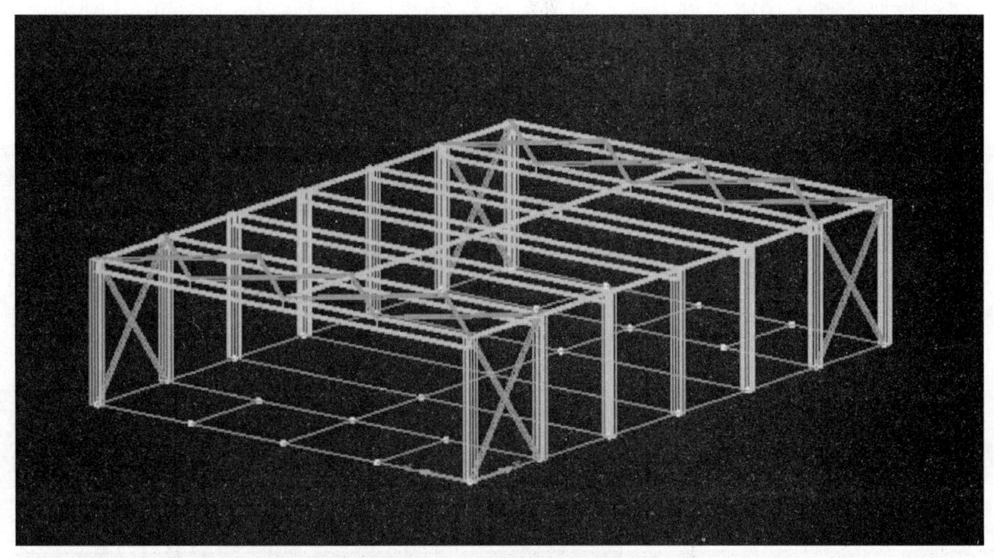

图 6-28　二层支撑布置效果图

前面建模时也提到了模型中的梁和支撑都是依附于网点的，所以调整网点的坐标就能很方便地实现构件的抬高。程序默认所有的网点都是在层高位置，对这个模型的二层来说，就是默认在檐口的位置。如果需要抬高到檐口以上，就要使用“轴网→上节点高”这个功能。进入上节点高功能以后，会弹出如图 6-29 所示的对话框。

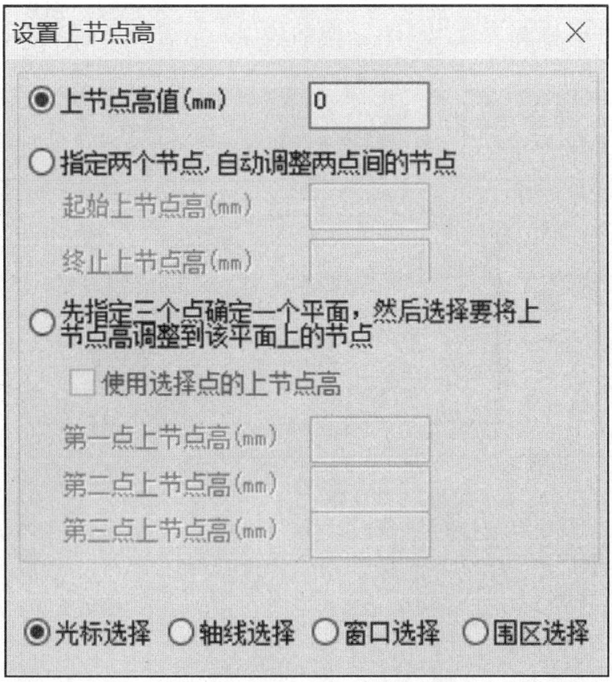

设置上节点高

◉上节点高值(mm)　0

○指定两个节点，自动调整两点间的节点

起始上节点高(mm)

终止上节点高(mm)

○先指定三个点确定一个平面，然后选择要将上节点高调整到该平面上的节点

□使用选择点的上节点高

第一点上节点高(mm)

第二点上节点高(mm)

第三点上节点高(mm)

◉光标选择　○轴线选择　○窗口选择　○围区选择

图 6-29　设置上节点高对话框

这里可以指定单个节点的上节点高，也可以自动处理一个面上的所有节点的上节点

高。这里我们选择采用第二种方式，快速生成整个面上的上节点高。上部门式刚架单坡跨度为 9m，按 10%的坡度计算，则屋脊的高度为 0.9m。把计算的结果输入对话框中，这里两个点选檐口、一个点选屋脊，并框选左侧屋面的所有点（图 6-30）。

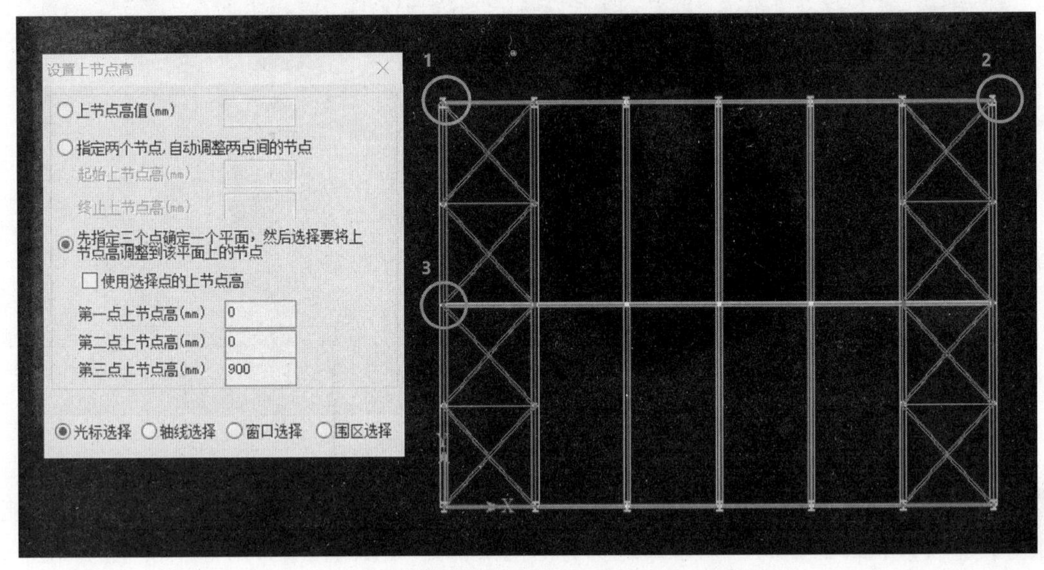

图 6-30　快速生成整个面的上节点高

左侧的屋面布置完成后，可以用同样的方法布置右侧的屋面。此时因为屋脊已经存在上节点高了，所以在布置时需要勾选“使用选择点的上节点高”。因为梁和支撑都关联节点，所以抬高节点后，梁和支撑都会自动跟随抬高，最后效果如图 6-31 所示。

图 6-31　梁、支撑效果图

6. 楼板

进入“楼板”菜单，点击“生成楼板”。程序默认会在所有房间的位置生成 100mm 厚的楼板（程序中对房间的定义为：共面的梁封闭形成的平面）。一层的楼板为组合楼盖，肋以上部分厚度为 100mm，这里可以近似为 100mm 厚的混凝土板。而二层的屋面采用的是轻钢屋面，一般这种屋面我们可以认为仅起导荷作用，而不用考虑其面内和面外刚度。所以一层自动生成的楼板先不用修改，切换到二楼，使用“修改板厚”的功能，将二层屋面的板修改厚度为 0（图 6-32）。

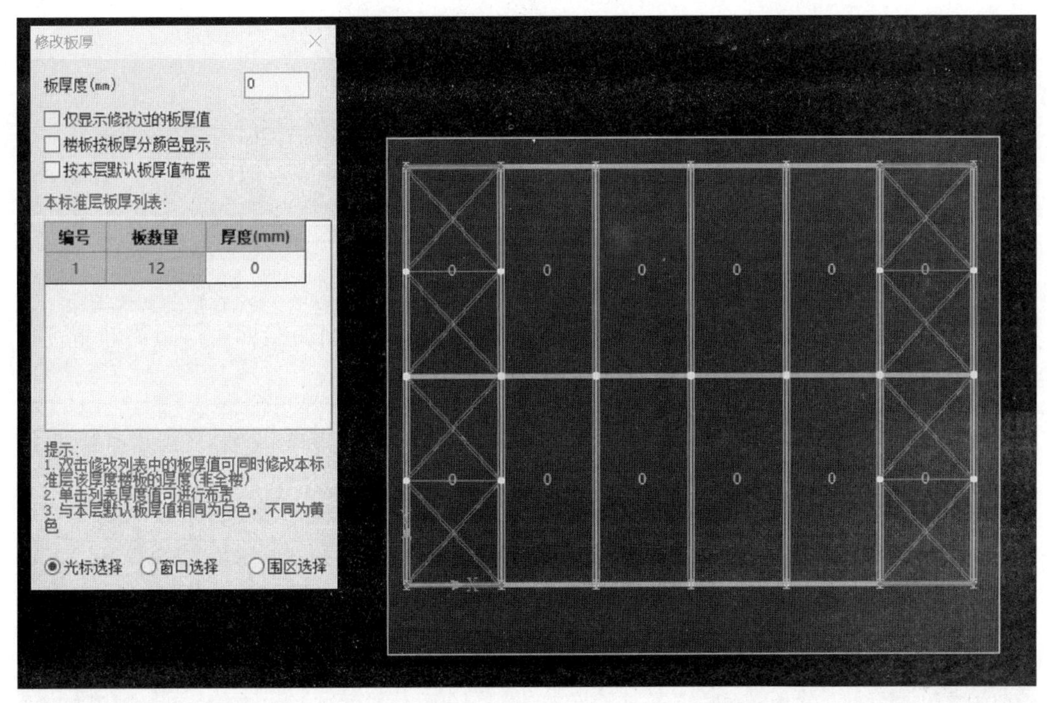

图 6-32　修改板厚

6.2.3　荷载

1. 荷载布置

首先要注意区分一下楼面和屋面的荷载。楼面的恒荷载可以根据设计经验以及实际的使用目的来选取，这里取 3.0kN/m^2。而像活荷载则可以根据《建筑结构荷载规范》GB 50009—2012 中的规定选取，这里二层为大空间，考虑使用情况，取 3.0 kN/m^2。屋面的恒荷载需要根据实际的屋面情况进行取值，需要考虑围护及吊挂设备的重量，这里取 0.5 kN/m^2。而活荷载的取值在普通活荷载和雪荷载差异不大的前提下，可以取两者的较大值，这里取 0.3 kN/m^2。

确定完荷载大小后，就可以分层进行加载了，点击“荷载→恒活设置”的功能进行布置。如果是纯混凝土板的话，可以勾选“自动计算现浇楼板自重”，程序自动将楼板的自重叠加到恒载上（图 6-33）。

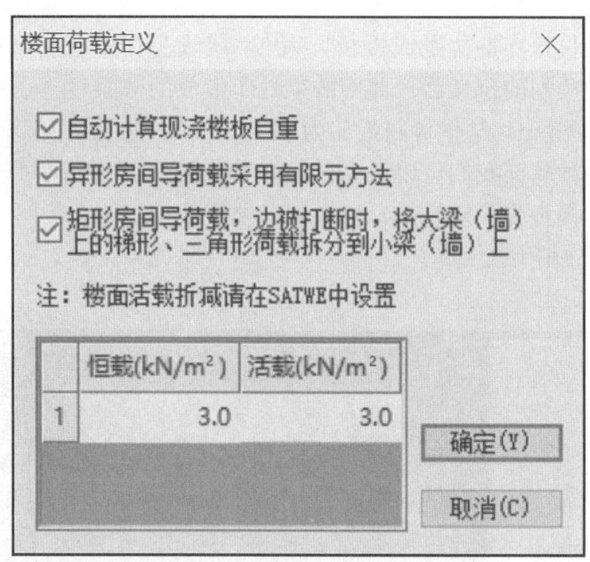

图 6-33 楼面荷载定义

屋面的也是一样的布置方法，切换到该标准层，修改楼面荷载即可。最终布置完后，可以用荷载显示的功能检查一下荷载的布置情况（图 6-34）。

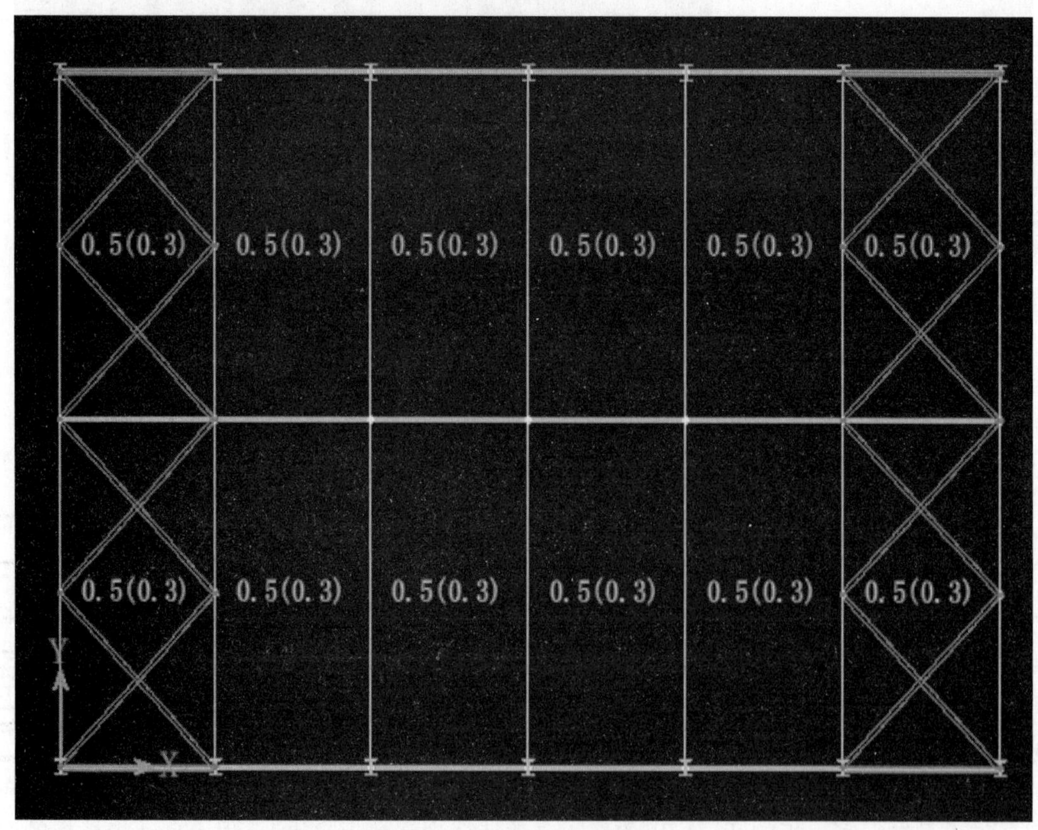

图 6-34 荷载布置情况

2. 导荷方式

另外需要注意的是板的导荷方式，程序默认的板的导荷方式是塑性铰线的导荷方式，也就是对话框中的“梯形三角形传导”（图 6-35）。对于楼面来说，因为采用的是混凝土楼板，这种导荷方式是没有问题的。但是屋面采用的是轻型围护体系，这种体系的传力途径是屋面板→檩条→主梁，而屋脊和檐口处的系杆只是用来传递纵向力，并不参与屋面导荷。所以对于这种屋面体系，应该修改为对边传导的方式更为合理。

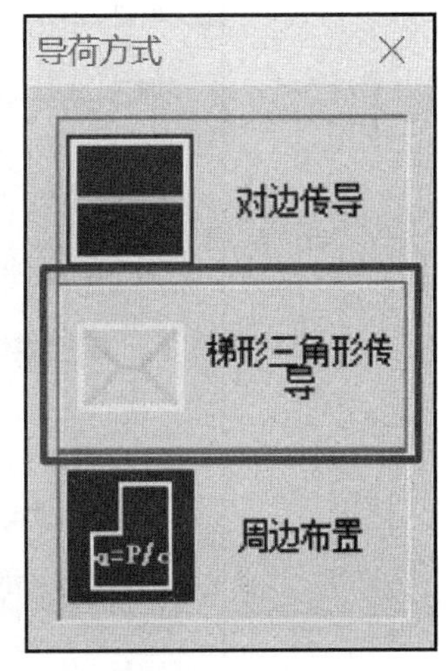

图 6-35 导荷方式

这里我们切换到第二标准层，选择“对边传导”，然后框选所有房间。此时下方命令行给出提示：所有 Y 方向梁为受力边？这里的 Y 方向，就是前面提到的全局坐标系的 Y 方向（图 6-36）。显然 Y 方向的梁确实为主梁，这里直接按回车确认，可以看到，所有房间的导荷方式都变为了对边导荷。

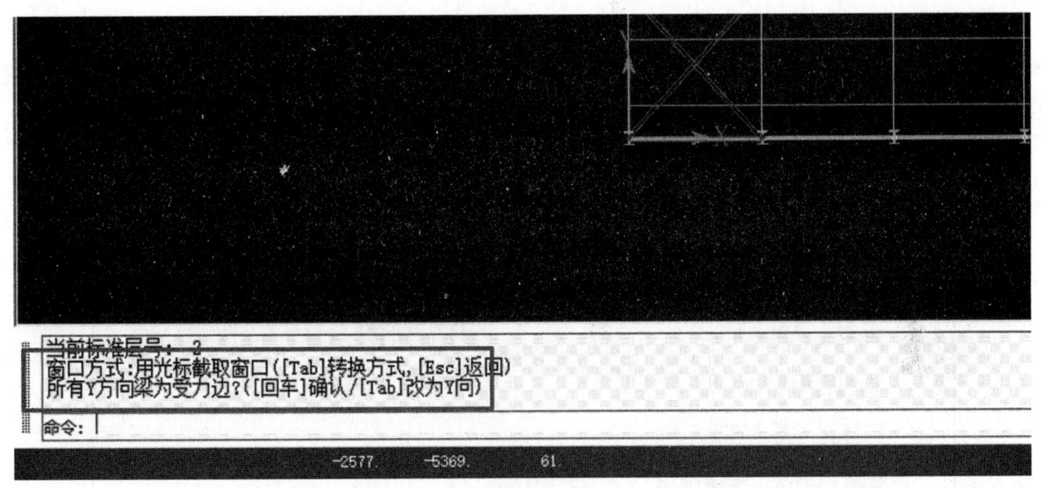

图 6-36 对边传导命令行提示

6.2.4 楼层

1. 楼层参数

完成了前面对楼层构件、荷载的指定之后，就需要对全楼的属性进行指定。进入“楼层→设计参数”菜单，对全楼属性进行设置。这里面的设置和后面计算的前处理是互通的，也就是说这里的设置也会传递到前处理中，无须再做二次修改。

在总信息栏中，修改“结构体系”为钢框架结构，“结构主材”改为钢结构（图 6-37）。另外要注意的是“与基础相连构件的最大底标高”，如果结构中存在柱底部抬高的情况时，务必要修改这个值，避免柱悬空的情况。

在材料信息页中，修改钢材的钢号为 Q345（Q355）（图 6-38）。同时注意一下下面的

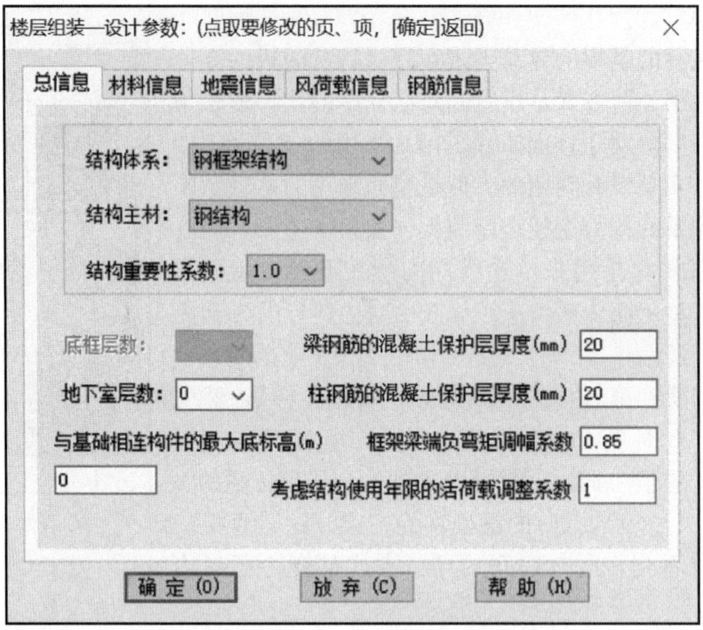

楼层组装—设计参数：(点取要修改的页、项，[确定]返回)

总信息 材料信息 地震信息 风荷载信息 钢筋信息

结构体系：钢框架结构

结构主材：钢结构

结构重要性系数：1.0

底框层数：

梁钢筋的混凝土保护层厚度(mm) 20

地下室层数：0

柱钢筋的混凝土保护层厚度(mm) 20

与基础相连构件的最大底标高(m) 0

框架梁端负弯矩调幅系数 0.85

考虑结构使用年限的活荷载调整系数 1

确定(O) 放弃(C) 帮助(H)

图 6-37 总信息栏

“钢截面净毛面积比值”，一般这个值用来考虑实际截面中开孔、切角、负公差带来的差异，如果削弱情况比较特殊，可以考虑改动这个数值。

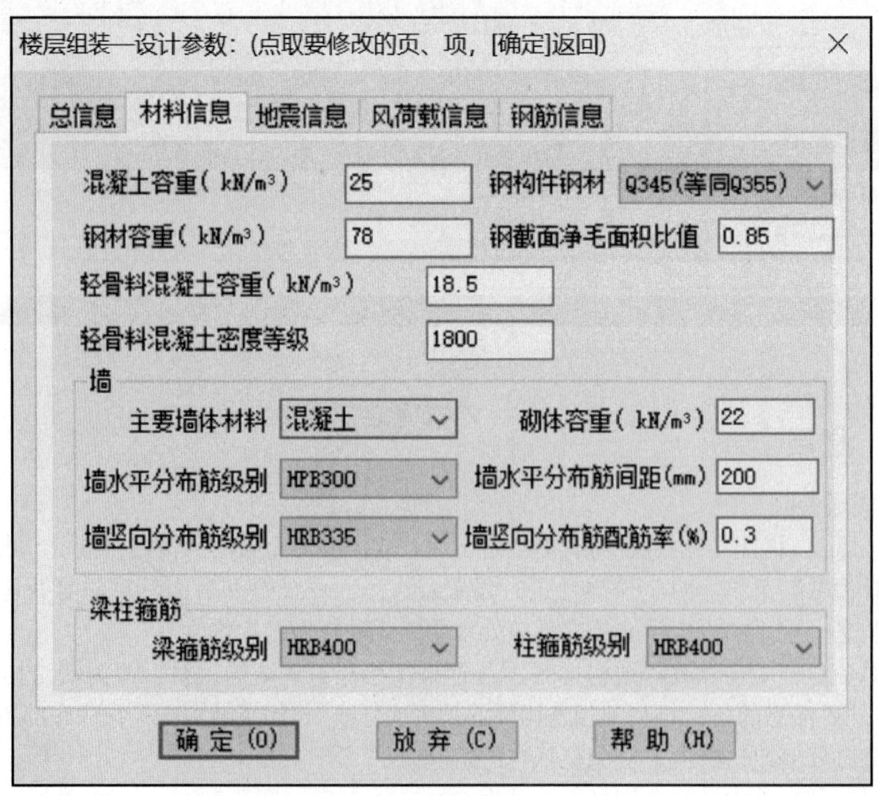

图 6-38 材料信息栏

2. 楼层组装

完成楼层的设计属性设置后，就可以进入楼层组装的环节了。点击“楼层组装”按钮，进入楼层组装对话框（图 6-39）。在对话框中可以设置当前标准层的层高并增加至列表中。这里分别按 1 标准层 3.3m 和 2 标准层 5.5m 增加到组装表中。程序默认会自动计算一层以上自然层的底标高，这项也不建议自行改动。

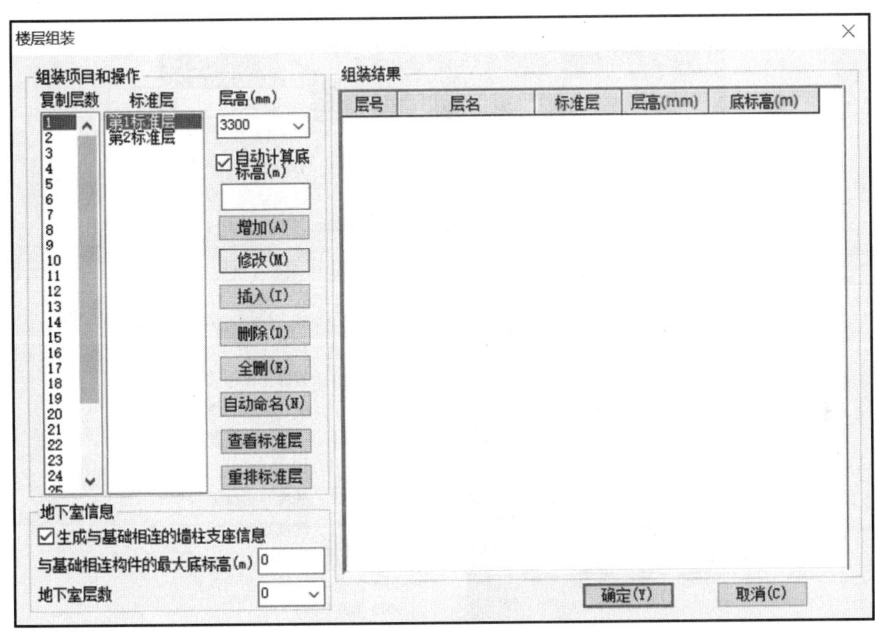

图 6-39　楼层组装对话框

组装完成后，可以点击菜单最右侧的“整楼”来查看组装的效果，并可以同时按住“Ctrl”键和鼠标中键来转动模型进行详细查看（图 6-40）。

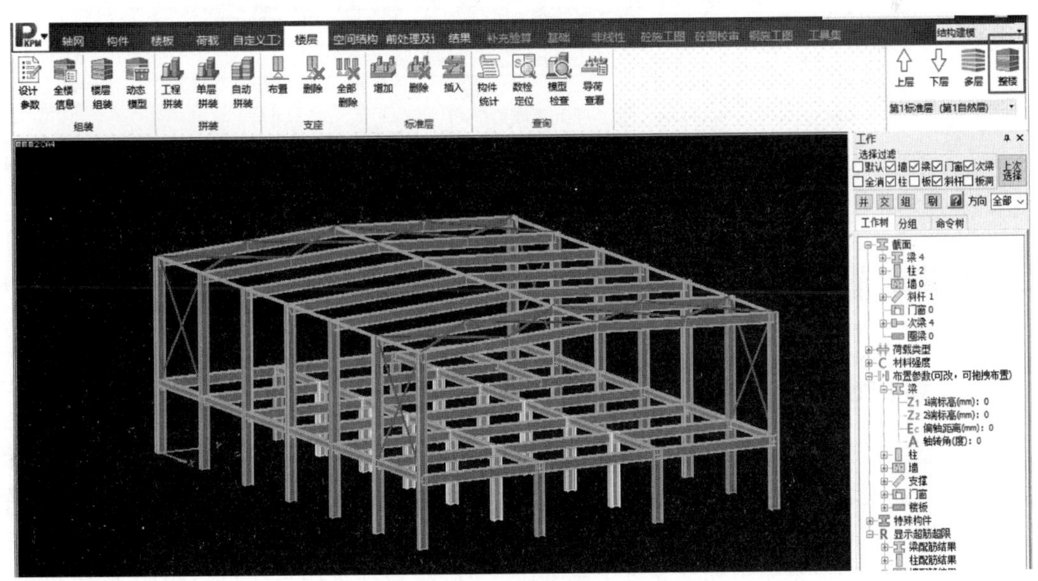

图 6-40　模型查看

6.2.5 切换模块

此时已经完成所有的建模的工作，可以切换到计算模块。切换模块有两种方法，一种是通过右侧的模块下拉菜单来选择切换[图 6-41(a)]；另一种是直接通过集成菜单来进行切换[图 6-41(b)]。

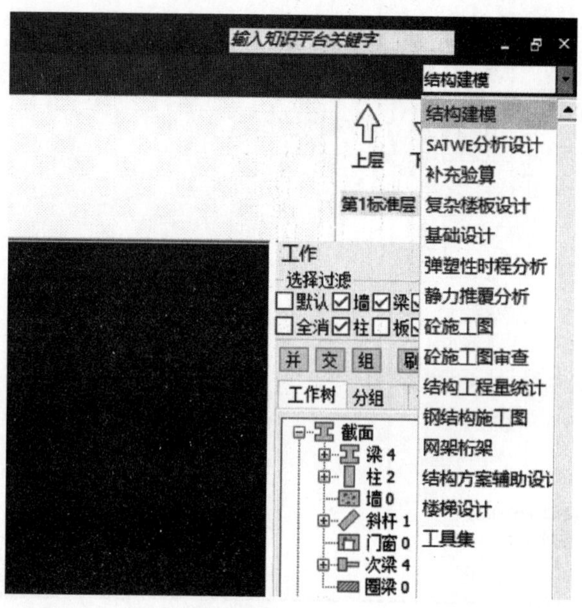

(a)模块列表

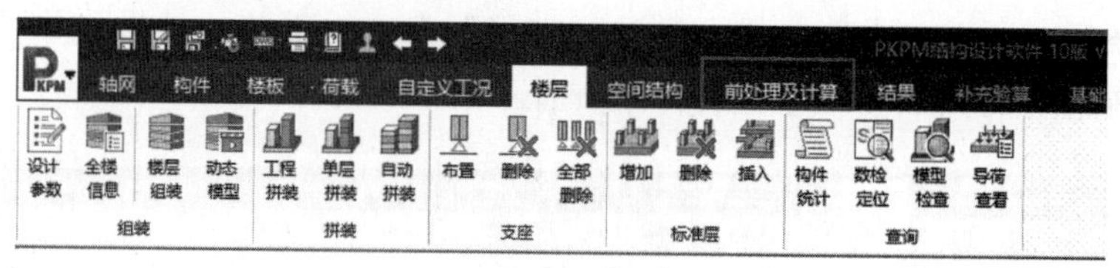

(b)集成菜单

图 6-41 切换模块

6.3 模型前处理

6.3.1 参数设置

在“总信息”页面中，需要设置模型设计的总体信息（图 6-42），这里的材料信息和结构体系会读入之前建模的信息。“恒活荷载计算信息”改为“一次性加载”，因为对这个简单的框架模型来说，不存在施工次序的问题，所以按常规的一次性加载即可。对于其他的简单钢结构来说，都可以按一次性加载考虑。“风荷载计算信息”里，我们改为“计算特殊风荷载”。特殊风和水平风在荷载的考虑上有一些差异，这个我们后面会讲到，因为这里要考虑坡屋面的风荷载，所以选择按特殊风考虑。

页面的其余项可以保持默认，不过右侧的“全楼强制刚性楼板假定”的选项可以根据需要来选择。如果模型为规则框架，则勾选该项意义不大；但是如果有大量开洞或者坡屋面的情况，建议选择“仅整体指标采用”，这样就可以避免因为面内约束的差异，导致整体指标失真。

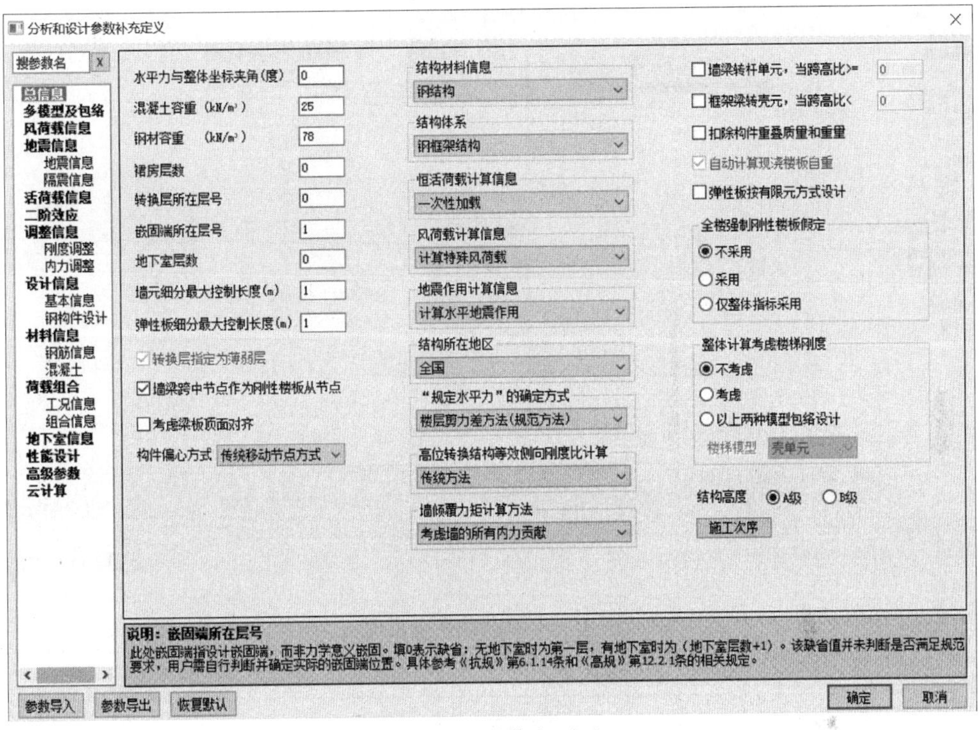

图 6-42　总信息页面

在“风荷载信息”页面中，需要设置具体的风荷载信息（图 6-43）。根据前面的模型概况，输入“修正后的基本风压”为 0.35，“地面粗糙度类别”为 A。但是这里有两个数目前还暂时无法填，就是 X、Y 向结构的基本周期。程序中默认的数据是根据结构体型用近似公式估计的，但实际的周期，还需要走完一遍计算后，将计算中得到的结构的基本周期填回去。

正常考虑风荷载时，不仅要考虑风的正常大小，还要根据结构的基本周期，考虑风的脉动与结构共振，产生的放大作用，即风振系数。像这个较为简单的框架，就可以只选择顺风向风振。还有一处需要注意的是结构的体型系数。在对话框的右侧给出了模型中的体型系数，因为我们前面选择的是只计算特殊风，所以只需要关注一下特殊风的体型系数即可。默认的取值是按荷载规范，而对应的这种形式在荷载规范中可以查到，所以直接采用默认值即可（图 6-44）。当然如果有专门规定的话，也可以采用《门式刚架轻型房屋钢结构技术规范》GB 51022—2015（简称《门刚规范》）中的体型，而且本模型也未超过《门刚规范》对结构外形的要求（檐口高度不大于 18m，高宽比小于 1）。

在“地震信息”页面中，可以定义相关的抗震设防信息（图 6-46），程序提供了两种抗震设防信息的输入渠道：一个是《中国地震动参数区划图》GB 18306—2015；一个是

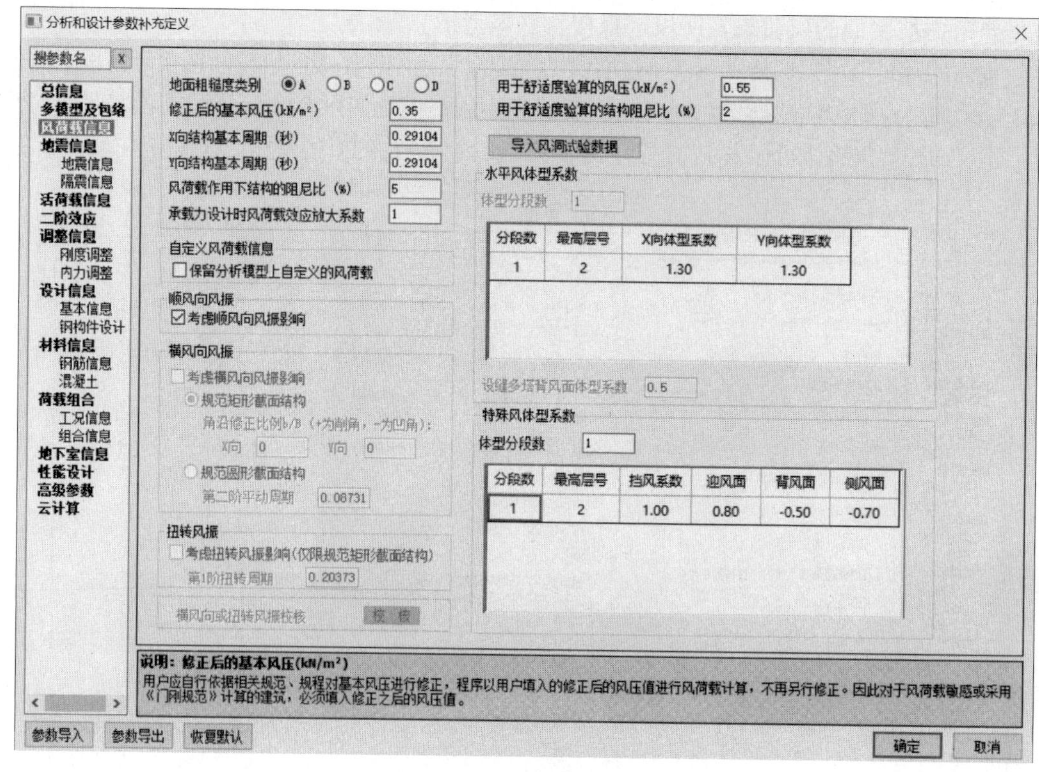

图 6-43　风荷载信息页面

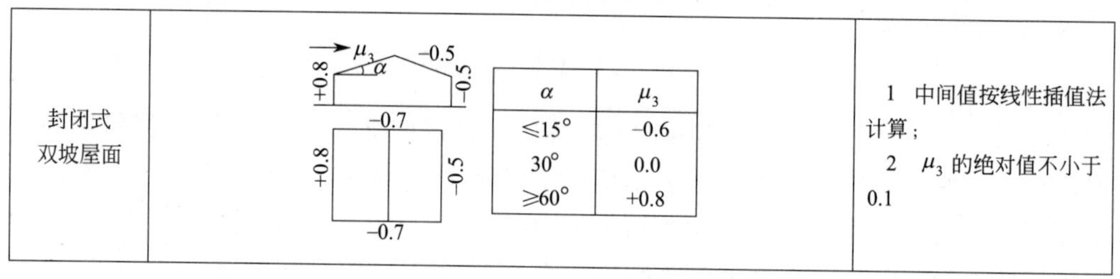

封闭式 双坡屋面	（图）	1　中间值按线性插值法计算； 2　μ_3 的绝对值不小于 0.1

α	μ_3
≤15°	-0.6
30°	0.0
≥60°	+0.8

图 6-44　荷载规范中体型系数

《建筑抗震设计规范》GB 50011—2010 的附录 A。从原则上两者都可以用，所以可以选择一本规范输入即可。这里我们选择按区划图输入，在弹出的对话框中选择工程所在的地区，然后点击搜索，在搜索结果中确定，即可自动将该地的设防信息取出（图 6-45）。再点击确定，即可将查询到的数据填入“地震信息”中（图 6-46）。

根据《建筑抗震设计规范》GB 50011—2010 的建议，对于 50m 以下的结构，阻尼比可以取 0.04，所以这里在结构阻尼比的地方可以修改为 4。同时，查《建筑抗震设计规范》GB 50011—2010 表 8.1.3 可知，对于 7 度设防，50m 以下的结构，抗震等级可以取四级，所以这里我们将“钢框架抗震等级”修改为四级。

接下来还需要对“设计信息”进行一些修改。进入其中的“钢构件设计”页面（图 6-47），可以看到里面的“钢构件截面净毛面积比”一项已经从建模设定中读取过来了。

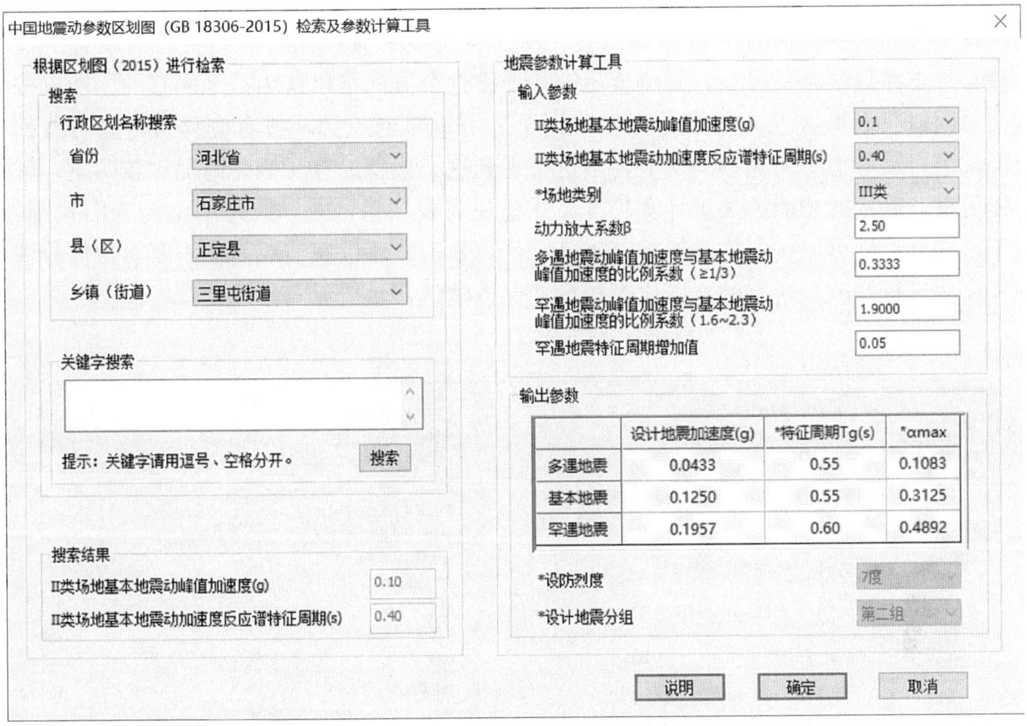

中国地震动参数区划图（GB 18306-2015）检索及参数计算工具

根据区划图（2015）进行检索

搜索

行政区划名称搜索

省份　河北省

市　石家庄市

县（区）　正定县

乡镇（街道）　三里屯街道

关键字搜索

提示：关键字请用逗号、空格分开。　搜索

搜索结果

II类场地基本地震动峰值加速度(g)　0.10

II类场地基本地震动加速度反应谱特征周期(s)　0.40

地震参数计算工具

输入参数

II类场地基本地震动峰值加速度(g)　0.1

II类场地基本地震动加速度反应谱特征周期(s)　0.40

*场地类别　III类

动力放大系数β　2.50

多遇地震动峰值加速度与基本地震动峰值加速度的比例系数（≥1/3）　0.3333

罕遇地震动峰值加速度与基本地震动峰值加速度的比例系数（1.6~2.3）　1.9000

罕遇地震特征周期增加值　0.05

输出参数

	设计地震加速度(g)	*特征周期Tg(s)	*αmax
多遇地震	0.0433	0.55	0.1083
基本地震	0.1250	0.55	0.3125
罕遇地震	0.1957	0.60	0.4892

*设防烈度　7度

*设计地震分组　第二组

说明　确定　取消

图 6-45　地震动参数区划图输入渠道

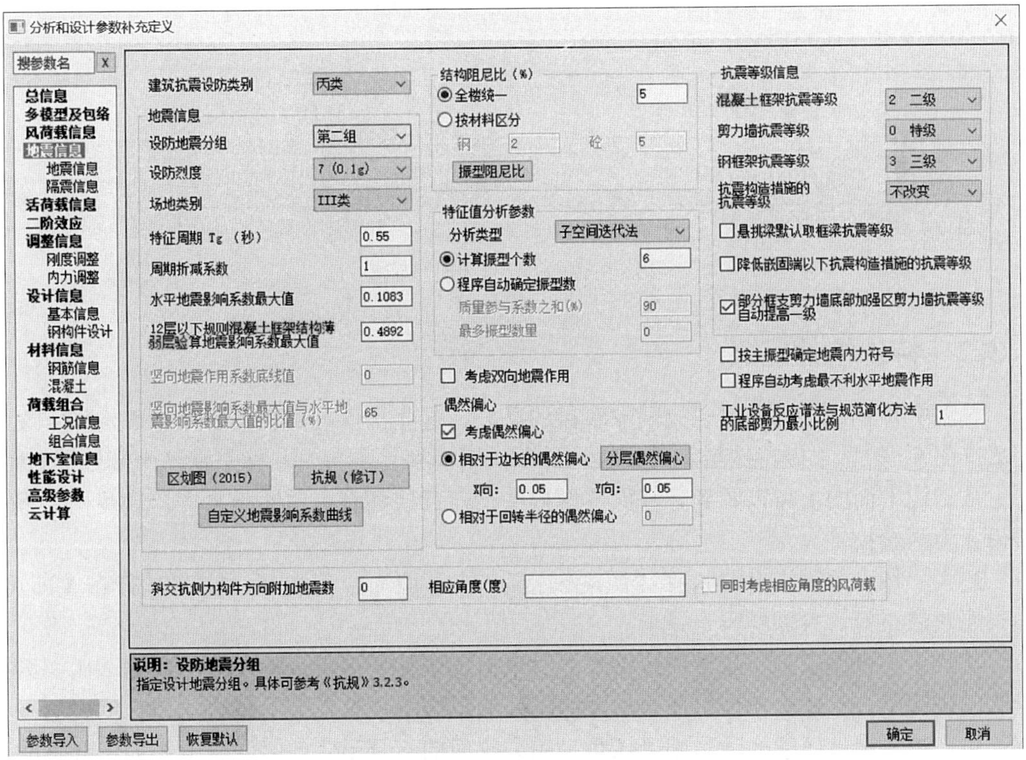

分析和设计参数补充定义

搜参数名

总信息 / 多模型及包络 / 风荷载信息 / 地震信息 / 地震信息 / 隔震信息 / 活荷载信息 / 二阶效应 / 调整信息 / 刚度调整 / 内力调整 / 设计信息 / 基本信息 / 钢构件设计 / 材料信息 / 钢筋信息 / 混凝土 / 荷载组合 / 工况信息 / 组合信息 / 地下室信息 / 性能设计 / 高级参数 / 云计算

建筑抗震设防类别　丙类

地震信息

设防地震分组　第二组

设防烈度　7 (0.1g)

场地类别　III类

特征周期 Tg（秒）　0.55

周期折减系数　1

水平地震影响系数最大值　0.1083

12层以下规则混凝土框架结构薄弱层验算地震影响系数最大值　0.4892

竖向地震作用系数底线值　0

竖向地震影响系数最大值与水平地震影响系数最大值的比值（%）　65

区划图（2015）　抗规（修订）

自定义地震影响系数曲线

结构阻尼比（%）

◉全楼统一　5

○按材料区分　钢 2　砼 5

振型阻尼比

特征值分析参数

分析类型　子空间迭代法

◉计算振型个数　6

○程序自动确定振型数

质量参与系数之和(%)　90

最多振型数量　0

☐考虑双向地震作用

偶然偏心

☑考虑偶然偏心

◉相对于边长的偶然偏心　分层偶然偏心

X向：0.05　Y向：0.05

○相对于回转半径的偶然偏心　0

抗震等级信息

混凝土框架抗震等级　2 二级

剪力墙抗震等级　0 特级

钢框架抗震等级　3 三级

抗震构造措施的抗震等级　不改变

☐悬挑梁默认取框梁抗震等级

☐降低嵌固端以下抗震构造措施的抗震等级

☑部分框支剪力墙底部加强区剪力墙抗震等级自动提高一级

☐按主振型确定地震内力符号

☐程序自动考虑最不利水平地震作用

工业设备反应谱法与规范简化方法的底部剪力最小比例　1

斜交抗侧力构件方向附加地震数　0　相应角度(度)　☐同时考虑相应角度的风荷载

说明：设防地震分组

指定设计地震分组。具体可参考《抗规》3.2.3。

参数导入　参数导出　恢复默认　确定　取消

图 6-46　地震信息页面

“钢柱计算长度系数”一项需要按照实际情况来设置。从一层和二层的平面来看，沿 X 方向设置了柱间支撑，而沿 Y 方向则没有。从工程角度来说，如果沿一个方向设置了柱间支撑，且支撑数量不是极少，且刚度足够，那么这个方向可以认为是无侧移的。所以按照这个原则，我们将 X 方向设置为无侧移，而 Y 方向没有支撑，按有侧移考虑。当然程序也提供了自动考虑有无侧移的功能，不过考虑到这个模型的有无侧移情况比较明显，就不再使用自动确定的功能。关于计算长度，这里还需要注意的是，二层的结构为门式刚架，对于这部分，则可以按门式刚架规范来确定计算长度，所以我们后面还需要对这部分柱的计算长度进行修改。所有的宽厚比等级设置保持默认，一般无需修改。

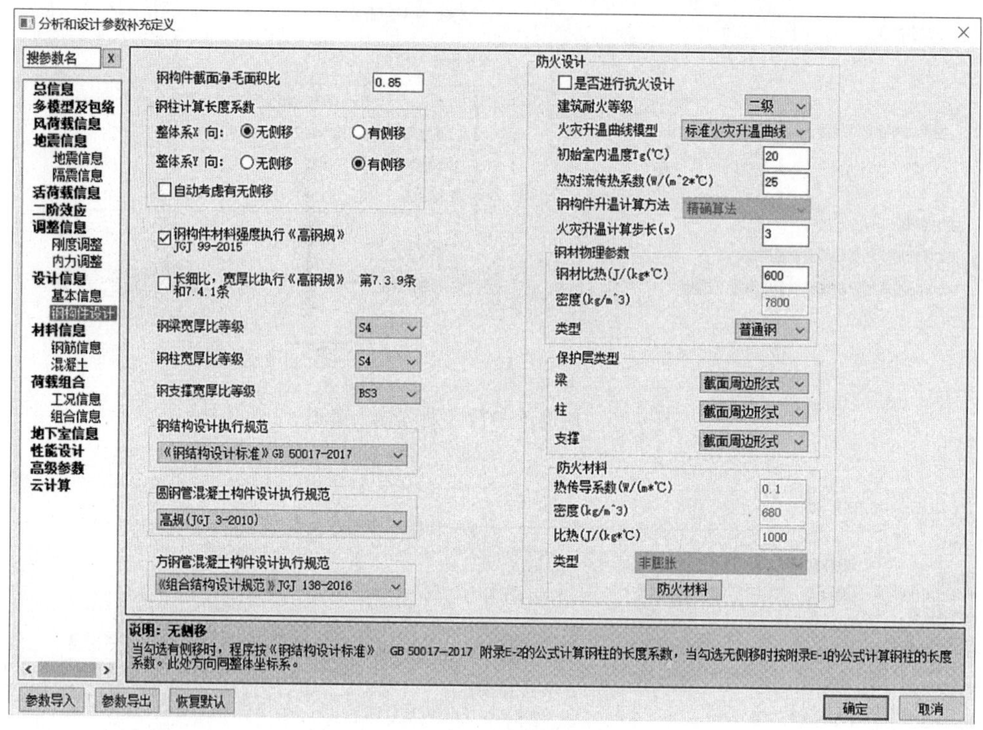

图 6-47　钢构件设计页面

6.3.2　特殊构件定义

模型中存在铰接的次梁以及两端铰接的系杆，这些构件的定义需要在特殊构件定义中完成（图 6-48），未做特殊指定的梁柱构件默认两端都是刚接（斜杆是默认两端铰接）。

从结构平面图上可以看到，一层有两根次梁，二层则有三道通长系杆。这些构件都需要设置为两端铰接。

进入“特殊梁”设置，选择“两端铰接”。按下面命令行提示，交互进行布置即可。如果要取消布置，只需要再点一下。

从菜单中可以看到，除了设置端部的约束信息以外，还可以设置梁的属性，比如组合梁和门式钢梁。在这个模型里面，一层的楼面铺设组合楼盖，一般组合楼盖和钢梁会有栓钉连接，数量满足要求的话，则可认为是完全抗剪的组合梁。此时混凝土作为组合梁的受压翼缘，可以大大减小钢梁的尺寸，降低用钢量。但是在实际应用中，因为考虑到框架梁支座位置处为负弯矩，混凝土受拉，所以很多时候只是把组合梁作为一种安全储备，而只按纯钢梁进行设计。而像二层的门式刚架梁，由于我们这里将其按等截面考虑，所以实际的验算规范也可取钢结构标准。只有当截面为变截面时，此时无法按钢结构标准考虑其面外稳定，才建议将其设置为门式钢梁。同理，门式钢柱也建议按此逻辑考虑。

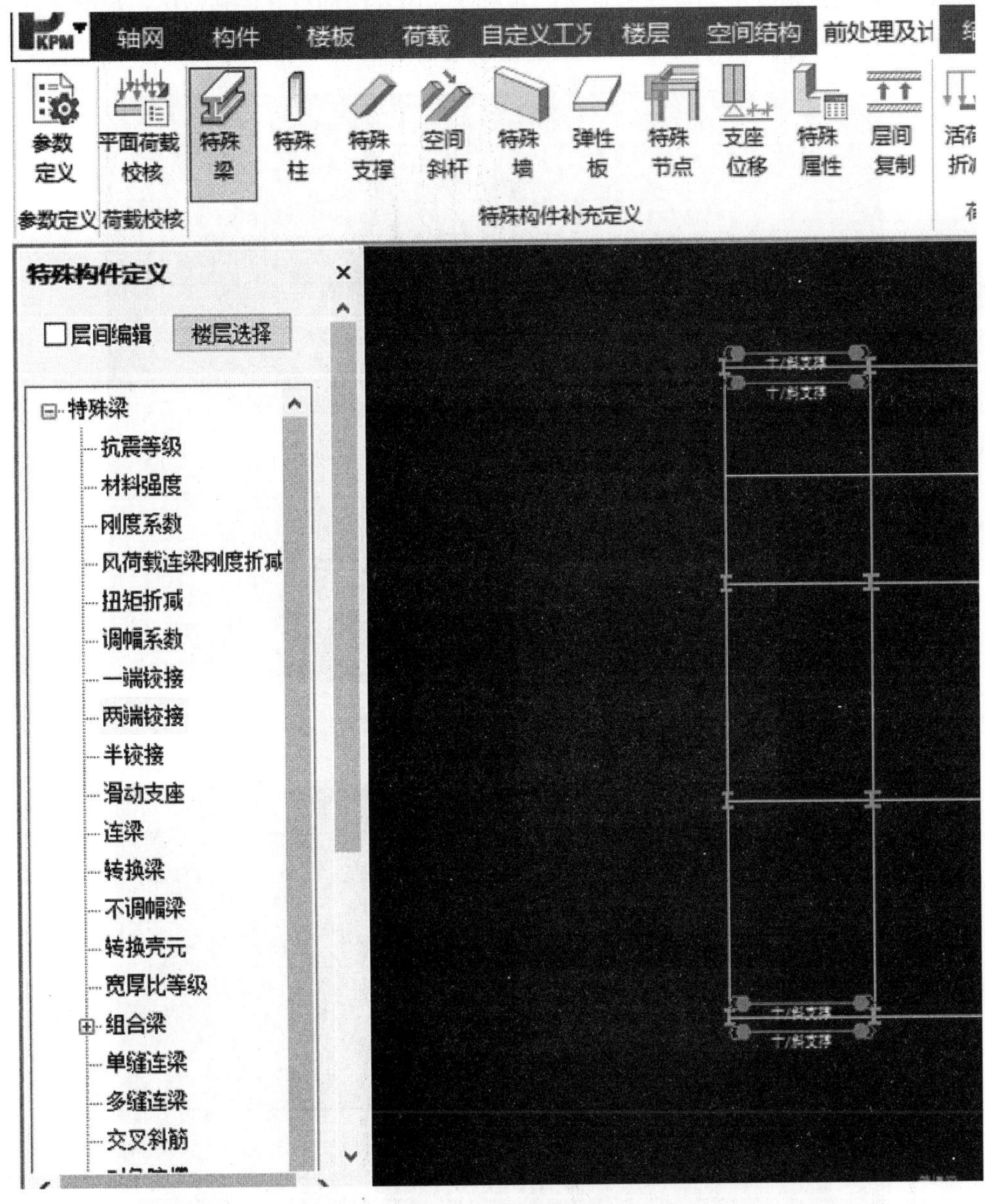

图 6-48　特殊构件定义

6.3.3　特殊风定义

风荷载对于钢结构来说是一种很重要的荷载类型，绝大多数钢结构都是风敏感结构。所以正确地输入风荷载对钢结构设计来说非常关键。之前我们已经在参数输入中将基本的风荷载信息输入了，接下来就是要将风荷载正确地施加到结构上。

这里我们施加的是特殊风荷载，这种风荷载类型和常规的水平风有两处区别：第一处是其加载的方式，普通的水平风是计算出其水平荷载的总量，然后平均分配到每个节点上（有楼板时加载到楼板的质心上）（图 6-49）；而特殊风荷载则是搜索结构的外表面，这个外表面的原则是以最外层的梁线来定义的，所以如果外层柱没有连梁的话，是不会自动生成的（图 6-50）。第二处是荷载的类型，普通的水平风只有节点荷载一种，而特殊风荷载

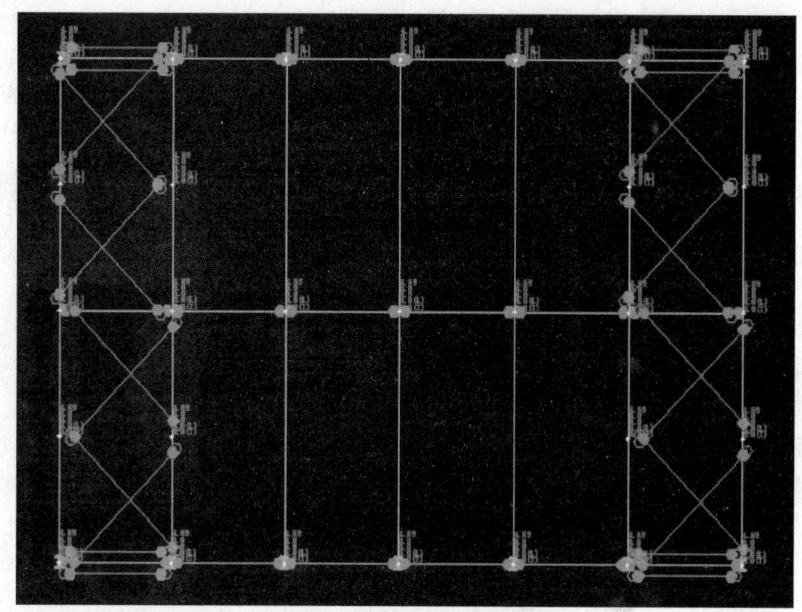

图 6-49　普通风生成方式

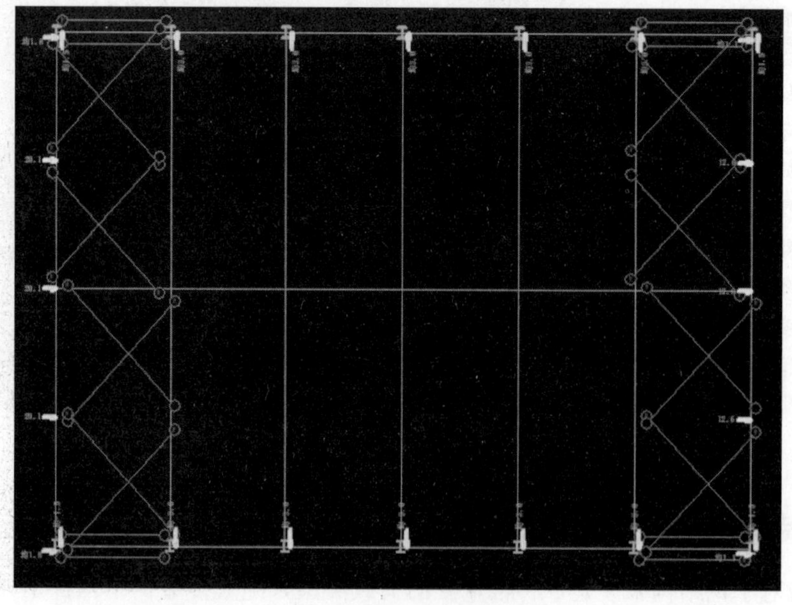

图 6-50　特殊风生成方式

除了节点风以外，还有梁上的均布线荷载和柱间的均布荷载，能够更加精确地模拟风荷载作用的情况（图 6-51）。

特殊风荷载的施加分为两部分：一部分是通过前面参数设置对话框设置的水平向风荷载的情况，直接设置好体型系数就能自动生成；而另一部分则是屋面的风荷载，这部分需要通过交互的方式来生成。下面就介绍一下如何交互生成屋面的风荷载：

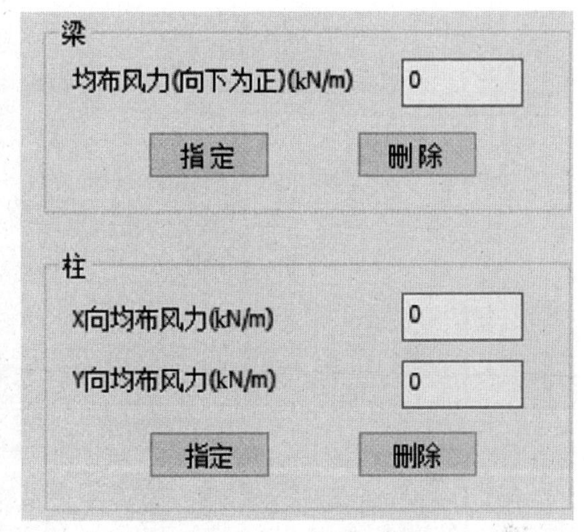

图 6-51　梁、柱均布风荷载

首先进入“特殊风荷载”功能。进入后，左侧的树状菜单即是所有的功能列表。先将楼层切换到第 2 自然层，点击“屋面体型系数”按钮。在弹出的菜单中设置屋面的两个体型系数，＋和－的体型系数分别代表了该面迎风和背风时的两种系数。这里模型的坡度为 10%，折算角度为 5.71°，查荷载规范为项次 2 封闭式双坡屋面，可以查到迎风为－0.6，背风为－0.5。这里必须要注意以下迎风和背风的定义。以图 6-52 为例，当工况为＋Y 向风的时候，整体平面上靠下方的屋面为迎风，此时体型系数应填迎风的体型系数，反之当工况为－Y 向风时，该面为背风，则应该输入背风的体型系数；同样的，整体平面靠上的那排屋面，＋Y 向风下为背风，－Y 向风下则是迎风。

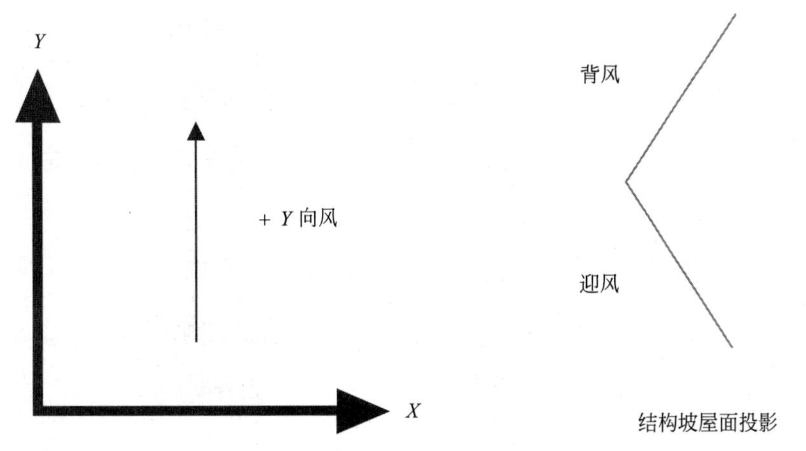

图 6-52　迎风、背风定义

按照这个原则我们按－0.5/－0.6 的数据布置上方屋面，按－0.6/－0.5 的数据布置下方屋面。最终效果如图 6-53 所示。

然后点击“自动生成”，弹出如图 6-54 所示对话框。这里结构横向方向指的是结构的起坡方向，在这个模型中，起坡的方向为 Y 向（即沿 Y 向的风能明显引起屋面的风吸和

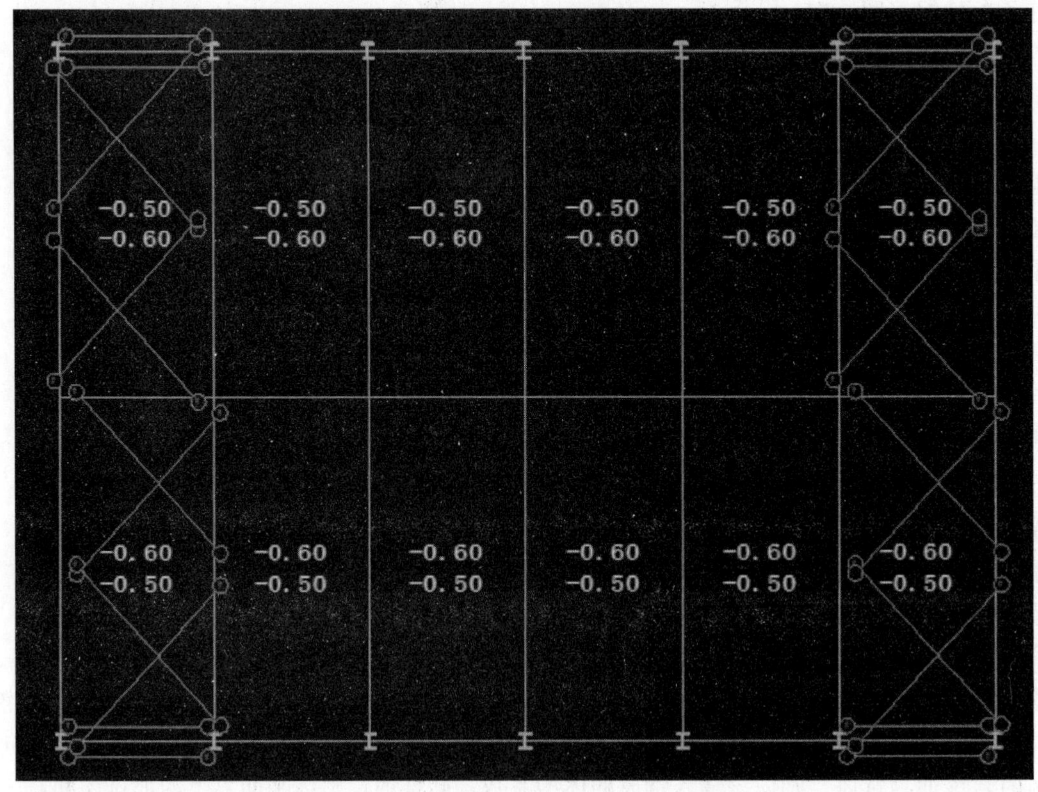

图 6-53　屋面风荷载体型系数

风压）。下面的生成方式指的是生成柱间风荷载的形式。传统方式即直接作用在柱顶的集中力，而精细方式则是等效的柱间力。从效果来看，两种加载方式其水平力总量相同，但是等效集中力加载位置不同，所以最后对柱的影响来说，精细方式对柱产生的弯矩更小一些，设计的结果也会更经济一些。

设置完成后，点击“自动生成计算”，程序就会自动生成 4 组特殊风，分别对应了 $+X$、$-X$、$+Y$、$-Y$ 四种工况。可以通过切换“特殊风组号”来查看各个工况下的风荷载生成情况（图 6-55）。如果需要再进行人为补充和删除，则可以用绿框中的功能进行交互。当然，后面也可以从“特殊风编辑”的按钮进入。

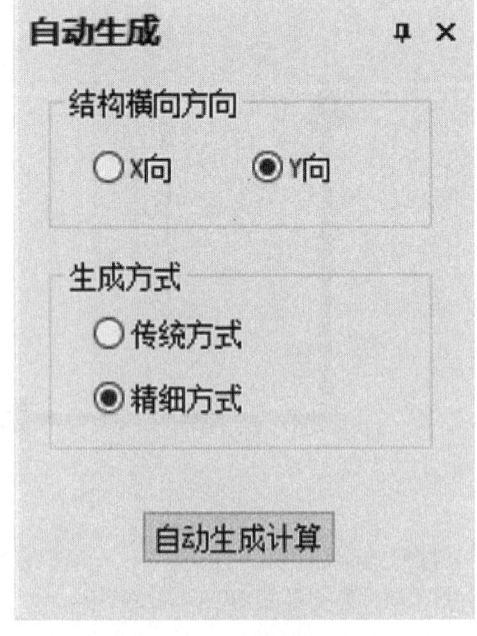

图 6-54　自动生成对话框

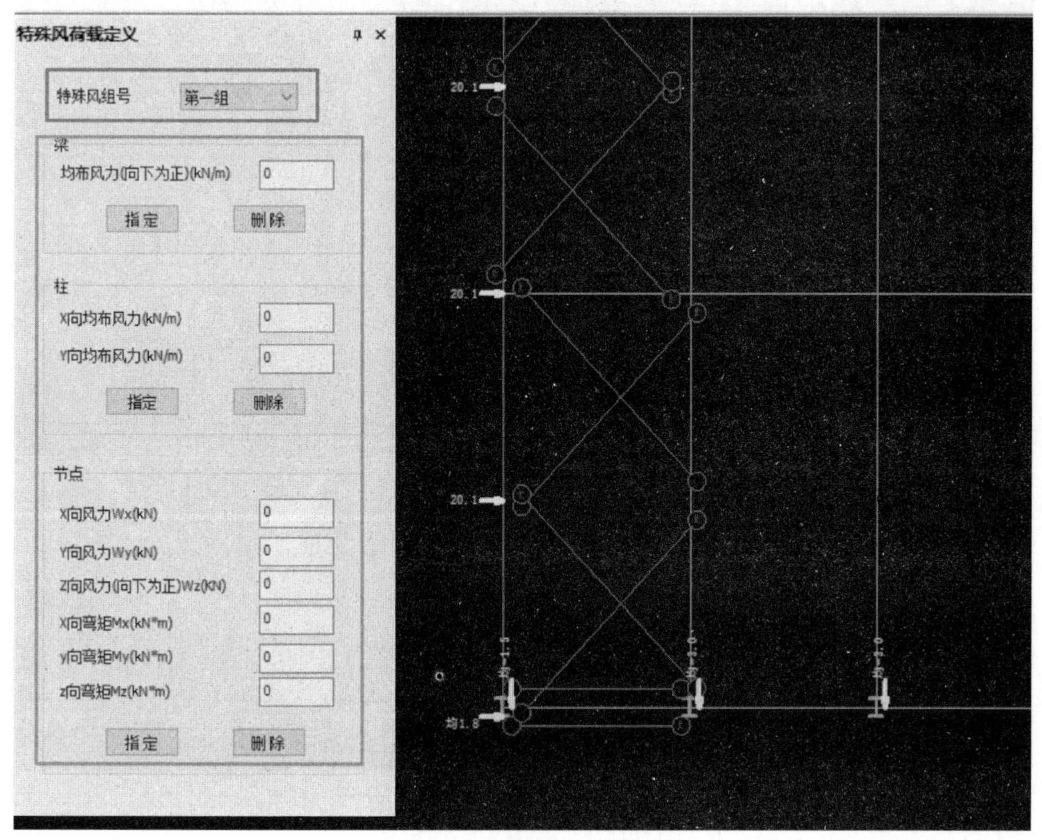

图 6-55　特殊风荷载定义

6.3.4　计算长度信息

计算长度信息需要先进行一次“生成数据”以后才能进入查询和修改，否则模型修改的按钮会是灰显。点击“生成完数据”后，点击“模型修改→设计属性”进入属性页面。在“长度系数”这个子项中，可以修改梁、柱和支撑的计算长度系数。对梁而言，只有一个面外的计算长度系数，而柱和支撑则有面内和面外两个计算长度系数。

首先检查梁的面外计算长度系数。程序默认梁的面外计算长度为其几何长度，但是实际由于梁分段或者面外存在支撑等情况，这个计算长度是不正确的。所以每次计算前，都务必要在这个菜单中确认一下梁面外计算长度是否合理。我们先看第一层的梁面外计算长度系数。检查发现，这里第一层梁按实际长度计算没有问题，而且因为该层存在楼板，梁的面外稳定也能直接保证，不用计算。再将楼层切换到第二层，第二层为门式刚架，梁的面外计算长度应该取水平支撑之间的距离。边榀因为直接布置水平支撑，梁被打断，所以面外计算长度是正确的。但是中间几榀，由于是檩条兼作刚性系杆传递支撑的面外作用，所以在主模型上没有体现出来，这几根梁是需要修改面外计算长度的。这里我们直接按边榀的长度修改为 4.51（图 6-56）。

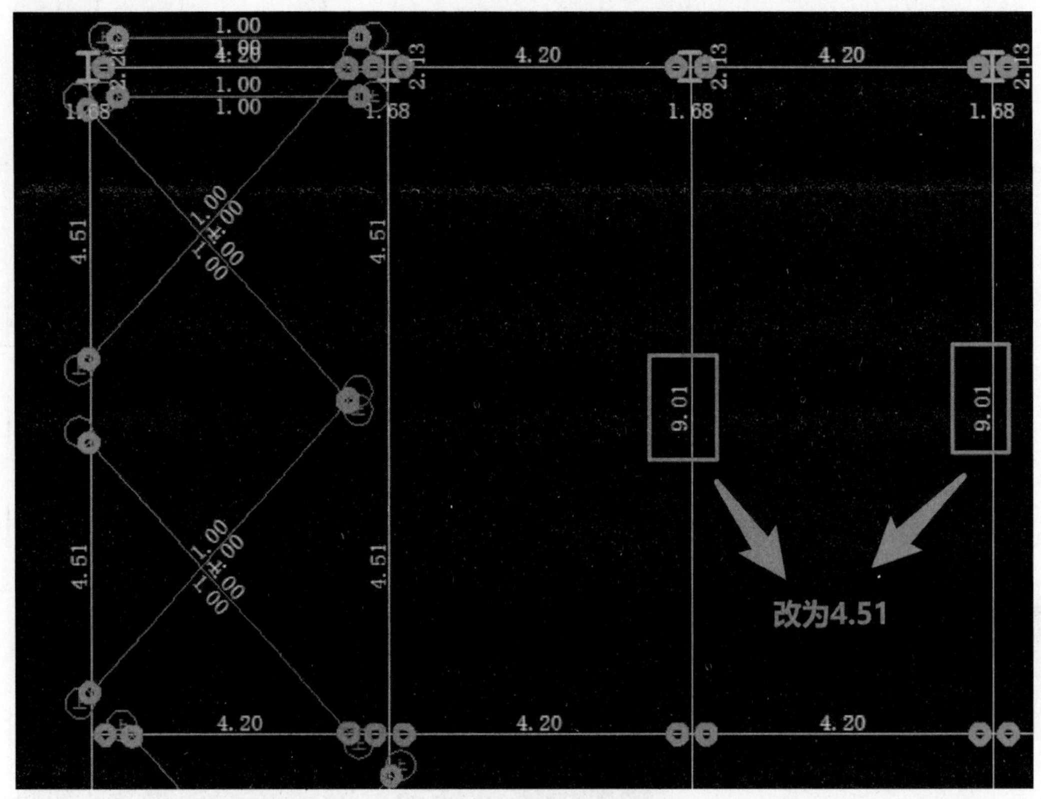

图 6-56　梁面外计算长度计算

接下来，再来看柱的计算长度系数。在修改柱的计算长度前，需要清楚一个基本概念，即计算长度方向的问题。程序中采用的是绕轴的概念，以图 6-57 为例，程序中定义的 X 向的计算长度，实际为绕 X 轴失稳时的计算长度，所以真正指向的方向是和 X 轴垂直的方向。

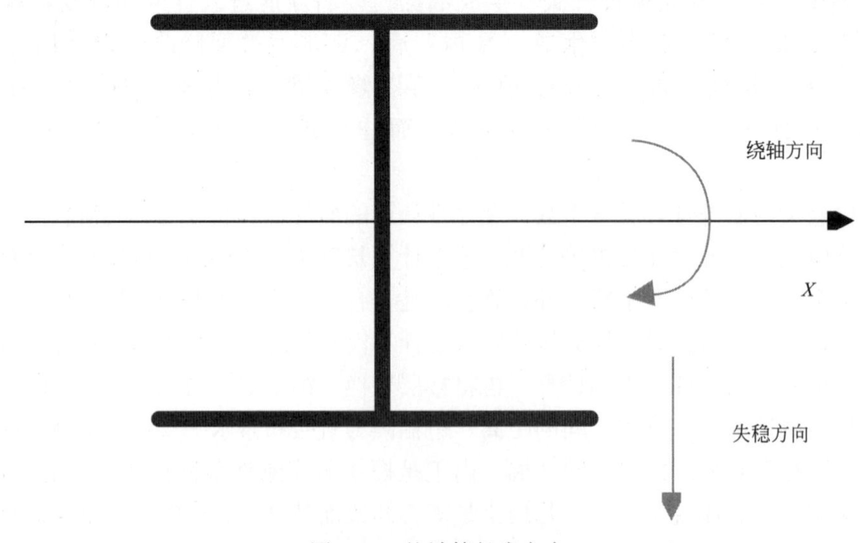

图 6-57　柱计算长度方向

最后，程序在表达上，沿该方向的计算长度系数会在构件的同侧表达出来（图 6-58）。所以即使开始输入有误，仍可以从后面的图形显示上发现问题。首先切换到一层平面上，查看自动计算的结果（图 6-59）。因为我们设置的是沿 X 方向为无侧移、Y 方向有侧移，所以可以看到柱的结果也是沿 X 方向小于 1、沿 Y 方向大于 1，符合有无侧移的趋势。对于这层的结果，可以直接采用。再切换到二层平面。二层为门式刚架，对柱沿 X 方向来说，因为存在柱间支撑，可以直接按支撑间距来取。又因为支撑为从头打到尾，可以按 1.0 取。而柱沿 Y 方向则是门式刚架体系，按线刚度比计算显然不是那么合适，所以我们抽榀生成一个二维的门式刚架模型，在二维模型中对其进行分析，按《门式刚架轻型房屋钢结构技术规范》GB 51022—2015 得出柱沿 Y 方向的计算长度系数。从分析的结果可以查到其沿 Y 方向的计算长度系数为 1.83，所以这里将修改的数值填好，对二层的所有柱进行修改（图 6-60）。

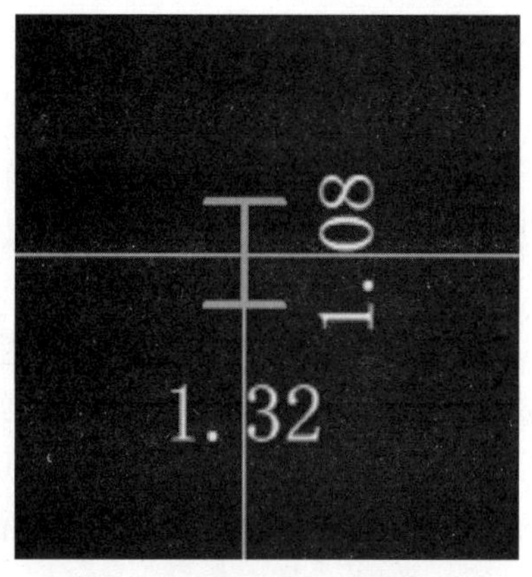

图 6-58　计算长度系数显示

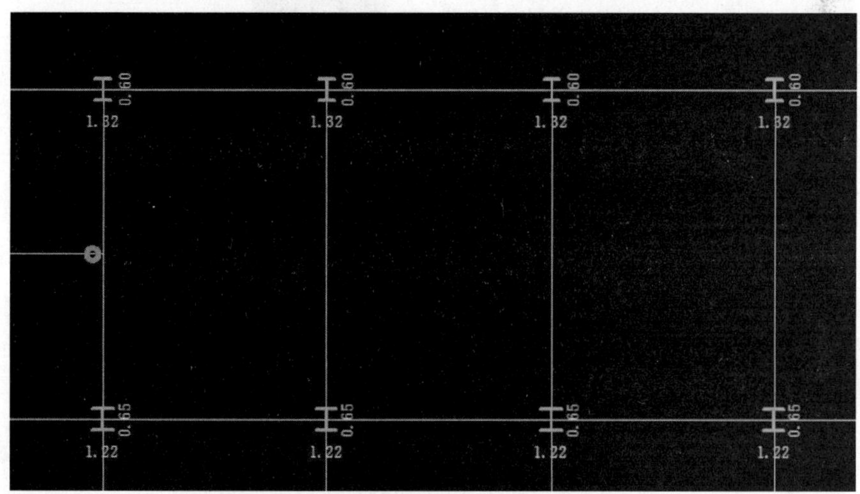

图 6-59　一层平面自动计算结果

柱长度系数

参数名	参数值
柱X向长度系数	1.83
柱Y向长度系数	1.00

定 义　　删 除

图 6-60　柱长度系数修改

6.4 结构计算

完成模型前处理各步骤后，就可以进行计算了。当然程序还提供了其他的构件属性、设计属性和设计参数的修改，在做其他结构形式时才会用到。

这里只需要点击“生成数据＋全部计算”即可，程序会自动进行分析和配筋（图 6-61）。整体计算完成后，程序会自动切换到结果查询的状态。程序提供了多种结果，但是对于我们的模型，只需要关注下面的两种指标即可。

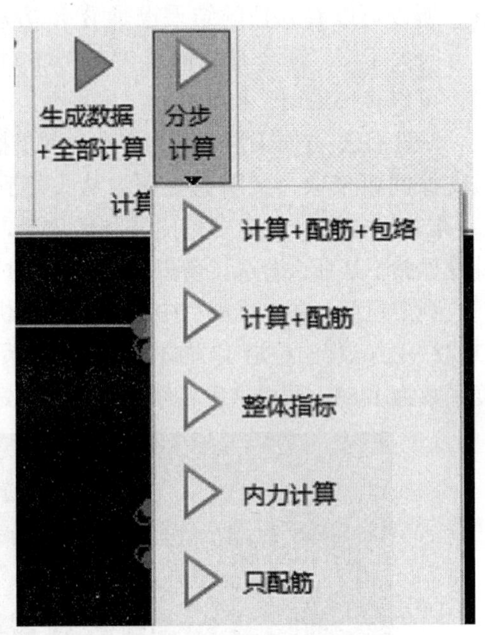

图 6-61　程序自动分步计算

6.4.1 整体指标查询

对于整体模型的计算结果，可以进入“文本及计算书→新版计算书”来查看。

在该计算书模式下，左侧为目录切换，可以切换各种验算项目，右侧为该项目下的验算内容，可以选择计算书中具体展示的内容（图 6-62）。如果修改了展示内容，需要点击下方的“刷新”按钮来刷新显示区的文本内容。

对本模型来说，需要控制的整体指标有以下几个：

（1）楼层规则性指标

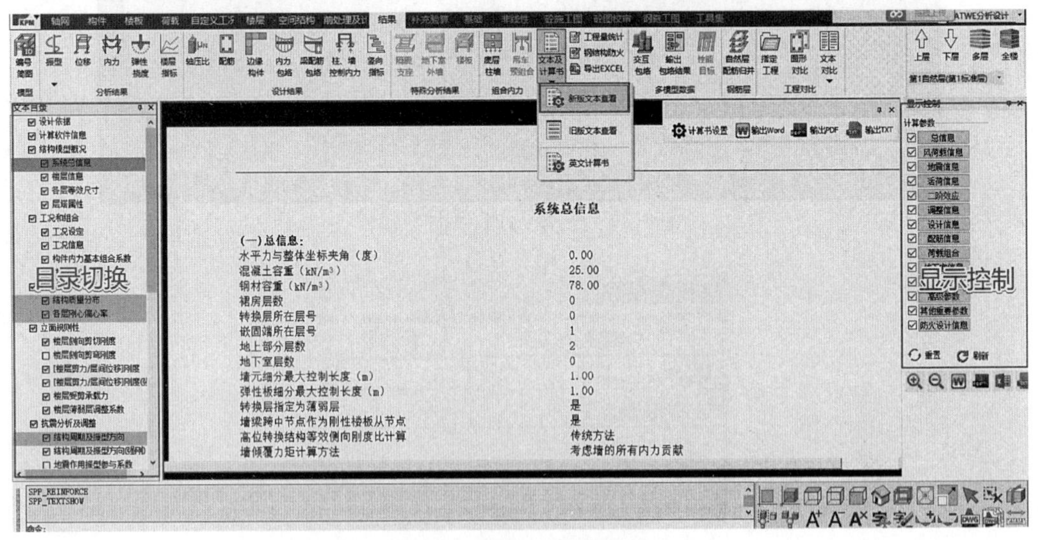

图 6-62　新版计算书界面

楼层规则性包括了平面和竖向两个指标，其中平面不规则性一般可通过位移比来进行控制。位移比即最大位移和平均位移的比值，如果结构平面存在严重的不规则，出现了明显的扭转效应，则在考虑偶然偏心的规定水平力下的最大位移和平均位移就会出现很大的偏差。按照《建筑抗震设计规范》GB 50011—2010 第 3.4.3 条表 3.4.3-1 的规定，当位移比超过 1.2 时，就可认为是平面不规则，此时宜在设计上做部分调整，比如考虑双向地震；但是如果位移比超过 1.5 时，则认为是严重的平面不规则了，此时应重新调整结构方案，减小结构的扭转效应。

查询位移比结果，可以切换到“变形验算→普通结构楼层位移指标统计（强刚）”，查询位移比。这里注意要查询的是强刚下的模型，只有强刚下的位移比才有意义。查询到 X 和 Y 向的偏心静震下的位移比都小于 1.2，可以认为是平面规则结构（图 6-63）。

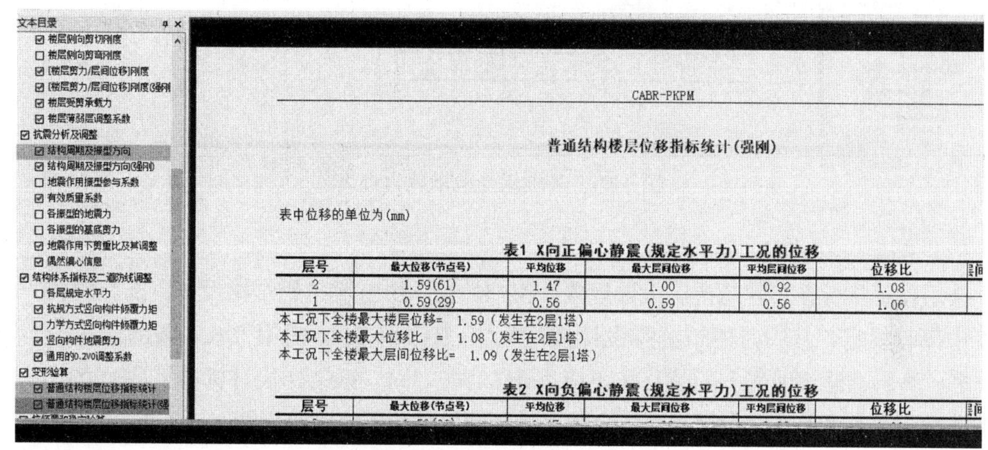

图 6-63　位移比结果查询

而竖向不规则是通过侧向刚度比和楼层受剪承载力比来进行控制。对于侧向刚度的控制，按照《建筑抗震设计规范》GB 50011—2010 第 3.4.3 条表 3.4.3-2 中第一款的规定，如果“该层的侧向刚度小于相邻上一层的 70%，或小于其上相邻三个楼层侧向刚度平均值的 80%”时，结构为竖向不规则，该层为薄弱层。而楼层受剪承载力的控制，按同表第三款的规定，如果该层“小于其相邻上一层受剪承载力的 80%”，则为薄弱层。对薄弱层，应通过一定措施来保证，比如对其地震剪力乘以不小于 1.15 的放大系数。

竖向不规则的查询可以切换到“立面规则性”项目下查询。首先看刚度比的结果，点击“［楼层剪力/层间位移］刚度（强刚）”，查询 Ratx1 和 Raty1 的结果，大于 1 即可认为满足要求。这里看到结果大于 1，即可认为该项立面规则检查满足规则要求（图 6-64）。

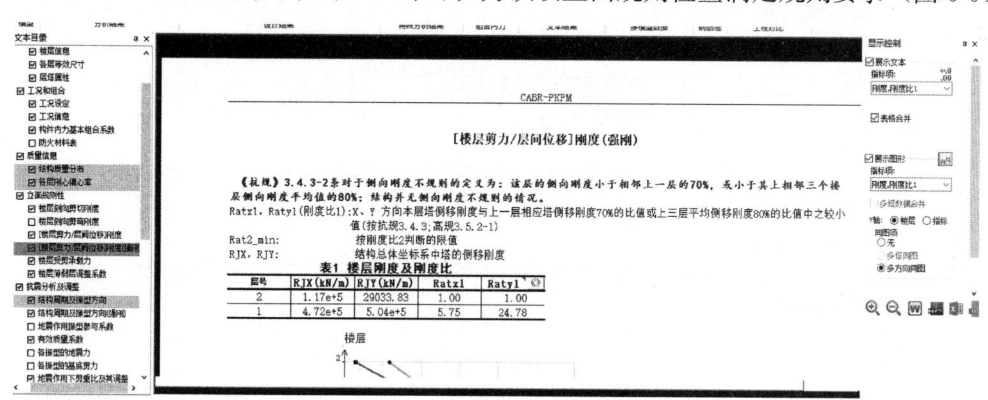

图 6-64　竖向不规则查询

再切换到“各楼层受剪承载力”，这里控制比值大于 0.8 就可以了。这里可以看到一层的指标也满足要求，可以认为该项立面规则检查满足规则要求（图 6-65）。

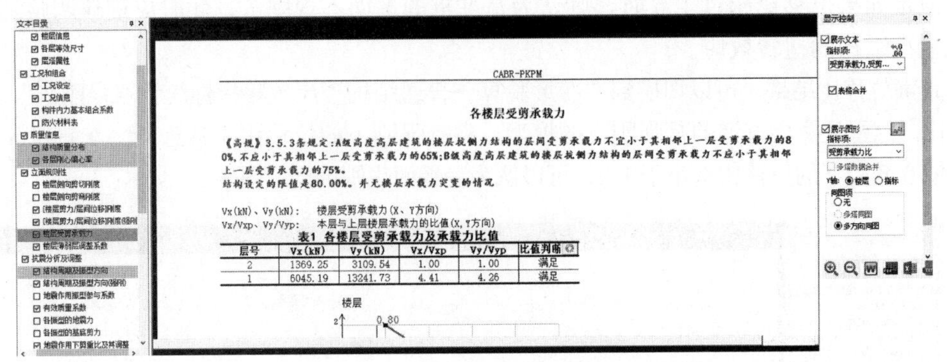

图 6-65　各楼层受剪承载力查询

（2）楼层位移指标

楼层位移指标在《建筑抗震设计规范》GB 50011—2010 和《钢结构设计标准》GB 50017—2017 中都有规定，其中《建筑抗震设计规范》GB 50011—2010 的第 5.5.1 条的表 5.5.1 中规定，多、高层钢框架地震下的位移角不应大于 1/250；而《钢结构设计标准》GB 50017—2017 的附录 B.2.2 条表 B.2.2 中规定，风荷载下的层间位移角不应大于 1/250。

要查询该项结果，切换到“普通结构楼层位移指标统计（强刚）”下。这里需要设置一下显示内容，在“非静震”下的“工况”下拉，勾选“特殊风 1～4”项。然后点击“刷新”，此时文本显示区就会出现特殊风下的位移指标（图 6-66）。

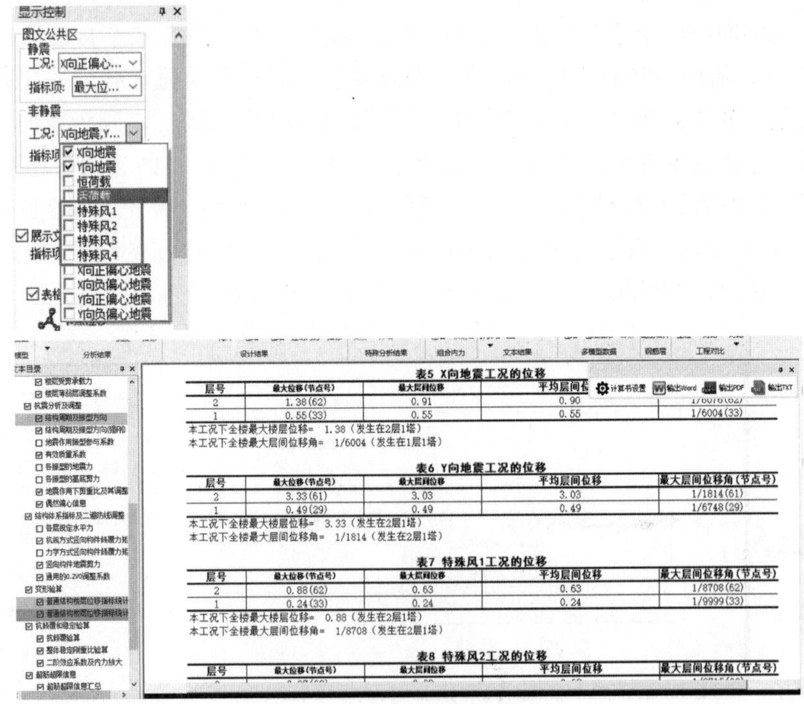

图 6-66　特殊风下的位移指标

这里可以看到位移指标都满足《建筑抗震设计规范》GB 50011—2010 和《钢结构设计标准》GB 50017—2017 的要求，而且富余量较大，后期有不少优化的空间。

（3）最小剪重比

《建筑抗震设计规范》GB 50011—2010 中第 5.2.5 条规定，楼层的剪力不应小于如下的限值：

$$V_{\mathrm{Ek}i} > \lambda \sum_{j=1}^{n} G_j \tag{6-1}$$

程序中可以切换到“地震作用下剪重比及其调整”项，查看是否满足要求（图 6-67）。

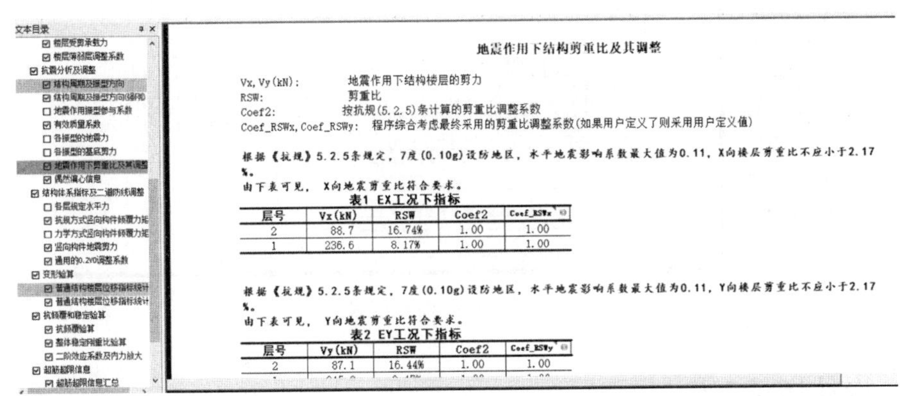

层号	Vx (kN)	RSW	Coef2	Coef_RSWx
2	88.7	16.74%	1.00	1.00
1	236.6	8.17%	1.00	1.00

层号	Vy (kN)	RSW	Coef2	Coef_RSWy
2	87.1	16.44%	1.00	1.00

图 6-67　地震作用下剪重比及其调整

对于门式刚架体系，剪重比不满足要求，往往是由于结构的有效质量系数过小，参与振型数量不够，地震剪力计算不充分导致。如果遇到剪重比调整系数过大的情况，可以到“有效质量系数”项中查询有效质量系数是否大于 90%，如果过小，则可以返回前处理的参数设置中，在“地震信息”项中，修改“计算振型个数”，适当增加。也可以选择“程序自动确定振型个数”，设定 90%的有效质量系数目标即可（图 6-68）。

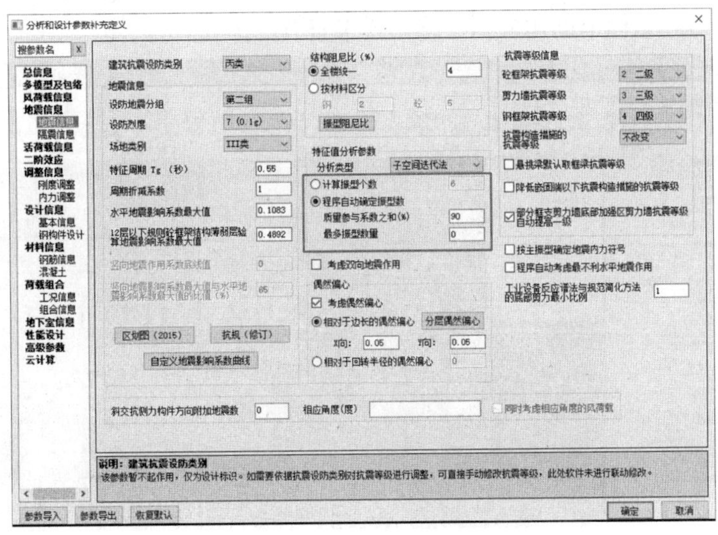

图 6-68　修改计算振型个数

（4）二道防线 $0.25V_0$

对于框架支撑体系，框架作为结构的二道防线，其承载力不宜过小。《建筑抗震设计规范》GB 50011—2010 的第 8.2.3-3 条规定“其框架部分按刚度分配计算得到的地震层剪力应乘以调整系数，达到不小于结构底部总地震剪力的 25%和框架部分计算最大层剪力 1.8 倍二者的较小值。”切换到“通用的 $0.2V_0$ 调整系数”，可以查看程序的调整结果（图 6-69）。

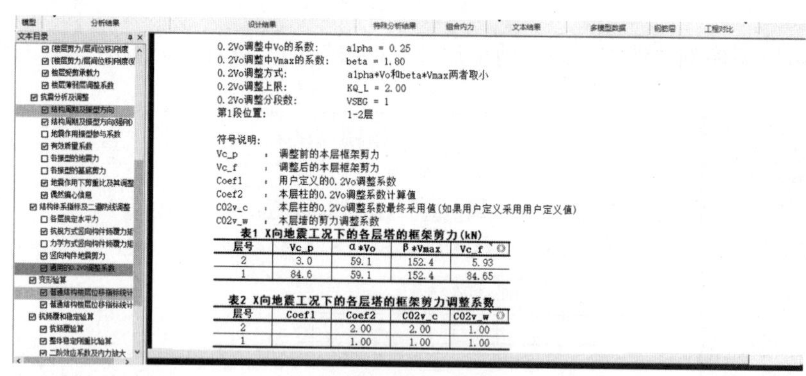

图 6-69 程序调整结果

6.4.2 构件指标查询

除了整体的指标以外，还需要控制构件的指标。构件指标应基于非强刚模型得到。对构件来说，按规范需要控制以下几个指标：

（1）承载力指标

承载力一般指构件的强度和稳定，不同构件之间略有区别，其中柱和支撑都是一样的，稳定需要控制面内和面外，而梁则只控制面外稳定。查询构件的承载力指标可以通过“配筋”菜单进入，点击“构件信息”，选择构件即可查询。因为楼层存在斜杆构件，可以同时用“Ctrl”键和鼠标中键切换到三维模式来查看（图 6-70）。

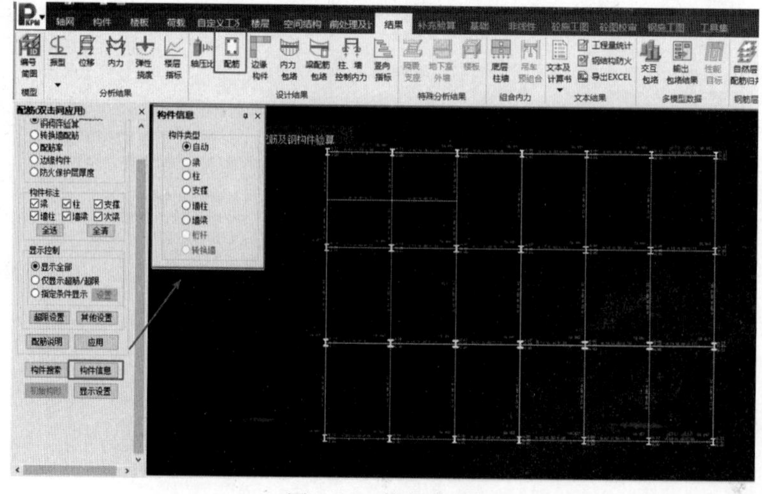

图 6-70 构件信息

在简图上，默认会显示基本的承载力指标，对于不同构件，显示的内容有所不同。需要查询具体的文字显示的意义，可以点击左侧工具条中的“配筋说明”按钮，在对话框中查询不同构件的具体配筋说明（图 6-71）。一般来说，只要构件有超限项，其简图上对应构件的信息的文字就会以红色显示，而且部分超限信息会直接以缩写的方式提示在简图上（图 6-72）。

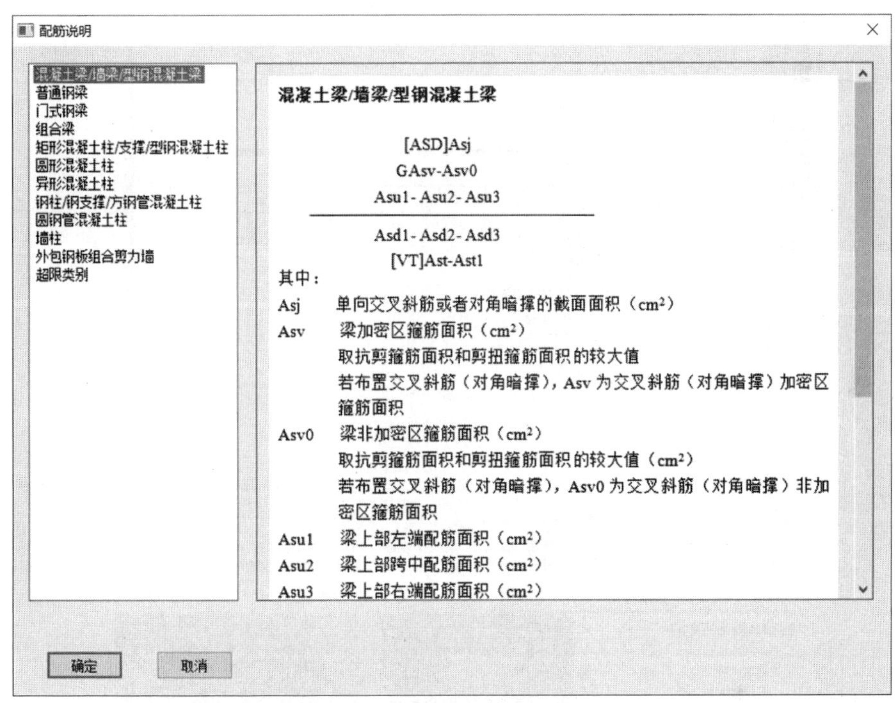

图 6-71　配筋说明

当然，在交互状态下，点击构件会弹出构件的具体验算结果。一般可以直接转到“构件设计验算信息”一栏查询构件的验算结果（图 6-73）。一般来说，承载力指标给出的都是应力比，应力比小于 1 即满足设计要求。

图 6-72　超限信息显示

（2）构造指标

对钢构件来说，其构造指标一般都指其长细比、宽厚比等要求。对于这些构造要求，不同规范也会有不同的要求，常见的控制规范有《建筑抗震设计规范》GB 50011—2010 和《钢结构设计标准》GB 50017—2017，程序原则上都是按两者较严格的值来进行控制。

点击“轴压比”按钮，在左侧菜单中选择“长细比”，点击下方的“应用”，则图面会切换成长细比的显示（图 6-74）。

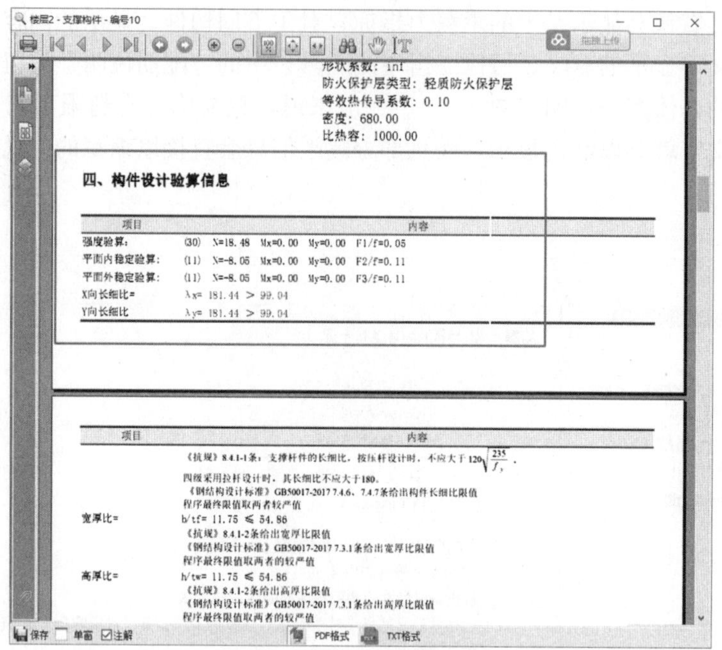

图 6-73 构件设计验算信息

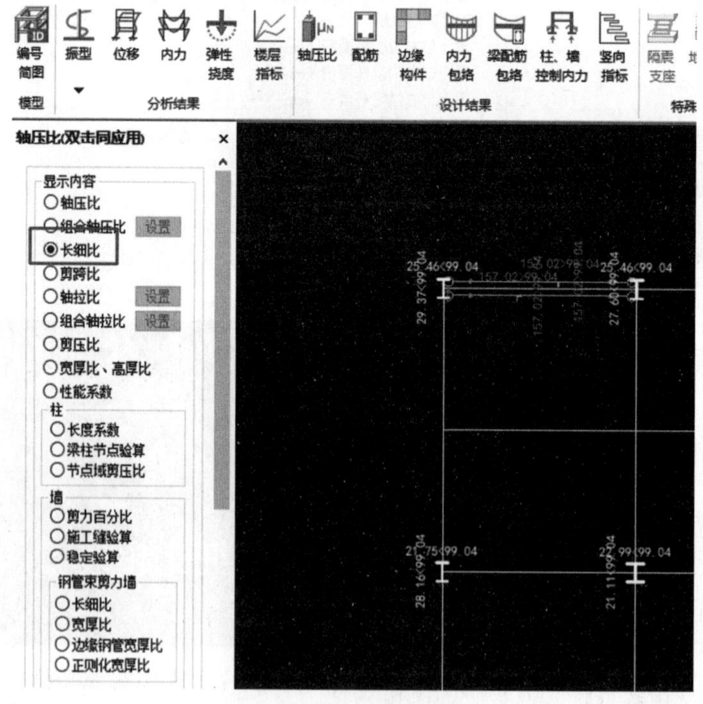

图 6-74 长细比显示

点击“构件信息”选择一个柱具体查看（图 6-75），可以看到取较严格的结果时，是按《建筑抗震设计规范》GB 50011—2010 进行控制的，按四级，$120\times\sqrt{235/345}=99.04$。

同样的，宽厚比也可以切换到“宽厚比、高厚比”一项来查看。宽厚比控制稍为复杂，按

四、构件设计验算信息

Px:　x向梁与柱全塑性承载力比

Py:　y向梁与柱全塑性承载力比

项目	内容
轴压比:	(24)　N=-109.6　Uc=0.03
强度验算:	(21)　N=-105.92　Mx=11.34　My=10.73　F1/f=0.14
平面内稳定验算:	(15)　N=-107.62　Mx=2.32　My=11.22　F2/f=0.08
平面外稳定验算:	(18)　N=-107.97　Mx=2.49　My=12.14　F3/f=0.11
X向长细比=	λx= 21.75 ≤ 99.04
Y向长细比	λy= 28.16 ≤ 99.04
	《抗规》8.3.1条：钢框架柱的长细比，一级不应大于 $60\sqrt{\frac{235}{f_y}}$，二级不应大于 $80\sqrt{\frac{235}{f_y}}$， 三级不应大于 $100\sqrt{\frac{235}{f_y}}$，四级不应大于 $120\sqrt{\frac{235}{f_y}}$ 《钢结构设计标准》GB50017-2017 7.4.6、7.4.7条给出构件长细比限值 程序最终限值取两者较严值
宽厚比=	b/tf= 10.36 ≤ 10.73 《抗规》8.3.2条给出宽厚比限值 《钢结构设计标准》GB50017-2017 3.5.1条给出宽厚比限值 程序最终限值取两者的较严值
高厚比=	h/tw= 37.20 ≤ 37.70 《抗规》8.3.2条给出高厚比限值 《钢结构设计标准》GB50017-2017 3.5.1条给出高厚比限值 程序最终限值取两者的较严值

图 6-75　构件信息

《钢结构设计标准》GB 50017—2017 要求，需要按组合分别控制，因为控制指标中的系数 α_0 和具体的应力状态相关，所以如果最后控制值无法和《建筑抗震设计规范》GB 50011—2010 控制值相对应，但又比抗震规范严，那就是按《钢结构设计标准》GB 50017—2017 控制的结果。比如本模型中，柱腹板的高厚比按抗震规范控制的话，应该是 $52\times\sqrt{235/345}=42.9$，而实际控制值为 37.7，且此值又大于 S4 的控制下限，显然是按实际应力状态控制的结果。

（3）变形指标

这里构件的变形指标主要是指梁的挠度，或者从指标角度来说控制的是梁的挠跨比，即梁的挠度和跨度的比值。这里有一个概念需要区分一下，就是绝对挠度和相对挠度的区别。绝对挠度就是梁相对于初始位置的变形，而相对挠度则是梁相对于支座的变形，可以从图 6-76 中看出两者的区别。

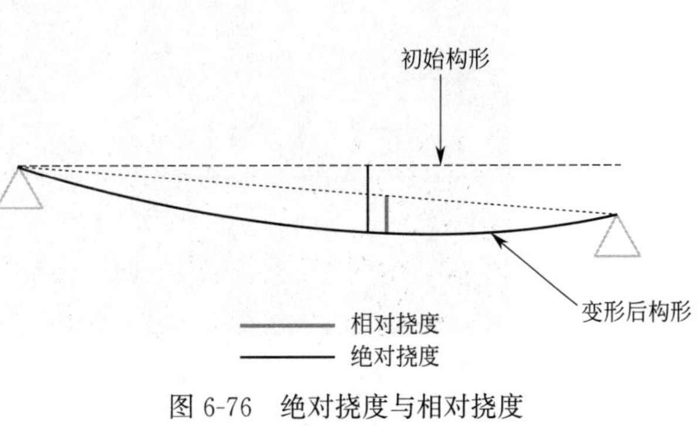

图 6-76　绝对挠度与相对挠度

点击“弹性挠度”按钮进入挠度结果查询。从相关规范上可以查到，在《钢结构设计标准》GB 50017—2017 中的附录 B.1.1 中有挠度的控制，而这个控制又分为恒荷载＋活荷载下的挠跨比和单独活荷载下的挠跨比。这里结构应按照“主梁或桁架”形式控制，两值分别为 1/400 和 1/500。选择“跨度与挠度比”，分别选择下面工况中“恒＋活”和“活载”查看（图 6-77），该项中选取的挠度为相对挠度。因为程序中是反过来除的，所以只需要关注图面上的数字是否大于限值的分母即可，这里可以看到结果都是满足要求的。

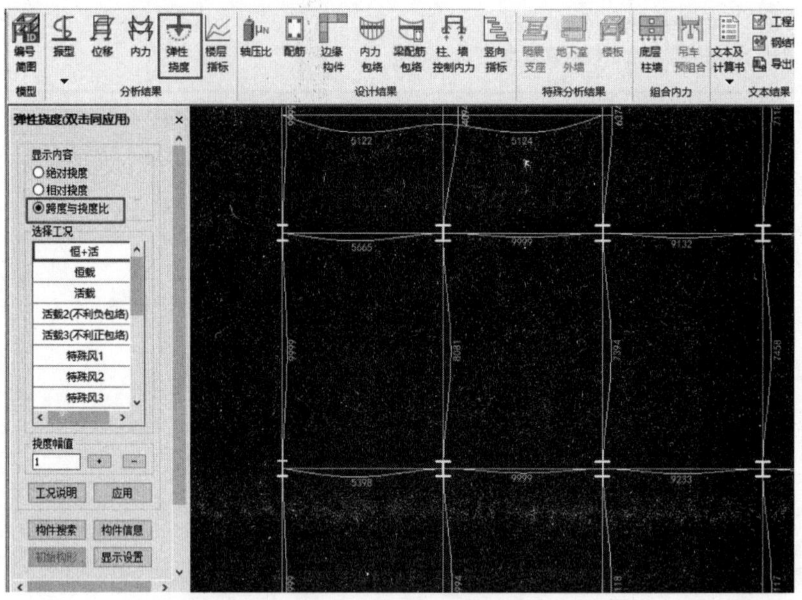

图 6-77　挠度结果查询

6.5　连接设计

完成结构的整体设计之后，就可以进入钢结构施工图模块。在这个模块中可以完成钢框架的连接设计以及施工图的绘制。整个软件的界面和功能模块如图 6-78 所示。

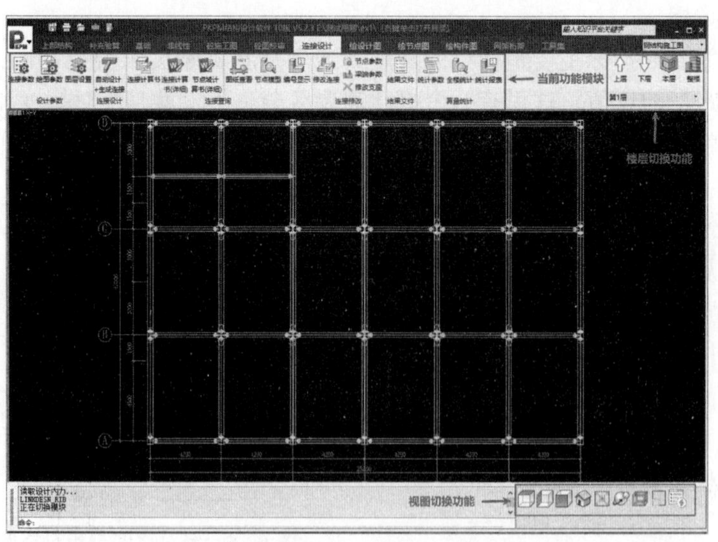

图 6-78　钢结构施工图模块界面显示

整体的操作流程可以见图 6-79 所示的流程图。

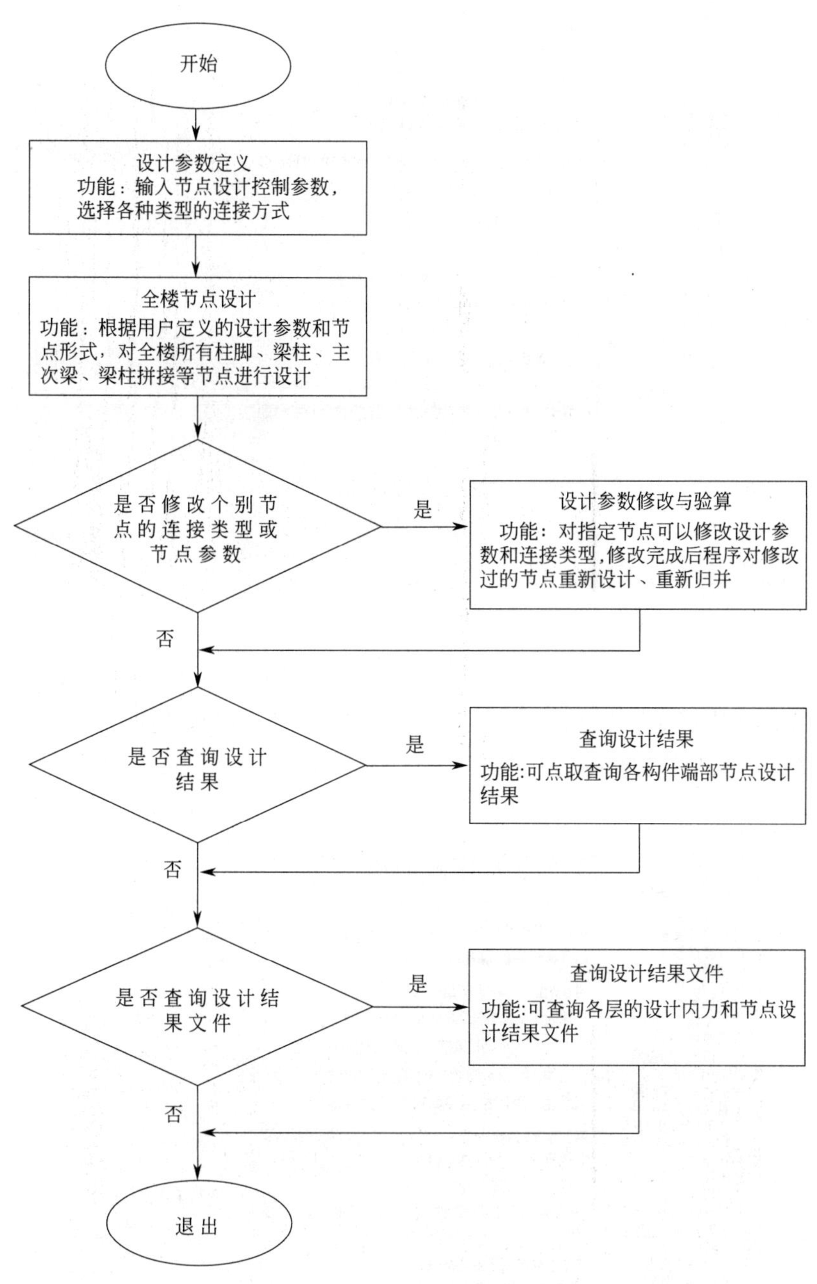

图 6-79　全楼节点设计操作流程

6.5.1　参数设置

首先进入参数设置对话框，在此对话框中可以设置连接的设计信息、构造信息以及连接的样式。具体连接设计信息的设置可以参考《STS 用户手册》，这里就不再详细展开。需要注意的一个页面是“连接设计信息”（图 6-80），在此页面可以调整具体的连接数据，比如接触面的处理方法以及螺栓的直径，这里保持默认参数不变即可。

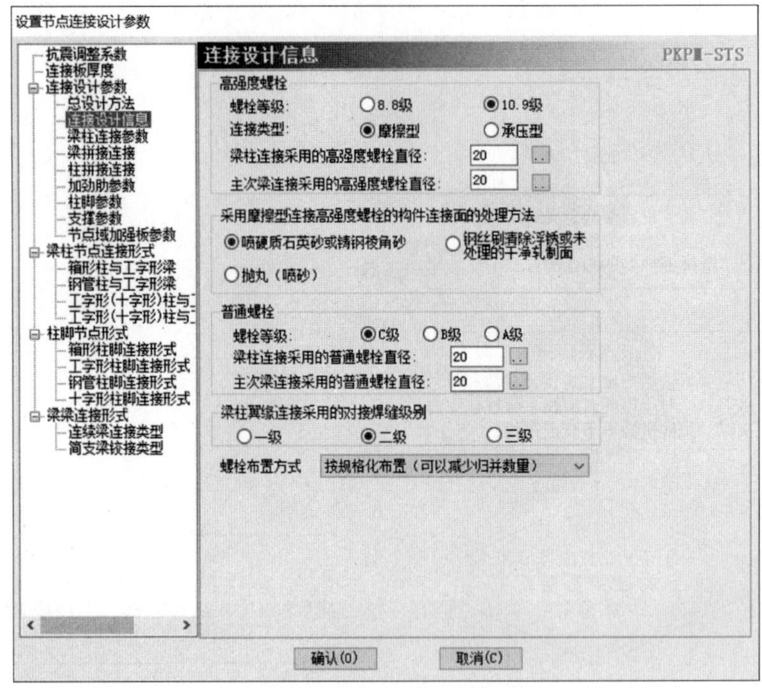

图 6-80 连接设计信息界面

还有一个相对比较复杂的页面是“梁柱连接参数”（图 6-81），里面可以设置连接设计信息、构造信息等。这里我们修改一下“连接节点加强方式”，改为“优先采用加宽翼缘方式。”

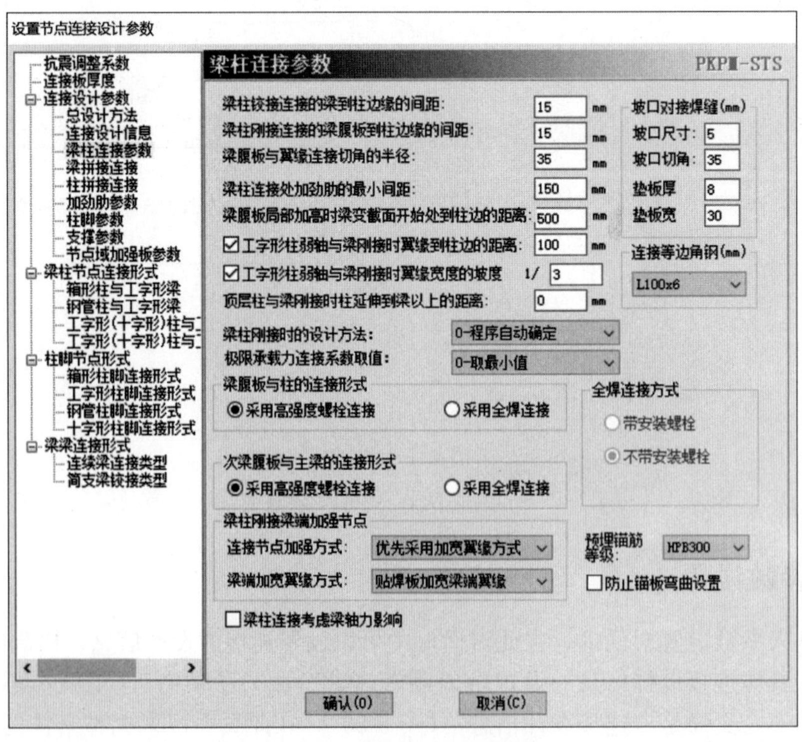

图 6-81 梁柱连接参数界面

接下来，需要设置具体的连接形式，这里需要设置的分别有“工字形柱与梁强轴/弱轴连接”“工字形柱脚连接”“简支梁铰接连接”（图 6-82）。前面几个都保持默认类型即可，简支梁铰接改为第五种类型，这种类型在实际施工中会比较方便。

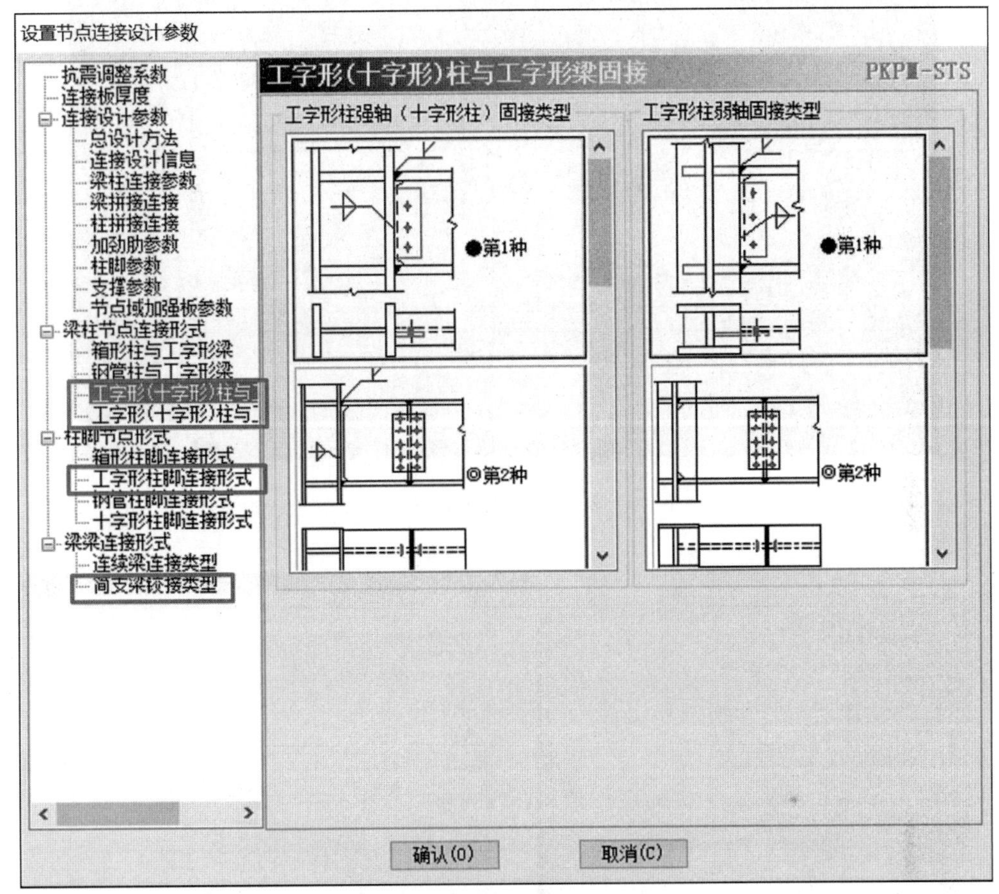

图 6-82　节点连接设计参数设置

完成这些设置后，点击确认即可保存，并能进入下一步“自动设计＋生成连接”。点击该按钮，等待连接设计完成，即可进入连接查看的状态。

6.5.2 连接设计查询

设计完成后，当前的图面会显示已经设计完成的结果，所有连接都会用节点球来突出显示，对于已经设计且已满足规定的连接，会以绿色来表示；对于已经设计但不满足规定的连接，会以红色来表示；对于无法设计的连接，会以白色来表示。在连接显示的状态下，包括连接计算书和模型查看等功能，都需要点中这个节点球才能选中（图 6-83）。

在设计查询里可以查询多种结果。设计结果可以通过“连接计算书”“连接计算书（详细）”查询到，前者为 TXT 的简化输出，如果有项目验算不满足，则在文本中会以“＊＊＊＊”在前面进行标识；后者为 Word 版本的详细输出，会给出详细的设计流程，并对不满足的项目标红显示（图 6-84）。

点击图纸查看并选中一个连接后，可以直接查看该连接的图纸。点击节点模型，则可

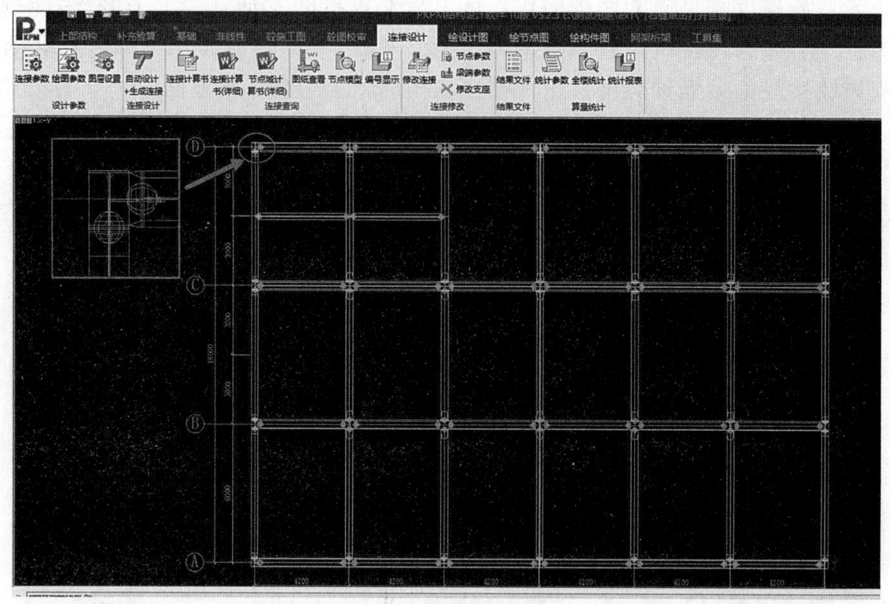

图 6-83　连接显示

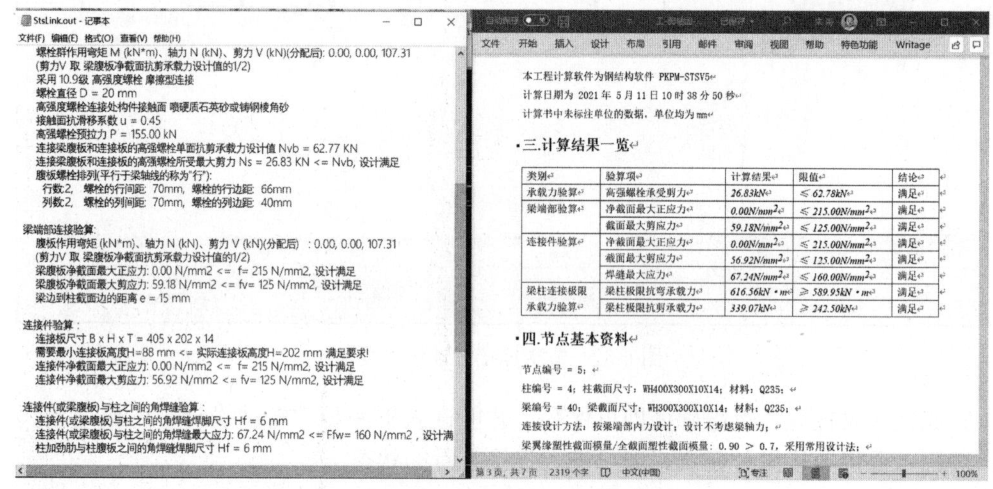

StsLink.out - 记事本

文件(F) 编辑(E) 格式(O) 查看(V) 帮助(H)

螺栓群作用弯矩 M (kN*m)、轴力 N (kN)、剪力 V (kN)(分配后): 0.00, 0.00, 107.31
(剪力V 取 梁腹板净截面抗剪承载力设计值的1/2)
采用 10.9级 高强度螺栓 摩擦型连接
螺栓直径 D = 20 mm
高强度螺栓连接处构件接触面 喷硬质石英砂或铸钢棱角砂
接触面抗滑移系数 u = 0.45
高强螺栓预拉力 P = 155.00 kN
连接梁腹板和连接板的高强螺栓单面抗剪承载力设计值 Nvb = 62.77 KN
连接梁腹板和连接板的高强螺栓所受最大剪力 Ns = 26.83 KN <= Nvb, 设计满足
腹板螺栓排列(平行于梁轴线的称为"行"):
行数:2, 螺栓的行间距: 70mm, 螺栓的行边距: 66mm
列数:2, 螺栓的列间距: 70mm, 螺栓的列边距: 40mm

梁端部连接验算:
腹板作用弯矩 (kN*m)、轴力 N (kN)、剪力 V (kN)(分配后) : 0.00, 0.00, 107.31
(剪力V 取 梁腹板净截面抗剪承载力设计值的1/2)
梁腹板净截面最大正应力: 0.00 N/mm2 <= f= 215 N/mm2, 设计满足
梁腹板净截面最大剪应力: 59.18 N/mm2 <= fv= 125 N/mm2, 设计满足
梁边到柱截面边的距离 e = 15 mm

连接件验算：
连接板尺寸 B x H x T = 405 x 202 x 14
需要最小连接板高度H=88 mm <= 实际连接板高度H=202 mm 满足要求!
连接件净截面最大正应力: 0.00 N/mm2 <= f= 215 N/mm2, 设计满足
连接件净截面最大剪应力: 56.92 N/mm2 <= fv= 125 N/mm2, 设计满足

连接件(或梁腹板)与柱之间的角焊缝验算：
连接件(或梁腹板)与柱之间的角焊缝焊脚尺寸 Hf = 6 mm
连接件(或梁腹板)与柱之间的角焊缝最大应力: 67.24 N/mm2 <= Ffw= 160 N/mm2 , 设计满
柱加劲肋与柱腹板之间的角焊缝焊脚尺寸 Hf = 6 mm

文件 开始 插入 设计 布局 引用 邮件 审阅 视图 帮助 特色功能 Writage

本工程计算软件为钢结构软件 PKPM-STSV5
计算日期为 2021 年 5 月 11 日 10 时 38 分 50 秒
计算书中未标注单位的数据，单位均为 mm

▪三.计算结果一览

类别	验算项	计算结果	限值	结论
承载力验算	高强螺栓承受剪力	26.83kN	≤ 62.78kN	满足
梁端部验算	净截面最大正应力	0.00N/mm²	≤ 215.00N/mm²	满足
	截面最大剪应力	59.18N/mm²	≤ 125.00N/mm²	满足
连接件验算	净截面最大正应力	0.00N/mm²	≤ 215.00N/mm²	满足
	截面最大剪应力	56.92N/mm²	≤ 125.00N/mm²	满足
	焊缝最大应力	67.24N/mm²	≤ 160.00N/mm²	满足
梁柱连接极限承载力验算	梁柱极限抗弯承载力	616.56kN·m	≥ 589.95kN·m	满足
	梁柱极限抗剪承载力	339.07kN	≥ 242.50kN	满足

▪四.节点基本资料

节点编号 = 5；
柱编号 = 4；柱截面尺寸：WH400X300X10X14；材料：Q235；
梁编号 = 40；梁截面尺寸：WH300X300X10X14；材料：Q235；
连接设计方法：按梁端部内力设计；设计不考虑梁轴力；
梁翼缘塑性截面模量/全截面塑性截面模量：0.90 > 0.7，采用常用设计法；

第 3 页，共 7 页　2319 个字　中文(中国)　专注　100%

图 6-84　连接计算书

以进入节点三维状态进行查看，在该状态下，可以用鼠标中键和“Ctrl”键进行模型的旋转。这里要注意区分连接和节点的区别。连接只表达两个构件之间的连接关系，所以在连接图上，只表达了相关两个构件的连接关系，其他的构件和连接则不表达。而节点则是多个连接的集合，表达的是交汇处的构件和连接的空间关系。一般考虑到图面整洁和出图量少，大部分的设计师都选择只绘制连接施工图。

6.6　施工图绘制

施工图程序提供了三种出图方式：一种是设计图，设计图表达较为简单，以表达连接

关系为主，所以设计图中只绘制连接，而且都是简化归并过的连接；另一种是节点图，这种出图方式是以节点为单位出施工图，因为要表达几乎每一个节点的具体连接，所以这种出图方式图数量较大；最后一种是构件图，和前两种只表达连接不同，构件图则是以构件为单位，绘制与该构件相关的所有零件。一般常用的就是设计图和节点图。

这里我们采用比较简单的设计图的方式生成施工图。进入“设计图”菜单（图 6-85）。在菜单中有“自动绘图”和“列表绘图”两个功能，一般“列表绘图”功能更直观，所有的连接都是以参数化的表格来表达，尺寸说明更加清晰。点击“列表绘图”，在弹出的对话框中分别设置列表需要显示的参数和图纸的情况，随后软件会进入自动绘制。绘制完成后点击“图纸查看”进入图纸查看界面（图 6-86）。

图 6-85　设计图菜单

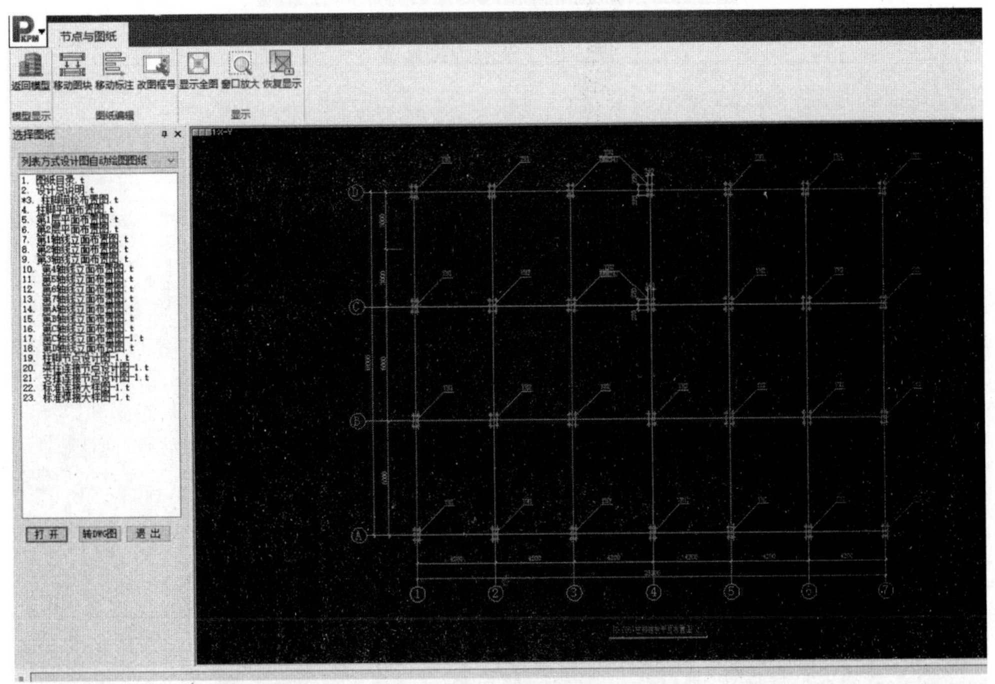

图 6-86　图纸查看界面

在查看界面上，左侧为图纸列表，右侧是图纸空间。双击左侧的图纸名称可以切换图纸，当前被打开的图纸名称前会用“*”标识。如果需要转换为 DWG 图形，则选中一张，或者连续点击多张，点击“转 DWG 图”即可转换。

生成的图纸分为布置图、设计图和大样图三类。其中布置图又有锚栓布置图和平立面布置图，平立面布置图中对于节点的标记需要学会识别。以图 6-87 所示的节点为例，其中的三个球表达了三个连接，每个球中又有上下两个数字，下面的数字代表了连接的类型分类号，而上面的数字则代表了连接的归并号。具体到列表中，下面的数字对应图 6-88 表底被框中的数，代表连接类型，而上面的数字对应表格中的连接归并号。设计图则都是以“上部图例＋下部表格”组成。图例中的尺寸都以代号表达，而在下方的表格中则详细地描述了不同连接对应的不同尺寸。

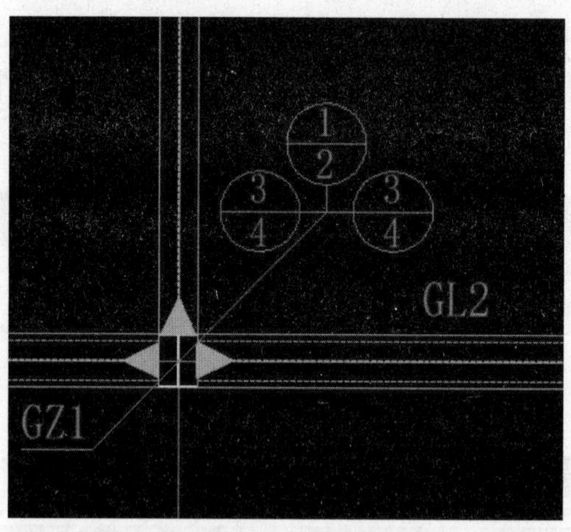

图 6-87　节点连接显示

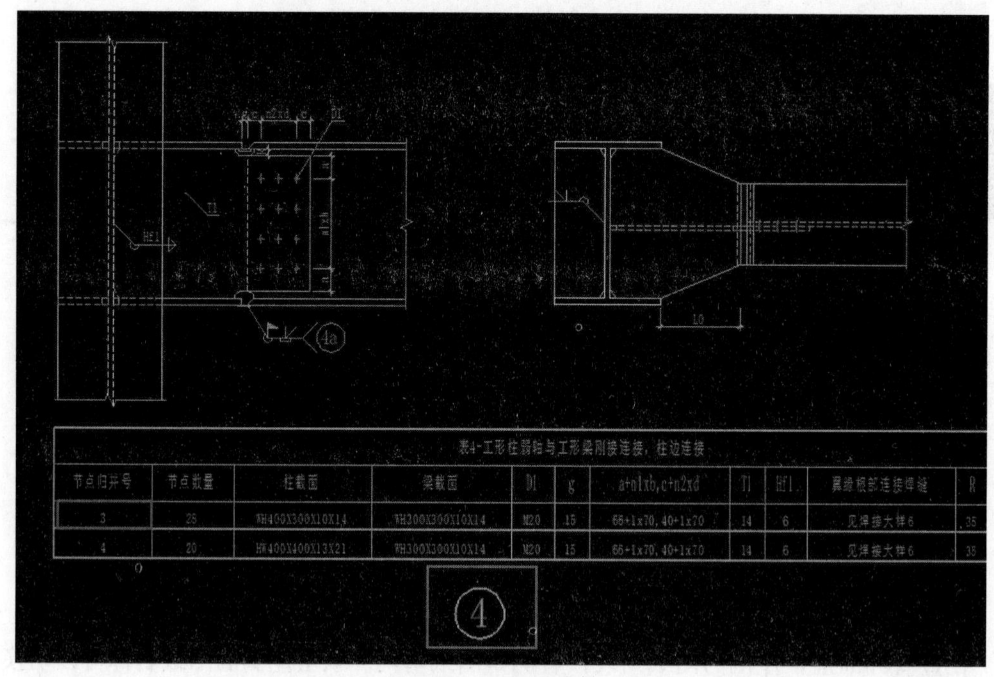

表4-工形柱弱轴与工形梁刚接连接，柱边连接

节点归并号	节点数量	柱截面	梁截面	D1	g	a+n1xb,c+n2xd	T1	Hf1	翼缘根部连接焊缝	R
3	28	WH400X300X10X14	WH300X300X10X14	M20	15	66+1x70,40+1x70	14	6	见焊接大样6	35
4	20	HW400X400X13X21	WH300X300X10X14	M20	15	66+1x70,40+1x70	14	6	见焊接大样6	35

图 6-88　连接设计图

大样图则是一些参考的图样，具体图样都是来自于图集，主要说明一些具体的细部做法（图 6-89）。比如图 6-88 中 4a 的焊缝类型，就可以在焊接大样图中找到。

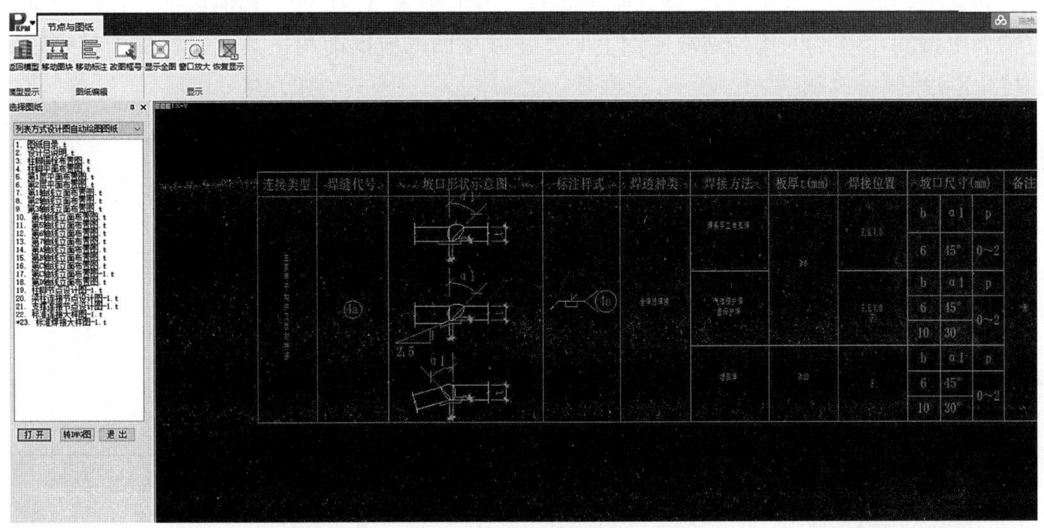

图 6-89　连接大样图

6.7　工具箱

工具箱相对整体建模分析，在使用上会更加灵活，特别是一些全楼无法处理的，或者只是少量改动需要重新验算的，都可以做到快速设计。从功能上，工具箱分为以下几大类：构件设计、围护构件设计、连接设计、绘图工具、其他设计工具以及吊车梁设计工具（图 6-90）。一般常用的主要有构件设计和围护构件设计。

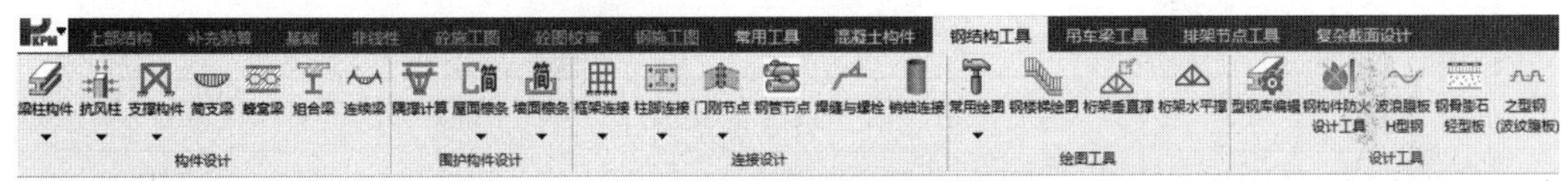

图 6-90　工具箱功能

在这个模型中，屋面采用的是轻钢屋面，所以除了常规的主构件以外，还需要设置围护构件。屋面的围护构件是檩条，所以我们需要使用工具箱中的简支檩条设计工具进行验算。点开“屋面檩条→简支檩条”，在弹出的对话框中输入檩条的基本信息。檩条的基本信息可以从前面的结构信息中获得。但是有一个地方需要注意一下，屋面的活荷载在总结构信息中是 0.3kN/m^2，但是在檩条设计时不能直接取用这个数值。因为在《门式刚架轻型房屋钢结构技术规范》GB 51022—2015 中的第 4.1.3 条中明确规定“当采用压型钢板轻型屋面时，屋面按水平投影面积计算的竖向活荷载的标准值应取 0.5kN/m^2，对承受荷载水平投影面积大于 60m^2 的刚架构件，屋面竖向均布活荷载的标准值可取不小于 0.3kN/m^2”。从这条可以解读出，对主结构构件来说，投影面积一般都是较大的，所以可以按 0.3 考虑；而对于围护构件，受荷投影面积相对较小，所以活荷载需要按 0.5 来考虑。

由于是第一次试算，所以很难一下选择到合适的檩条截面，这里可以把“程序优选截面”的选项勾选上（图 6-91）。截面类型选择“Z 形檩条”，相对于其他截面，Z 形檩条的主轴天生偏斜，但当将其放到坡屋面上时，正好屋面的坡度能纠正其偏斜，从而带来较好的抗弯刚度。

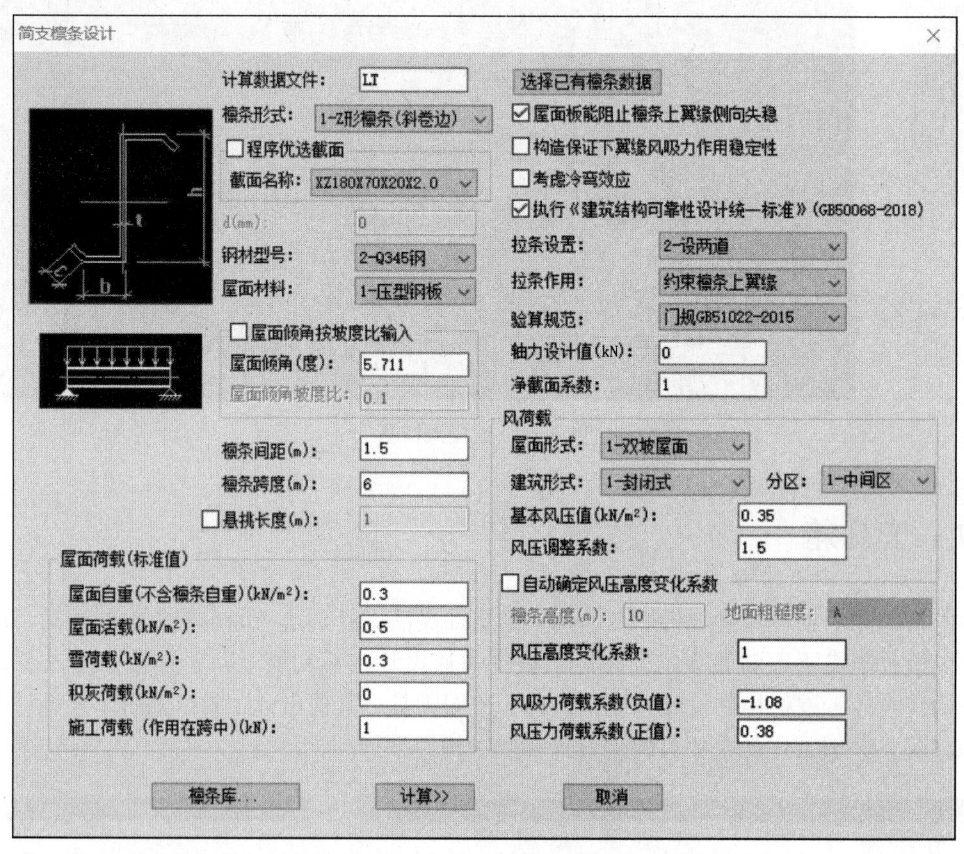

图 6-91　简支檩条设计

在构造参数中“屋面板能阻止檩条上翼缘侧向失稳”的前提是屋面板和檩条之间有可靠的连接，同时屋面板也有一定的刚度。这里，屋面板和檩条连接采用的是自攻钉连接，且屋面板刚度足够，所以勾选此项（图 6-91）。而后面的“构造保证下翼缘风吸力作用稳定性”则是和上一条类似，但需要在下翼缘处形成约束。实际中部分结构为了美观，取消了隅撑，采用下侧挂板的形式，当满足前一条的约束条件时，也是可以勾选的，这里我们考虑到实际情况，不做勾选。再往下的“拉条作用”中，需要考虑拉条所固定在檩条上的位置。如果采用图 6-92 所示第一种方式的话，那么就是只约束上翼缘；而如果采用图 6-92 所示第二、三种方式的话，那么就是同时约束上下翼缘。

风荷载项需要由《门式刚架轻型房屋钢结构技术规范》GB 51022—2015 的第 4 章确定，这里要注意规范中表 4.2.2-3 之前都为主结构的风荷载系数，之后才是围护结构的风荷载系数，千万不要弄错了。这里“屋面形式”为双坡屋面，“建筑形式”为封闭式，分区从规范图上可以看到中间、边区和角部是不一样的，需要分别对这三处位置进行验算，我们这里先验算风荷载相对较小的中间区。基本风压按主结构信息取 0.35，调整系数保持 1.5 不变。在修改结构形式的时候，下方的风荷载系数会自动随形式而变，所以这里也

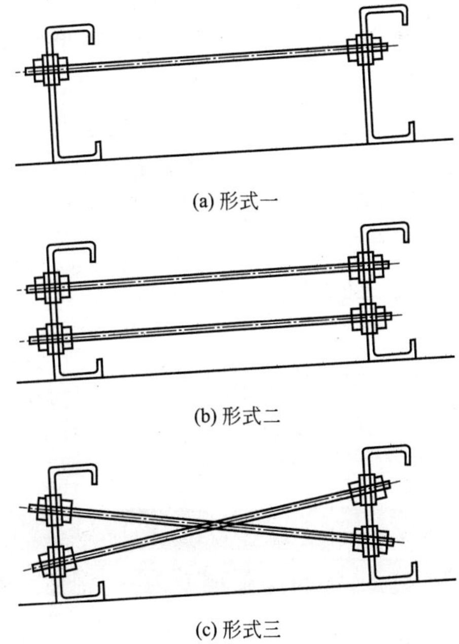

(a) 形式一

(b) 形式二

(c) 形式三

图 6-92　拉条固定在檩条上的位置

不用专门修改。

确认输入无误后，就可以点击“计算”来查看设计结果了（图 6-93）。

```
平行轴:
        弯矩设计值(kN.m): Mx' =      5.105
        剪力设计值(kN.m): Vy' =      3.403

有效截面计算结果:
主轴:
  Ae = 0.5287E-03   θe = 0.2219E+02  Iex = 0.1805E-05  Iey = 0.1540E-06
Wex1 = 0.2764E-04  Wex2 = 0.2144E-04  Wex3 = 0.2889E-04  Wex4 = 0.2219E-04
Wey1 = 0.5789E-05  Wey2 = 0.7817E-05  Wey3 = 0.5859E-05  Wey4 = 0.7692E-05
平行轴:
Iex' = 0.1569E-05  Iey' = 0.3895E-06
Wex1' = 0.2199E-04 Wex2' = 0.2199E-04 Wex3' = 0.2287E-04 Wex4' = 0.2287E-04
Wey1' = 0.6377E-03 Wey2' = 0.7887E-05 Wey3' = 0.6377E-03 Wey4' = 0.7887E-05

        截面强度(N/mm2) : σmax =    232.143  >    215.000
        截面强度(N/mm2) : τmax =     18.767 <=    125.000
截面强度不满足! ******

------------------------------
| 荷载标准值作用下，挠度计算 |
------------------------------

        垂直于屋面的挠度(mm) : v =    62.483  >    40.000

挠度不满足! ******

--------------------------------------------------------------------------
***** 计算不满足 ******
```

图 6-93　设计结果显示

对于檩条的计算结果，需要关注两个点：一个是承载力验算结果，这个结果分为使用阶段和施工阶段，都需要满足承载力要求；另外一个是变形要求。如果不满足计算要求，一般调整的办法就是增加截面。当然像角部和边区位置的话，还可以从构造上加密檩条，比如原来檩条间距是 1.5m，加密后变成 0.75m，荷载变小了，自然设计就容易满足了。这里因为勾选了“程序优选截面”，所以还需要关注最终优选的截面尺寸。如果截面尺寸合理，且计算满足，则该檩条的设计即完成。

6.8 PMCAD 形成 PK 数据

如对 PMCAD 数据生成 PK 二维数据，用于门式刚架设计，可以进入程序中的“PMCAD 形成 PK 文件”功能模块，位置如图 6-94 所示。

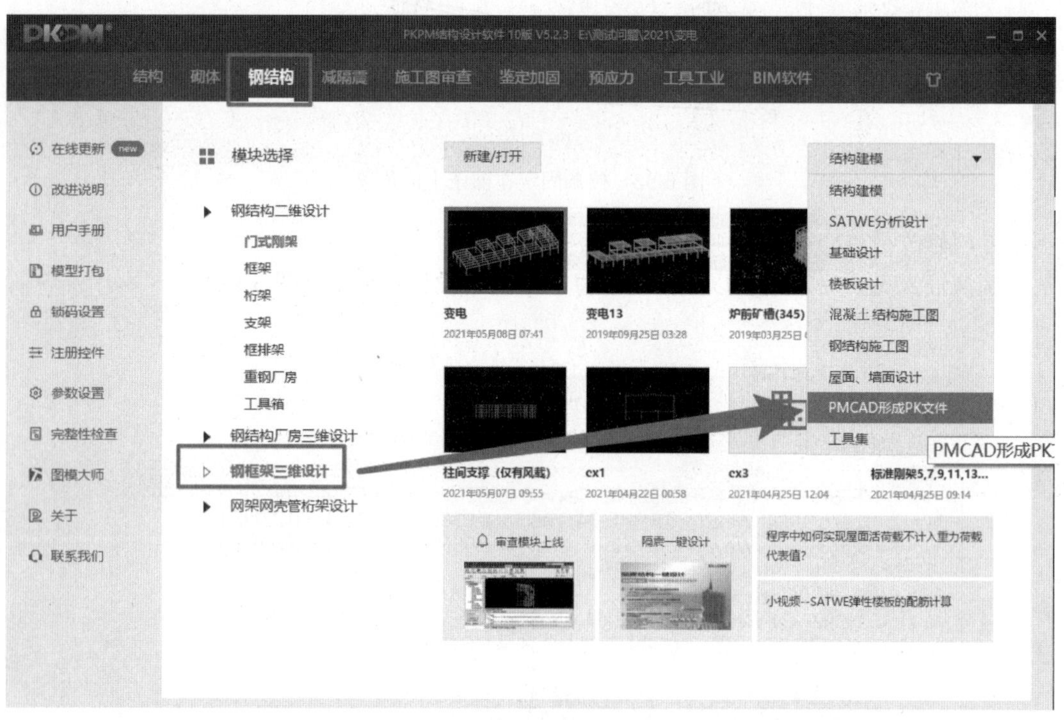

图 6-94 PMCAD 形成 PK 文件功能模块位置

进入程序后，点击“形成框架”。注意下面命令行中的提示，可以直接输入轴线号，也可以按“Tab”键切换到交互选点的方式（图 6-95）。

选择完毕后，输入文件名，即可生成数据文件（图 6-96）。

这个数据文件会生成在当前的工作目录中，选择“二维模型文件”或者“旧版数据文件”即可（图 6-97）。

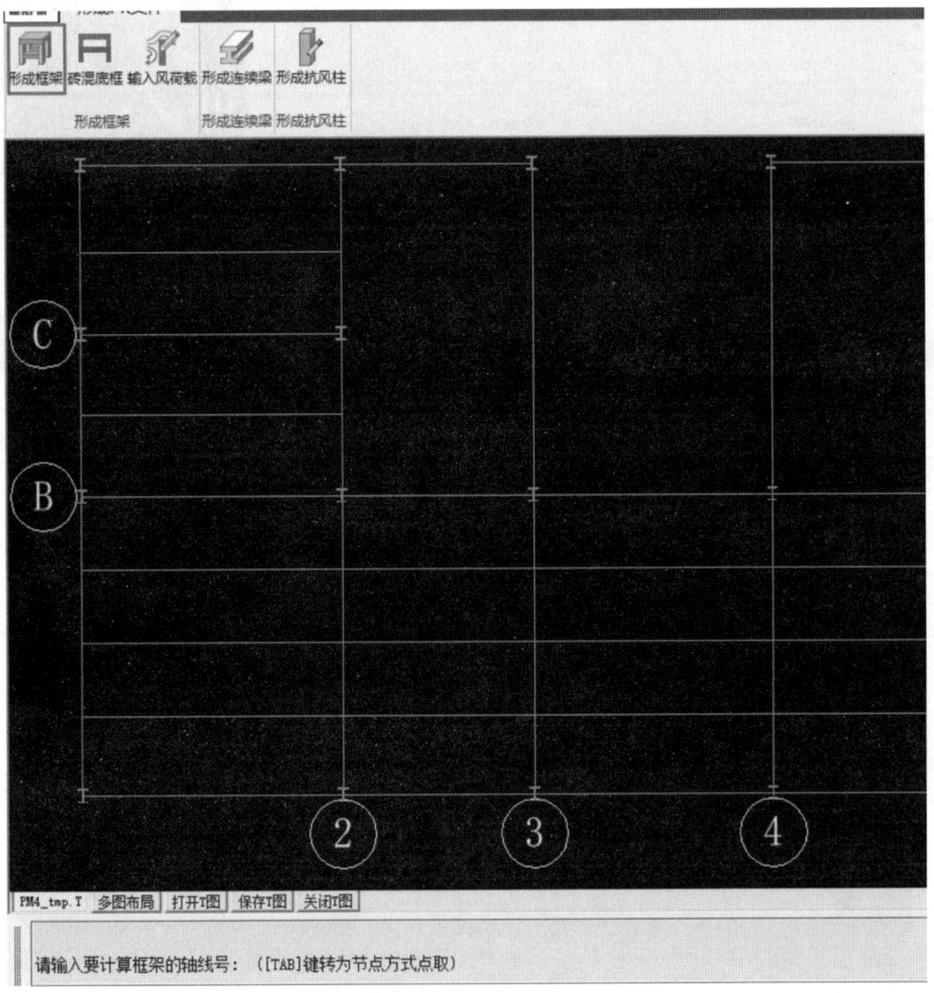

图 6-95　形成框架界面

请输入

请键入输出框架的文件名称 PK-B.sj

确定　取消

图 6-96　生成数据文件

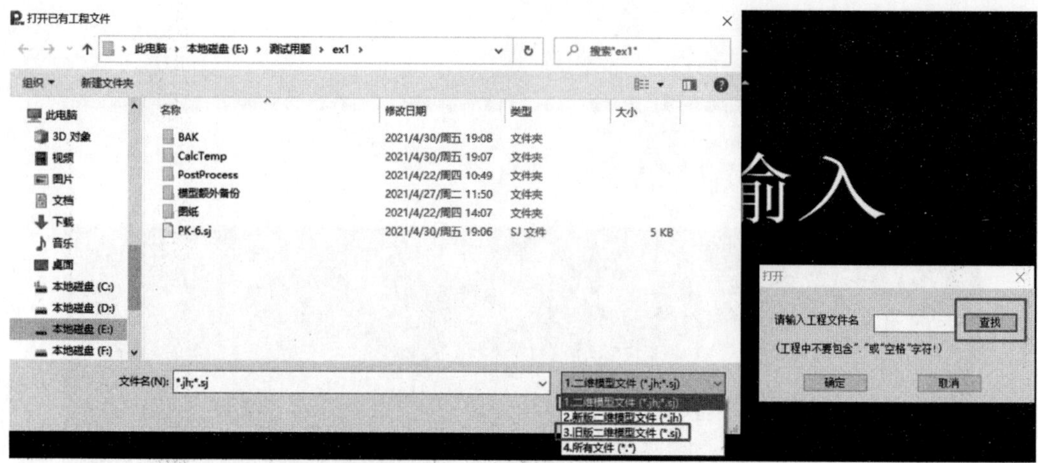

图 6-97　打开已有工程文件